青少年知识小百科

HAI YANG
ZHI SHI BAI KE

海洋知识百科

王　烨　主编

云南大学出版社

图书在版编目（CIP）数据

海洋知识百科/王烨主编.—昆明：云南大学出版社，2010

（青少年知识小百科）

ISBN 978 - 7 - 5482 - 0318 - 6

Ⅰ.①海… Ⅱ.①王… Ⅲ.①海洋—青少年读物 Ⅳ.①P7 - 49

中国版本图书馆 CIP 数据核字（2010）第 260092 号

青少年知识小百科
海洋知识百科

主　　编：王　烨
责任编辑：于　学　王　磊
装帧设计：林静文化

出版发行：云南大学出版社
电　　话：(0871) 5033244　5031071　　(010) 51222698
经　　销：全国新华书店
印　　刷：北京旺银永泰印刷有限公司

开　　本：710mm×1000mm　1/16
字　　数：294 千字
印　　张：15
版　　次：2011 年 3 月第 1 版
印　　次：2011 年 3 月第 1 次印刷
书　　号：ISBN 978 - 7 - 5482 - 0318 - 6
定　　价：29.80 元

地　　址：云南省昆明市翠湖北路 2 号云南大学英华园内
邮　　编：650091
E - mail：market@ynup.com

前　言

　　时光如梭、岁月如流、迈步进入 21 世纪。这是一个信息的时代、这是一个知识的世界、这是一个和谐发展的社会。亲爱的青少年读者啊，遨游在地球村，你将发现瑰丽的景象——自然的奥秘、文明的宝藏、宇宙的奇想、神奇的历史、科技的光芒。还有文化和艺术，这些是人类不可缺少的营养。勇于探索的青少年读者啊，来吧，快投入这智慧的海洋！它们将帮助你，为理想插上翅膀。

　　21 世纪科学技术迅猛发展，国际竞争日趋激烈，社会的、信息经济的全球化使创新精神与创造能力成为影响人们生存的首要因素。21 世纪世界各国各地区的竞争，归根结底是人材的竞争，因此培养青少年创新精神，全面提高青少年素质和综合能力，已成为我国基础教育的当务之急。

　　为满足青少年的求知欲，促进青少年知识结构向着更新、更广、更深的方向发展，使青少年对各种知识学习发生浓厚兴趣，我们特组织编写了这套《青少年知识小百科》。它是经过多位专家遴选编纂而成，它不仅权威、科学、规范、经典，而且全面、系统、简洁、实用。《青少年知识小百科》符合中国国情，具有一定前瞻性。

　　知识百科全书是一种全面系统地介绍各门类知识的工具书，是人类科学与思想文化的结晶。它反映时代精神，传承人类文明，作为一个国家或民族文明进步的标志而日益受到世界各国的重视。像法国大学者狄德罗主编的《百科全书》，英国 1768 年的《不列颠百科全书》，以及我国 1986 年出版的《中国大百科全书》等，均是人类科学与文化的巨型知识百科全书，堪称"一所没有围墙的大学"。

　　《青少年知识小百科》吸收前人成果，集百家之长于一身，是针对中国青少年的阅读习惯和认知规律而编著的；是为广大家长和孩子精心奉献的一份知识大餐，急家长之所急，想孩子之所想，将家长的希望与孩子的想法完美体现的一部智慧之书。相信本书会为家长和孩子送上一份喜悦与轻松。

　　全书500多万字，共分20册，所涉范围包括文化、艺术、文学、社会、历史、军事、体育、未解之谜、天文地理、天地奇谈、名物起源等多个领域，都是广大青少年需要和盼望掌握的知识，内容很具代表性和普遍性，可谓蔚为大观。

　　本书将具体的知识形象化、趣味化、生动化，知识化、发挥易读，易看的功能，充分展现完整的内容，达到一目了然的效果。内容上人性、哲理兼融，形式上采用编目式编辑。是一部可增扩青少年知识面、启发青少年学习兴趣的百科全书。

　　本书语言生动，富有哲理，耐人寻味，发人深省，给人启迪，有时甚至一生铭记在心，终生受益匪浅，本书易读、易懂让人爱不释手，阅读这些知识，能够启迪心灵、陶冶情操、培养兴趣、开阔眼界、开发智力，是青少年读物中的最佳版本，它可以同时适用于成人、家长、青少年阅读，是馈赠青少年的最佳礼品，而且也极具收藏价值。

　　限于编者的知识和文字水平，本书难免有疏漏之处，敬请专家学者和广大读者批评指教，同时，我们也真诚地希望这套系列丛书能够得到广大青少年读者的喜爱！

本书编委会

目 录

第一篇　蓝色领土——海洋

第一节　魔幻地带——海洋探秘

1. 泾渭分明——"海"与"洋"

"海"和"洋"的5.11亿平方公里的总面积中，海洋占了70.8%，面积达3.62亿平方公里，大约有38个中国大。所以，从太空远远望去，地球就像一颗蔚蓝色的水球。

地球上的陆地不仅比海洋小，而且显得比较零碎，这里一片，那里一块，好像突出在海洋上的一些大的"岛屿"。海洋却是连成一片的，各大洋彼此相通，形成一个统一的世界大洋。所以，地球表面不是陆地分隔海洋，而是海洋包围陆地，地球上的居民全生活在大大小小的"岛屿"之上，只不过，有些"岛屿"相当大而已。

地球上水地很多，大大小小的湖泊、河流星罗棋布，而在其中唱主角的，对地球的方方面面形成显著影响的，自然首推海洋，因为海洋水总体积约有133 899万立方公里，约占地球上水储量的96.5%。假如地球是一个平滑的球体，把海洋水平铺在地球表面，世界将出现一个深达2 440米的环球大洋。

海洋是地球表面除陆地水以外的水体的总称，人们习惯上称它为海洋。其实，"海"和"洋"就地理位置和自然条件来说，它们是海洋大家庭中的不同成员。可以这么说，"洋"犹如地球水域的躯干，而"海"连同另外两个成员——"海湾"和"海峡"则是它的肢体。

"洋"指海洋的中心部分，是海洋的主体，面积广大，约占海洋总面积的89%。它深度大，其中4 000～6 000米之间的大洋面积约占全部大洋面积的近3/5。大洋的水温和盐度比较稳定，受大陆的影响较小，又有独立的潮汐系统和完整的洋流系统，水色较高，多呈蓝色，且水体的透明度较大。

世界的大洋是广阔连续的水域，通常分为太平洋、大西洋、印度洋和北冰洋。有的海洋学者还把太平洋、大西洋和印度洋最南部的连通的水体，单独划分出来，称为南大洋。

"海"是大洋的边缘部分，约占海洋总面积的11%。它的面积小，深度浅，水色低，透明度小，受大陆的影响较大，水文要素的季度变化比较明显，没有独立的海洋系统，潮汐常受大陆支配，但潮差一般比大洋显著。

海按其所处的位置和其他地理特征，可以分为三种类型，即陆缘海、内陆海和陆间海。濒临大陆，以半岛或岛屿为界与大洋相邻的海，称为陆缘海，也叫边缘海，如亚洲东部的日本海、黄海、东海、南海等；伸入大陆内部，有狭窄水道同大洋或边缘海相通的海，称为内陆海，有时也直接叫做内海，如渤海、濑户内海、波罗的海、黑海等；介于两个或三个大陆之间，深度较大，有海峡与邻近海区或大洋相通的海，称为陆间海或叫地中海，如地中海、加勒比海、红海等。

此外，根据不同的分类方法，海还可以分成许多类型。例如，按海水温度的高低可以分为冷水海和暖水海；按海的形成原因可以分为陆架海、残迹海，等等。

地球上四大洋的附属海很多，据统计共有54个海。太平洋西南部的珊瑚海，面积广达479平方公里，是世界上最大的海。介于地中海和黑海之间的马尔马拉海，面积仅11 000平方公里，是世界上最小的海。

海湾，是海或洋伸入陆地的一部分，通常三面被陆地包围，且深度逐渐变浅和宽度逐渐变窄的水域。例如，闻名世界的"石油宝库"波斯湾，仅以狭窄的霍尔木兹海峡与阿曼湾相通，不过，海与湾有时也没有严格的区别，比斯开湾、孟加拉湾、几内亚湾、墨西哥湾、大澳大利亚湾等，实际都是陆缘海或内陆海。

全世界的峡1 000多个，其中适于航行的约有130个，而经常用于国际航行的主要海峡有40多个。例如，介于欧洲大陆与大不列颠岛之间的英吉利海峡和多佛尔海峡，沟通太平洋与印度洋的马六甲海峡，被称为波斯湾油库"阀门"的霍尔木兹海峡，我国东部的"海上走廊"台湾海峡，沟通南大西洋和南太平洋的航道麦哲伦海峡，以及作为地中海"门槛"的直布罗陀海峡等。

2. 海洋之子——洋流

海洋中的海水，按一定方向有规律地从一个海区向另一个海区流动，人们把海水的这种运动称为洋流，也叫做海流。

海流与河流是不一样的。海流比陆地上的河流规模大，一般长达几千公里，比长江、黄河还要长，宽度则相当于长江最宽处的几十倍甚至几百倍。河流两岸是陆地，河水与河岸，界限分明，一目了然；而海流在茫茫大海中，海流的"两岸"依然是滔滔的海水，界限不清，难以辨认。

海洋中的这种"河流"，曾经协助过许多航海者。哥伦布的船队，就是随着大西洋的北赤道暖流西行，发现了新大陆；麦哲伦环球航行时，穿过麦哲伦海峡后，也是沿着秘鲁寒流北上，再随着太平洋的南赤道暖流西行，横渡了辽阔的太平洋。

海洋中的这种"河流"，还可以为人们传递信息。航行在海洋上的船员，有时把装有各种文字记录的瓶子投进海洋，就好像陆地上的人们把信件投入绿色的邮筒一样。这种奇异的"瓶邮"，为人类认识洋流、传送情报作出过重大贡献，也发生过许多非常有趣的故事。

1956年的一天，一个叫做道格拉斯的美国年轻人，从佛罗里达州的海港驾着游艇驶向大海，打算在海上玩个痛快。他的妻子则在家里准备了一顿丰盛的晚餐，等待着他的归来。可是，他这一去便杳无踪影，尽管海岸防卫队出海反复搜寻，也没有发现任何线索。

两年后，美国佛罗里达州的有关部门突然收到一封来自澳大利亚的来信。打开一看，里面有一封信和一张没有填上数字的银行支票，支票上的签名正是失踪的道格拉斯。支票上的附言写道："任何人发现这张字条，请将此支票连同我的遗嘱寄往美国佛罗里达州迈阿密海滩我的妻子雅丽达·道格拉斯收。由于引擎出故障，我被吹向了远海。"信上说，支票和附言是在澳大利亚悉尼市北部的阿伏加海滩上一个封紧的果酱瓶子里发现的。

美国的佛罗里达海岸距离澳大利亚的悉尼，大约有4.8万公里。小小的果酱瓶，横渡辽阔的大西洋漂到非洲，再横渡印度洋进入太平洋，最后来到遥远的澳大利亚海滨。

再看下面这个故事。

1980年，我国海洋科学工作者去南太平洋进行了一次科学考察。返航途中，横渡赤道时，考察船上有一位名叫周镭的科学工作者，突然想起人们在海上用瓶子传递信息的事，便急忙给妻子写了一封信。

他把写好的信装进信封，在右角上贴了一张印有五星红旗图案的邮票，并在左上角画了一个箭头指向"中国"二字，还用英语和俄语加以注明，然后把信装进一个啤酒瓶内，用白蜡密封，在考察船穿过赤道的时候投入茫茫的大海。

两个多月后，周镭返回了祖国。除茶余饭后的话题之外，谁也没把投瓶的事放在心上。不料有一天，他突然收到来自巴布亚新几内亚的一封来信，打开一看，是一位名叫陈国祥的先生寄来的。信中除了有周镭写给他妻子玉萍的家书外，陈先生还附有一封热情洋溢的书信。信中不仅讲明了周镭家书拾到的时间、地点和过程，还提到他与祖国的血肉关系，并希望今后加强联系。

不言而喻，这两个故事中的"邮递员"，都是前面我们提到的洋流。

不过，洋流邮递只是人们在万般无奈的情况下的一种碰运气的举动，实际上是常常靠不住的。1498年，哥伦布为了解脱航行中的困境，曾在一张羊皮纸上给西班牙国王写了一份报告，装在一个椰子壳里投入大海，希望海流能迅速把它带到西班牙去。可是，海流把它漂到大西洋比斯开湾的一个荒滩上，直到1856年才被人们发现，整整延误了358年。

今天，海洋里还漂着许多载有各种信息的瓶子，不过大多是为了研究海流而由科学工作者投放的。假如你有幸在海边拾到这样的"邮瓶"，并回答了里面的问题，把卡片寄给投放者，那你就成为一名协助科学工作者研究海流的有功之臣了。

3. 因素众多——洋流的形成

经过研究，人们发现，洋流既可以是一支浅而狭窄的水流，仅仅沿着海洋表面流动，也可以是一股深而广阔的洪流，数百万吨海水一齐向前奔流。

影响洋流形成的因素很多，通常认为，主要是风"玩"的把戏，其次是海水密度不同的作用，而地球的自转、大陆轮廓和岛屿的分布、海底的起伏、季节的变化和江河入海的水量等等，也对洋流的形成与分布产生不小的影响。

你想想，如果风总是朝着一个方向吹，那么会怎样呢？盛行风在海洋表面吹过时，风对海面的摩擦力，以及风对波浪迎风面施加的风压，迫使海水顺着风的方向在浩瀚的海洋里作长距离的远征，这样形成的洋流称为风海流。风海流也叫漂流，是洋流系统中规模最大、流程最远的洋流。同时，受地球自转偏向力的影响，表面海水的流动方向则与风向发生偏离，北半球表面洋流的流向偏往风向的右方，而南半球则偏向左方，即北半球向右偏，南半球向左偏。

表面海水的流动，由摩擦力带动了下层海水发生流动；由于自上而下的层层牵引，深层海水也可以流动。只是流速受摩擦力的影响越来越小。到达某一深度时，流速只有表面流速的4.3%左右。这个深度就是风海流向深层水域影响的下限，称为风海流的摩擦深度，大洋中一般在200~300米深处。例如，表面洋流的流速若是50厘米/秒，这个深度上的流速仅为2厘米/秒。

海洋表面风力越强，风速越大，表面风海流的流速就越大，它所能影响的深度也越大。

由于海水密度在水平方向上分布不均匀而产生的海水流动，称为密度流。

世界上一些著名的洋流，如湾流、黑潮、赤道流等，都是与海洋水密度分布有关的洋流。而大西洋与地中海之间，地中海与黑海之间，分别通过直布罗陀海峡和土耳其海峡的水体交换，更是因盐度差异而形成密度流的典型例子。

海水具有连续性和不可压缩性，一个海区的海水流出，相邻海区的海水就要来补充，这样形成的洋流称为补偿流，补偿流既有水平方向的，也有垂直方向的。

例如，在离岸风的长期吹送下，表层海水离开海岸，相邻海区的海水就会流到这个海区，形成水平方向上的补偿流；同时，下层海水也上升到海面，来补偿离岸流去的海水，形成垂直方向上的上升流。上升流在大陆的西海岸比较明显，秘鲁和智利海岸、加利福尼亚海岸、非洲的西南和西北海岸都有分布。洋流在表层流动遇到海岸或岛屿时，不仅在水平方向上发生分流，而且在垂直方向上产生下降流和底层流。补偿流常常配合风海流和密度流，形成大洋表层巨大的环流。

海洋上，洋流的形成往往是多方面因素综合作用形成的，上面分成的三种类型，有时是很难严格地加以区别的。

根据洋流的温度，可以分为性质不同的暖流和寒流。洋流的水温比流经海区水温高的称为暖流，水温比流经海区水温低的称为寒流。暖流大多发源于低纬海区，从较低纬度流向较高纬度，一般水温较高，盐度较大，含氧量较低，浮游生物的数量较少，海水透明度较大，水色大多发蓝。寒流大多发源于高纬海区，从较高纬度流向较低纬度，一般水温较低，盐度较小，含氧量较高，浮游生物数量较多，海水透明度较小，水色多呈暗绿色。通常，在北半球，由南向北流的是暖流，从北向南流的是寒流，南半球则正好相反。

此外，根据海洋的垂直分布状况，还可以分为表层洋流和深层洋流；根据洋流流向流速的变化大小，还可以分为稳定流和非稳定流，一般我们常说的洋流，大多是指稳定流。

4. 相辅相成——洋流对地球的作用和影响

总的来说，洋流对气候、海洋交通、海洋生物、海洋沉积和海洋环境等方面都有巨大的影响，其中有"功劳"也有"过失"。

洋流对气候的影响很大，它不仅使沿途气温增高或降低，延长或缩短暖季或寒季的持续时间，而且能够影响降水量的多少和季节分配。

北太平洋西部的黑潮暖流，尽管没有贴近亚洲大陆边缘流动，但对中国的气候却有明显的影响，有这样几件事引人深思：1953 年，黑潮的平均位置向南移动了大约 170 公里，第二年，我国的江淮地区雨水滂沱，出现了百年未见的水灾；1957 年和 1958 年，黑潮的平均位置又较之往年北移了，结果 1958 年，我国的长江流域梅雨减少发生旱灾，而华北地区大雨倾盆形成水灾。

有些科学工作者研究了黑潮变动与旱涝灾害的相互关系，发现中国东部沿海地区的气候受黑潮暖流的影响很大。

洋流还可以影响海洋生物资源的分布。在寒、暖流交汇的海区，海水受到扰动，可把下层丰富的营养盐类带到表层，使浮游生物大量繁殖，各种鱼类到此觅食。同时，两种洋流汇合可以形成"潮锋"，是鱼类游动的障壁，鱼群集中，形成渔场。在有明显上升流的海域，也能形成渔场。此外，洋流的散播作用，是对海洋最直接和最重要的影响，它能散布生物的孢子、卵、幼体和许多成长了的个体，从而影响海洋生物的地理分布。

鳗鲡，是生活在欧洲河流和湖泊中的一种鱼类，体型圆长，又粘又滑，样子似蛇。人们发现，它们虽然生活在淡水中，可秋季完全成熟以后，就成群结队地离开淡水到大洋中产卵，繁殖后代。鱼群游向大海的意志非常坚决，当沙洲挡住去路时，它们会趁黑夜跃上河岸，在洒满露水珠的草地上滑行，绕过障碍重新跃入水中，继续勇敢地向前游去。人们又发现，每年春季长仅 6 ~ 7 厘米的小鳗，又成千上万地从欧洲沿海涌入河川之中生活。几个世纪以来，关于鳗鲡到哪里产卵，小鳗又怎样游回河湖之中，一直是个费解的谜。本世纪初，有人在地中海发现了一种透明的叶片状小鱼，经研究是鳗鲡的仔鱼。根据这个线索，海洋生物学家从 1904 年开始，进行了长期的调查工作。他们在北大西洋不同地点，采集了数百个浮游生物的样品，发现鳗鲡仔鱼的个体，自东向西逐渐变小，到百慕大岛的东南方海域，个体长度还不足 1 厘米，这就是鳗鲡洄游 4000 ~ 5000 公里而集中"生儿育女"的场所。同时刚孵化出来的幼鳗又必须从降生地开始，游经遥远的路程，到欧洲大陆的淡水中生长。这种游泳能力很弱的幼鳗，很难靠自己的力量完成漫长的游程。它们就借助北大西洋暖流缓缓东去，大约经过 3 年左右的时间，幼鳗才能到达欧洲沿岸，此时幼鳗已发育成小鳗，于是进入河川栖息。在淡水中生活 5 ~ 8 年以后的鳗鲡，又要奔向新的征程，再游到海洋中产卵。可见，强大的湾流系统，已成为鳗鲡生活周期中不可缺少的条件。

洋流对海洋航运也有显著的影响。一般，顺着洋流航行的海轮，要比逆着洋流行进的海轮速度明显加快。例如，1492 年，哥伦布第一次横渡大西洋到美洲，用了 37 天才到达大洋彼岸；1493 年，哥伦布再次作环球旅行，从欧洲出发后，他先向南航行了 10 个纬度，然后再向西横渡大西洋。结果，只用了 20 天就完成了横渡的全部航程，其实是洋流帮了他的大忙。原来，第一次航行时，哥伦布的船队是从加那利群岛出发，逆着北大西洋暖流航行的，所以，航速较慢；第二次航行时，先是顺着加那利寒流向南航行，然后又顺着北赤道洋流一直向西。同时，哥伦布船队远航时，正好偶然进入盛行的东北信风带，顺水顺风，速度自然比较快。

人们认识和掌握了洋流的特点，可以把洋流运行的规律应用到航运上，从而节约航运时间，缩短运转周期，节约燃料和减少不必要的海上事故。潜艇还可以利用表层和深层洋流潜航。

当然，有的洋流给海上航运也带来了不少麻烦。例如，北大西洋西北部从加拿大北极群岛与格陵兰岛附近海域南下汇聚成的拉布拉多寒流，在纽芬兰岛东南海域同墨西哥湾暖流相遇。冷暖海水交汇，使这里经常出现一条茫茫的海雾带。它还从北冰洋或格陵兰海每年带来数百座高大的冰山，漂浮南下，有许多进入湾流或北大西洋暖流中，给海上航行带来严重的威胁。

此外，陆地上许多污染物随着地表流入大海，洋流可以把污染物携带到更加广阔的海洋之中，从而扩大海洋污染的范围，以致造成更大的灾害。

5. 神奇世界——海洋植物

海洋里有 1 万多种植物，绝大多数都是低等的叶状植物，也就是海藻和海洋菌类。这些藻和菌类，大的如参天大树，小的肉眼难以看清。它们有的漂浮于海面，形成辽阔的海上草原；有的生长于海底，形成繁茂的海底森林。

在北大西洋中心，就有一块马尾藻形成的海上草原。由于这里风平浪静，水流微弱，飘浮的马尾藻不能远游，便在这里定居下来，并不断繁衍，盖满了大约450 万平方公里的海面，远远看去真像是一片辽阔无边的草原。使这片海域有了"马尾藻海"的称号。

海洋植物不仅可以构成一片片海上草原，而且那些长得高大的海藻，也可以形成巨大的海底森林。长在海底的藻类，不像陆地上的植物那样，扎根于土壤，而是用假根附着在海底或岩石上，直接从海水里获得营养物质。在南太平洋沿岸生长的"海藻树"，高 3～15 米，粗如人腿，退潮时才露出上部的枝叶。在北美洲的一些沿海地区，生长着一种"棕榈"，长在海底岩石上，不怕风浪冲击，高达 90 余米。有一种巨藻，是藻类之王，高几十米到百余米，有的甚至达到 500米，其"叶片"就有 40～100 厘米长，它的寿命有 12 年之久。就是这些巨藻形成了海底森林。

海洋"草原"和"森林"对人类来说，也是宝贵财富。许多海藻营养价值很高，如紫菜、海带、江篱、石花菜、海萝等，都是人们常吃的海菜。许多海藻的药用价值相当大，如海带含碘多，可治大脖子病；紫菜可治高血压；海人草、铜藻、铁丁菜、青虫子等可入药驱蛔虫；萱藻、马尾藻、海蒿子等还可以提炼出抗癌药物呢！还有许多海藻是很好的氮肥、钾肥及重要的牲畜饲料。因此，人类正在努力开发利用海上草原和海底森林。

6. 物宝天华——海洋资源

浩瀚的海洋，处于地球的最低处，宛如盛满了水的盆子。这难以计量的大盆子里，蕴藏着比陆地上丰富得多的资源和宝藏，是一个取之不尽的"聚宝盆"。

这聚宝盆底的表层，广泛分布着一种海底矿物资源——锰结核。这种东西的形状就像土豆一样，是一种黑色的铁和锰氧化物的凝结块。里面除含铁和锰之外，还含有铜、钴及镍等55种金属和非金属元素。整个海底大约覆盖着3万亿吨锰结核。并且还在不断增生，是取之不尽，用之不竭的。海底表面还蕴藏着制造磷肥的磷钙石，储量可达3 000多亿吨，如开发出来，可供全世界使用几百年，海底岩层中还有丰富的铁、煤、硫和岩盐等矿藏。

石油是最宝贵的燃料。目前已探知的海底石油就已有1 350亿吨，占世界可开采石油的45%。我国近海、波斯湾沿海、北海等近海地区的储量最大。

在全球135亿亿吨的海水中，溶存着80多种元素，可提取5亿亿吨盐，3 100万亿吨镁，3 050万亿吨硫，660万亿吨钙，620万亿吨钾，12万亿吨锶，7万亿吨硼。此外，还有锂、铷、铀、铜等元素。

20世纪80年代以来，又发现了海底热液矿藏，总体积约3 932万立方米，是金、银等贵金属的又一来源。因而，它又被称为"海底金银库"。

波涛汹涌的海水，永不停息地运动着，其中潜藏着无尽的能量。海水不枯竭，这能量就用不完，因此海水是可再生能源。全部海洋能大约有1 528亿千瓦，这种能量比地球上全部动植物生长所需的能量还要大几百倍。可以说，海洋是永不枯竭的电力来源。

海洋中有20多万种生物，其中动物18万种，植物2.5万种。海洋动物中有16 000多种鱼类、甲壳类、贝类及海参、乌贼、海蜇、海龟、海鸟等，还有鲸鱼、海豹、海豚等哺乳动物。海洋植物中有大家熟知的海带、紫菜等。有人统计，海洋生物的蕴藏量约342亿吨，它提供给人类的食品能力，等于全世界陆地上可耕种面积所提供农产品的1 000倍。

7. 名目繁多——海洋里的药材

广袤无垠的大海中，不仅藏着石油和多种矿物，还藏有丰富的药材，种类繁多的海洋动植物，就是永不枯竭的医药来源。

我国早在唐代时，就有人撰写了专门研究海洋药材的著作《海药本草》。可见大海从很早起就开始为人类贡献药材了。

像鱼肝油、琼胶、鹧鸪菜、精蛋白、胰岛素以及中药所用的一些海味，都是历史悠久、疗效甚佳的海洋药物。近年来，人们又从海洋动植物中提取了抗菌素、止血药、降血压药、麻醉药，甚至抗癌药。有一种杀菌能力很强的头孢霉素及其化合物就是从海洋微生物中提取的。它不仅能消灭革兰氏阳性、阴性杆菌，对青霉素都不能杀死的葡萄球菌也有效力，而且没有抗药性。

食用海带，可以弥补碘的不足，这是尽人皆知的。其实，从海带中提取的药材，对治疗高血压、气管炎哮喘以及治疗外出血都颇有疗效。从马尾藻中可以分离出一种广谱抗菌素，而海洋中的马尾藻是取之不尽的。珍珠贝壳的珍珠层粉具有治疗神经衰弱、风湿性心脏病等10多种疾病的功能。乌贼墨在治疗功能性子宫出血和其他类型的出血症方面大显神通，既实用又经济。因为乌贼是我国四大海产之一，产量很高。海龙、海马也是很重要的药用动物，早在《本草纲目》中对它们的功用就有描述。现代中医对海马的评价是，具有"补肾壮阳、镇静安神、舒筋活络、散淤消肿、止咳平喘、止血、催产"等作用。海龙的药效与海马相似。

海洋动物中有很大一部分具有毒性，有的毒性大得惊人。从某些有毒的鱼类中提取的有毒成分制成的麻醉剂，其效果比常用麻醉剂大上万倍，简直令人难以置信；从海绵动物中分离出来的药物，对病毒感染和白血症有明显疗效；从海蛇中可提取能缩短凝血时间的化合物；从柳珊瑚中能够提取前列腺素。

另外，某些海洋生物体内含有抗癌物质，如从河豚肝中提炼制成的药品，对食道癌、鼻咽癌、结肠癌、胃癌都有一定疗效。从玳瑁身上可提取治肺癌的药物。

海洋生物不断繁衍生长，无有穷尽。因此这个药材库也是永远用不完的。

8. 风生水起——海洋潮汐

世界上大多数地方的海水每天都有两次涨落。白天海水上涨，叫做"潮"；晚上海水上涨，叫做"汐"。海水为什么会时涨时落呢？这个问题从古代起就引起了人们的注意。直到英国物理学家牛顿发现了万有引力，揭穿潮汐的秘密才有了科学依据。

现在人们弄清了，潮汐现象主要是由月球的"引潮力"引起的。这个引潮力是月球对地面的引力，加上地球、月球转动时的惯性离心力所形成的合力。

月亮像个巨大的磁盘，吸引着地球上的海水，把海水引向自己，同时，由于地球也在不停地作圆运动，海水又受到离心力的作用。一天之内，地球任何一个地方都有一次对着月球，一次背着月球。对着月球地方的海水就鼓起来，形成涨潮。与此同时，地球的某个另一点上的惯性离心力也最大，海水也要上涨。所以，地球上绝大部分地方的海水，每天总有两次涨潮和落潮，这种潮称为"半日潮"。而有一些地方，由于地区性原因，在一天内只有一次潮起潮落，这种潮称为"全日潮"。

不光月亮对地球产生引潮力，太阳也具有引潮力，只不过比月球的要小得多，只有月球引潮力的5/11。但当它和月球引力叠加在一起的时候，就能推波助澜，使潮水涨得更高。每月农历初一时，月亮和太阳转到同一个方向，两个星球在同一个方向吸引海水；而每月十五，月亮和太阳转到相反的方向，月亮的明亮部分对着地球，一轮明月高空挂，这时，两个星球在两头吸引海水，海潮涨落也比平时大。我国人民把初一叫做"朔"，把十五叫"望"，因此这两天产生的潮汐就叫做"朔望大潮"。

9. 景色旖旎——大海观光

认识了"海"与"洋"的联系与区别，我们再来看一看四个大洋的基本情况。

太平洋，位于亚洲、大洋洲、北美洲、南美洲和南极洲之间。

太平洋的形状近似圆形，面积广达 17 868 万平方公里，约占世界海洋总面积的 49.5%，是世界上面积最大、水域最广阔的第一大洋。

太平洋是世界水体最深的大洋，平均深度为 4 028 米，全球超过万米深的 6 个海沟全在太平洋中，其中马里亚纳海沟是世界海洋最深的地方。

太平洋岛屿星罗棋布，中西太平洋是世界岛屿最多的水域，素有"万岛世界"之称。新几内亚岛、塔斯马尼亚岛、新西兰的北岛和南岛，以及美拉尼西亚、密克罗尼西亚、玻利尼西亚三大岛群等，是太平洋中的重要岛屿。西太平洋岛屿众多，有闻名的花采列岛，包括阿留申群岛、千岛群岛、日本群岛、硫球群岛、台湾岛、菲律宾群岛和巽他群岛等。东太平洋岛屿稀少，主要有温哥华岛等。

太平洋的名字很美，其实并不"太平"。在南纬40°，终年刮着强大的西风，洋面辽阔，风力很大，被称为"狂吼咆哮的四十度带"，是有名的风浪险恶的海区，对南来北往的船只造成很大威胁。夏秋两季，在菲律宾以东海面，常产生热带风暴和台风，并向东亚地区运行。强烈的热带风暴和台风，可以掀起惊涛骇浪，连万吨海轮也会被卷进海底。

太平洋沿岸和太平洋中，有 30 多个国家和一些尚未独立的岛屿，居住着世界总人口的近1/2。近年来，太平洋地区的经济发展比较迅速，已引起世界的普遍关注。

大西洋，位于南、北美洲、非洲之间，南接南极洲，通过深入内陆的属海地中海、黑海与亚洲濒临。

大西洋面积约 9 430 万平方公里，是世界第二大洋。

大西洋较大的边缘海、内海和海湾有地中海、黑海、比斯开湾、北海、波罗的海、挪威海、墨西哥湾、加勒比海和几内亚湾；著名的海峡有英吉利海峡（拉芒什海峡）、多佛尔海峡（加来海峡）、直布罗陀海峡、土耳其海峡以及进出波罗的海的卡特加特海峡、厄勒海峡和大、小贝尔特海峡等；较大的岛屿和群岛有大不列颠岛、爱尔兰岛、冰岛、纽芬兰岛、大安的列斯群岛、小安的列斯群岛、巴哈马群岛、百慕大群岛、亚速尔群岛、加那利群岛、佛得角群岛、马尔维纳斯群岛（福克兰群岛）以及地中海中的一些岛屿。

大西洋沿岸和大西洋中有近 70 个国家和地区。欧洲西部，南、北美洲的东部，非洲的几内亚湾沿岸，濒临辽阔的大西洋，是各大洲经济比较发达的地区。

印度洋，东、西、北三面是陆地，分别是澳大利亚大陆、非洲大陆和亚洲大陆，东南部和西南部分别与太平洋、大西洋"携手"相连，南靠冰雪皑皑的南极洲。

印度洋的面积为 7 492 万平方公里，约占世界海洋总面积的 1/5 左右，是世界第三大洋。

印度洋中的岛屿较少，大多分布在北部和西部，主要有马达加斯加岛和斯里兰卡岛，以及安达曼群岛、尼科巴群岛、科摩罗群岛、塞舌尔群岛、查戈斯群岛、马尔代夫群岛、留泥汪岛等。

印度洋的周围有 30 多个国家和地区，除大洋洲的澳大利亚外，其余都属于发展中国家。

北冰洋，大致以北极为中心，被亚欧大陆和北美大陆所环抱。它通过格陵兰海及一系列海峡与大西洋相接，并以狭窄的白令海峡与太平洋相通。

北冰洋的面积为 1 230 万平方公里，是世界上面积最小、水体最浅的大洋。因此，有人认为北冰洋不能同其他三个大洋相提并论，它不过是亚、欧、美三大洲之间的地中海，附属于大西洋，被称为北极地中海。

北冰洋地处北极圈内，气候寒冷，有半年时间绝大部分地区的平均气温为 $-20℃ \sim -40℃$，且没有真正的夏季，边缘海域有频繁的风暴，是世界上最寒冷的大洋。同时，这里还有奇特的极昼、极夜现象。夏天，连续白昼，淡淡的"夕阳"一连好几个月在洋面附近徘徊；冬季，绵延黑夜，星星始终在黑黝黝的天穹闪烁。最奇妙的是在北极的天空中，还可以看到色彩缤纷、游动变幻的北极光。

北冰洋表层广覆着冰层，冬季冰面达 1 000 多万平方公里，夏季仍有 2/3 的洋面为冰雪所覆盖，是一片白茫茫的银色世界。这里的冰不仅多，而且厚，一般为 2~4 米，连重型飞机都可以在冰上起落。越接近极地，冰层越厚，极点附近竟厚达 30 多米！

北冰洋海岸线曲折，岛屿众多，且多边缘海。亚欧大陆北面自西向东有巴伦支海、喀拉海、拉普帖夫海、东西伯利亚海、楚科奇海等；北美大陆北面有波弗特海和各岛之间的众多海峡；格陵兰岛以东有格陵兰海。北冰洋的主要岛屿有世界最大岛屿格陵兰岛和斯匹茨卑尔根群岛、新地岛、新西伯利亚群岛、法兰士约瑟夫地群岛和北美洲北部的北极群岛等。

北冰洋通过拉布拉多寒流和东格陵兰寒流使海水流进大西洋时，往往随身携带许多"土特产"——冰山，浩浩荡荡向南漂去。这些冰山，形状奇特，千姿百态，峥嵘突兀，洁白耀眼，远远望去，仿佛一座座碧海玉山。然而，冰山虽美，却为祸不浅。小的冰山面积不足 1 平方公里，大的可达几平方公里，这些"庞然大物"在海上漂移，常常会造成沉船事故，所以有人说冰山是沉船的祸首。

过去，美国和西欧一些国家，曾把海洋划分成七个部分，即北冰洋、北大西洋、南大西洋、北太平洋、南太平洋、印度洋和南冰洋。而现在，他们通常只使用太平洋、大西洋和印度洋三大洋的名称，把北冰洋看做大西洋的附属海。有时，海洋学家们为了研究上的方便，也根据海洋本身的自然特征，把南极大陆周围直到南纬40°附近的一片片汪洋大海，称为南大洋。可见，海与洋的区分，洋的划分，并无严格的一定之规，在遵循为大多数人承认的规定的前提下，有时也可以灵活对待，这种态度其实也是一种科学的态度。

10. 寻踪觅源——海水的来源

有人认为，海水是从大气中降落下来的，从江河中流进去的。那么，大气和江河中的水，又是从哪里来的呢？归根结底还是从海洋里来的。据测算，每年从海洋上蒸发到空中的水量达到447 980立方公里，这些水的大部分（约411 600立方公里）在海洋上空凝结成雨，重新回落到海里；另一部分降到陆地上，以后又从地面或地下流回海洋。如此循环不已，所以海里的水总是那么多，永远不会干涸，更不见少。

那么，这么多的海水最初是从哪里来的呢？

普遍的看法认为，地球上的水是在它形成时，从那些宇宙物质中分离出来的；而在地球形成以后，从地球内部不断地析出水分聚集在地表。地表上水集中的地方就是江河湖海。这种看法由今天的火山活动就可以得到证实。从地下分离出来的水量现在也还很大，一次火山爆发喷出的水蒸气就可以达到几百万公斤。不难想象，在漫长的地球历史发展过程中，这样产生的水是难以数计的。而地球的引力之大，足以把地表上的水，包括海洋里的水吸引住，不让它逃逸到太空中去。

另外，地球表面适宜的温度，也是保持海水的重要条件。人类已经发现，在金星表面由于温度太高，水都化成了蒸气；在水星上，由于温度太低，水都被冻结起来了，那儿的凹地里都没有水。唯有在地球上，气候虽也有冷暖变化，并且也影响到海水的多少，但基本上能保持海水储量长时期无大变化。

11. 含量惊人——海水的构成

海洋水是含有一定数量的无机质和有机质的溶液，主要溶解有氮、氧和二氧化碳等气体物质，以氯化物为主的各种盐类，以及其他许多种化学元素。

在为数众多的溶解于海洋水的元素中，氯化物和硫酸盐含量约占盐类总含量的99%，其中氯化钠、氯化镁等氯化物则占4/5以上。氯化钠（食盐）味道发咸，氯化镁和硫酸镁味道发苦，所以海洋水不仅有咸味，也有苦味。

全世界的海洋水里到底含有多少盐类呢？如果把它们全部提取出来，那是非常惊人的。

据科学家计算，全球海洋水中盐类总含量约 5 亿亿吨，体积有 2 200 万立方。这个数字有多大呢？打个比方，如果把海水全部蒸发掉，整个大洋底部将平均有60 米厚的盐层，如果把这么多盐类均匀地铺在地球表面，则有 45 米厚；如果把它们全部倒入北冰洋，不仅可以将北冰洋填平，而且会在洋面上堆起 500 米高的盐层；如果把它们堆积到印度半岛上，盐层的高度甚至可以把世界第一高峰——珠穆朗玛峰完全埋没。

微量元素的单位体积和在海水中的含量是微乎其微的，但由于海洋水总储量非常庞大，所以这些元素也十分可观。例如，1 000 吨海洋水中含铀仅有 3 克，但在整个海洋中铀的总储量高达 40 多亿吨，比陆地上已知铀的总储量大 2 000～3 000 倍，大约相当于燃烧 8 000 万亿吨优质煤所释放的能量。1 000 吨海洋水中含金0.000 4克，整个海洋就有 500 多万吨；在 1 000 吨海洋水中含碘 60 克，整个海洋就多达 930 亿吨。

12. 淡中有咸——海水中的盐类

也许你会产生一个奇怪的问题：雨水是淡的，河水是淡的，千条江河滔滔奔流，日夜不停地汇入大海，可是，亿万年下来，海水却仍然是咸的。那么，海水里的盐分究竟是从哪儿来呢？

这个问题众说纷纭，目前还没有得出完全一致的解释。但通常有两种说法。

一种认为，海洋水中的盐类来自海底。地壳运动引起岩浆由地幔侵入地壳，海底火山的多次喷发，排放出大量的元素和其他化合物，这是海洋水中盐类的主要来源。同时，长期浸泡在海洋水中的底基岩，也可以向海洋水提供各种盐类。

另一种认为，海洋水中的盐类来自河流。大陆地壳的岩石，在外营力的风化和剥蚀作用下，水流溶解了岩石中的盐类，然后通过河水和地下水输送到海洋，使海水逐渐咸起来。

实际上，这两种说法都有一定道理，很可能把这两种说法合在一起，就是海洋水中盐类的真正来源。

河水不断把陆地上的盐分带入大海，海水会不会越来越咸呢？不会。因为从总量上看，河流入海的盐分所占比例较小，加上海洋生物消耗和人类不断从海水中提取盐类，因而大海的盐分基本上趋于稳定，不会有明显的变化。也就是说，与人类有着千丝万缕联系的海洋水，依然会带着它那特有的苦咸味，伴随人类。

13. 闻名遐迩——世界四大颜色之海

影响海洋水颜色的两个主要因素，透明度与水色。除此之外，别的因素也能决定某一海区的海水颜色，著名的红、黄、黑、白四大海就是如此。

红海是印度洋的一个内陆海。它像印度洋的一条巨大的臂膀深深地插入非洲东北部和阿拉伯半岛之间，成为亚洲和非洲的天然分界线。

红海的海水颜色很怪，通常是蓝绿色的，但有时候会变为红褐色。这是为什么呢？

原来，在红海表层海水中繁殖着一种海藻，叫做蓝绿藻。这种浮游生物死亡以后，尸体就由蓝绿色变成红褐色。大量的死亡藻漂浮在海面上，久而久之，海面就像披上了一件红色外衣，把海面打扮得红艳艳的。同时，红海东西两侧狭窄的浅海中，有不少红色的珊瑚礁，两岸的山岩也是赭红色的，它们的衬托和辉映，使海水越发呈现出红褐的颜色，加上附近沙漠广布，热风习习，红色的砂粒经常弥漫天空，掉入海水中，把红海"染"得更红了。红褐色的海水，使它赢得了"红海"的美称。

黄海，位于我国和朝鲜半岛之间，北起鸭绿江口，南到长江口北岸的启角，东至朝鲜济州岛西南角。

黄海的海水透明度较低，水色呈浅黄色。由于黄海海水很浅，海水不能完全吸收红光、橙光和黄光，一部分被反射和散射出来。它们混合后，原本应使海水呈黄绿色。可是，因为历史上有很长一段时期，黄河曾从江苏北部携带大量泥沙流入大海。以后，虽然黄河改道流入渤海，但长江、淮河等大小河流也带来大量泥沙，海水含沙量大，加上水层浅，盐分低，泥沙不易沉淀，把海水染成黄色。"黄海"也就因此而得名了。

黑海，位于欧洲东南部的巴尔干半岛和西亚的小亚细亚半岛之间，是一个典型的深入内陆的内海。黑海的北部经狭窄的刻赤海峡与亚速海相连，西南部通过土耳其海峡与地中海相通。

黑海的含盐度比地中海低，但是水位却比地中海高，所以黑海表层的比较淡的海水通过土耳其海峡流向地中海，而地中海的又咸又重的海水从海峡底部流向黑海。黑海南部的水很深，下层不断接受来自地中海的深层海水，这些海水含盐多，重量大，和表层的海水上下很少对流交换，所以深层海水中缺乏氧气，好像一潭死水，并含有大量的硫化氢。由于硫化氢有毒性，使海洋中的贝类和鱼类无法在深海生存。上层海水中生物分泌的秽物和死亡后的动植物尸体，沉到深处腐烂发臭，并使海水变成了青褐色。乘船在黑海海面上航行，从甲板向下看去，就会发现海水的颜色很深，"黑海"这个称呼也就因此而来。也有人说，因为冬天黑海有强大的风暴，两岸高耸暗黑的峭壁，加上风暴来临时的天色，人们才叫它黑海。黑海的水其实并不黑，它的黑色只是海底淤泥衬托的结果。在正常的天气里，黑海是色黑而水清。

白海看上去是一片洁白。然而，它的海水与其他海水没什么两样，也是无色透明的，并不是白色的，只是白海地处高纬地区，气候寒冷，一年的结冰期长达6个月。由于皑皑冰雪覆盖，白色冰山的漂浮，很少见到海面上常见的那种汹涌澎湃的波涛，使漫长的冬季形成一片白色的冰雪世界。举目望去，只见海面上白雪覆盖，无边无际，光耀夺目。因此，白海也就成了名副其实的"白色的海"了。

14. 还原本色——海底地形地貌

海底地形指海水覆盖之下的固体地球表面形态。海底地形是复杂多样的，其复杂程度丝毫不亚于陆地。海洋底部有高耸的海山、起伏的海丘、绵长的海岭、深邃的海沟，也有坦荡辽阔的深海平原。世界大洋的大体结构通常分为大陆边缘、大洋盆地和大洋中脊三大基本单位。

大陆边缘包括大陆架、大陆坡和大陆隆。大陆架又称大陆浅滩，是与大陆毗连的浅水区域和坡度平缓的区域，也就是陆地在海面以下自然延续的部分。

大洋盆地是在世界大洋中面积最大的地貌单元，其深度大致介于4 000～6 000米之间，占海洋总面积的45%左右。由于海岭、海隆以及群岛的分隔，大洋盆地被分成近百个独立的洋盆。总体看来，大洋盆地就是大盆套小盆。最深的一个盆底深度11 034米，这就是位于太平洋的马里亚纳海沟，这一深度远远超过了陆地上的最高峰珠穆朗玛峰的海拔高度。

大洋中脊又称中央海岭，是世界大洋最宏伟壮观的地貌单元。它纵贯于大洋中部，绵延8万公里，宽数百乃至数千公里，总面积堪与全球陆地相比，其长度和广度为陆地上任何山系所不及。

15. 绿色能源——海洋潮汐能

潮汐不仅可供人们观赏，对人民生活也有更深远的影响。最显而易见的，是它能赐予人们丰富的海产品。每当潮水一落，海滨的人们就赶到海滩上，去拣鱼虾、螃蟹和贝壳等有用的海洋生物。潮汐的最大用处是，它能为人类提供能源。

据估算，全世界海洋的潮汐能量大约有10亿多千瓦，每年发电量达1.2亿度。我国利用潮汐发电有得天独厚的条件：我国海岸线漫长，潮汐蕴藏量丰富，沿海潮汐能量约有 1.9 亿千瓦，每年可发电 2 750 亿度。潮汐能优于煤、石油等燃料，在供人类利用时，不会排出大量的废气和废物，污染极少。所以世界各国都很重视对它的开发和利用。

我国从 1958 年开始，陆续在沿海地带建立了一些小型潮汐电站，为建立大电站，更好地利用潮汐积累了经验。潮汐发电，过程很简单：在岸边设闸门，闸门两侧放置水轮机和发电机。涨潮时，闸门外的水面开始上升，满潮后，打开闸门，潮流涌进来，冲动水轮机，水轮机便可以带动发电机发电了。落潮时，先关掉闸门，闸门外的水面开始下降，最后，打开闸门，潮流涌入大海，同样可以带动水轮机，再带动发电机工作。

这样，潮流一来一去都没有"走瞎道"，而是充分发挥了它的作用。这法子想得多妙啊！

16. 惊涛怒波——海浪

坐过海轮和到过海边的人，都会发现，辽阔的海洋几乎没有平静的时候，即使在风平浪静的日子里，大海也是微波涟漪，不会真正地静下来。至于惊涛骇浪，那种躁动的力量，则不得不令人叹服。

在美国西部太平洋沿岸的哥伦比亚河入海口附近，有一座高高的灯塔，旁边的小屋里住着一个灯塔看守人。1894 年 12 月的一天，一个黑色怪物突然击穿屋顶迅猛地撞了下来。吓坏了的看守人，哆哆嗦嗦地走近黑色怪物一看，原来是一块重达 64 千克的大石头。

经过勘察和专家的细心研究，发现这块石头是被巨大的海浪卷到 40 米的高空后，又不偏不倚地砸到了看守人居住的小屋上，演出了飞石穿顶的惊险一幕。

海浪能有那么大的力气吗？海洋学家的回答是：有。据测定，海浪拍岸时给海岸的冲击力每平方米可达 20～40 吨，大的甚至可达 50～60 吨。巨浪冲击海岸时，能激起 60～70 米高的浪花。在英国苏格兰的威克港，一次大风暴中，巨浪曾将 1 370 吨重的混凝土块移动了 10 多米；斯里兰卡海岸上的一座高 60 米的灯塔，也曾经被印度洋袭来的海浪打坏；有人看到过一个巨大的海浪甚至把 13 吨重的巨石抛到 10 米高的空中。

1952 年 12 月 16 日，一艘美国轮船正航行在地中海意大利西部附近的海面上。此时正值狂风大作，突然，船上爆发出一声震耳欲聋的巨响，整个船体在瞬间被折成两半。一半被抛上了海岸，重重地落在沙滩上；另一半连同 14 名船员一起被冲入大海，葬身鱼腹。

这次海滩事故发生后，引起了人们的普遍关注。经过反复的调查研究，排除了人为破坏的种种可能，终于找到了真正的罪魁祸首，原来就是海浪。

说到这里，你想必该明白了，那块落入灯塔看守人小屋里的石头，对于力大无穷的海浪来说，难道不是一个任其玩弄于股掌之上的小小玩物吗？

17. 风起浪涌——海洋上的风暴区

俗话说："无风不起浪。"这形象地说明了风与浪的密切关系。这种因风而引起的波浪，也称风浪。

世界海洋上有许多著名的风暴区，风急浪高，推波助澜，给航行带来很大困难。太平洋、南印度洋、孟加拉湾、阿拉伯海、墨西哥湾、北海以及南非好望角附近海域，都是以风浪著称的海区。

位于南半球中高纬度的南非好望角附近海区，正处在著名的"咆哮的西风带"，在强劲的盛行西风控制下，全年约有 100 多天浪高都在 6 米以上，特大的巨浪高在 15 米左右，是世界上风浪最大的海区之一。过去，这里曾被称为"风暴角"，后来，才改名为"好望角"。

位于欧洲大陆与大不列颠岛之间的北海，也经常有风暴发生和巨浪出现。风暴期间，北部风浪高达 8～10 米，南部也达 6～7 米。1949 年和 1953 年曾发生了两次特大风暴潮，出现过危害很大的风浪。

1953 年 1 月 31 日那一次风暴，掀起十几米高的巨浪，水位比平均高潮水位高出 3.7 米，致使荷兰西海岸和英国东海岸许多地方被海水淹没，2 000 多人丧失生命。

1979 年 12 月 15 日，北海海域又遭受了一次特大风暴的袭击，狂风以每小时 90 公里的速度席卷海面，掀起的巨浪高达 15 米。这次大风暴，除造成船只遇难外，还使沿岸的港口设施和居民的生命财产遭受极大的损失。过 30 米，船只航行中遇到它是十分危险的。

1956 年 4 月 2 日，苏联考察船曾在澳大利亚东南部麦阔里岛以南 600 公里的海面上，拍摄到浪高 24.9 米的壮观的风浪照片。

1933 年 1 月 6 日，美国海船"拉马波"号在菲律宾至美国西海岸的太平洋中航行时，测到的海浪高达 34 米，当时风速达每小时 126 公里，这是目前人们观测到的世界海洋中最高的风浪。

18. 空穴起浪——风浪的形成

看到这个小标题，你也许会想，这不是与前面提到的"无风不起浪"自相矛盾吗？然而，这两种说法都有道理。

居住在西部印度群岛小安的列斯群岛上的居民，经常在风和日丽的时候，看见海岸边上也出现很高的波浪，有时浪高竟达 6 米以上，而且可以持续两天或更长一点的时间。他们都不明白是怎么回事。后来，经过科学家长期的观察和研究，发现这些波浪并不是当地"土生土长"出来的，而是从大西洋遥远的中纬海区"邮递"过来的。原来，风浪在形成过程中获得大量的能量，风停以后，波浪仍可继续向前传播，有时甚至能传到很远的无风区去。这就是在风和日丽的条件下也能涌起巨浪的缘故。所谓"无风三尺浪"、"风停浪不停，无风浪也行"，就是这个道理。这种在风停止、减弱或转向以后所残存的波浪，以及从远处传到无风海区的波浪，就叫做涌浪，也称为长浪。

风浪的传播速度很快，涌浪的传播速度更快。涌浪可以日行千里，远渡重洋，传播到很远的海区去。因此，涌浪也会"跑"在风暴前头，向人们报告"风暴随后就到"的信息。在晴朗的日子里，海面上如果发现涌浪，而且浪越来越急，越来越大，就可能有强烈活动的气压中心正在向这里移近。例如，在我国的东海沿岸，当台风中心在 400 海里之外的太平洋上向海岸移动时，当地即可以观察到由台风中心传出来的涌浪。所以在海滨广泛流传着一句谚语："无风来长浪，不久狂风降。"

前面我们讲的海浪，都发生在海洋的表面，那么，在海洋深处有没有波浪现象发生呢？海洋水是具有连续性和粘滞性的巨大水体，海面发生运动形成波浪时，波浪会向下传播。只是，由于海水深度的增加，波动的阻力也随之增大，能量逐渐消耗，波浪逐渐变小，以致全失。一般说，波浪运动传播的深度多为 400 米左右。所以尽管海洋表面巨浪滔天，深海水仍然是一片宁静的。

在某些海域，虽然海洋表面没有波浪，但深海内部却有较强的水体波动现象，被人们称为内波，应该指出的是，这种内波与发生在海面上的波浪是根本不同的。

19. 排山倒海——海啸

海啸，是一种特殊的海浪，是由火山、地震或风暴引起的一种海浪。海啸波，在大洋中不会妨碍船只的正常航行，但近岸时却能量集中，具有极大的破坏力。

由于海底或海边地震，以及火山爆发所形成的巨浪，叫做地震海啸。通常在 6.5 级以上的地震，震源深度小于 20～50 公里时，才能发生破坏性的地震海啸。产生灾难性的海啸，震级则要在 7.8 级以上。

世界上有记载的由大地震引起的海啸，80% 以上发生在大平洋地区。在环太平洋地震带的太平洋西北部海域，更是发生地震海啸的集中区域。海啸主要分布在日本环太平洋沿岸，太平洋的西部、南部和西南部、夏威夷群岛，中南美和北美沿岸等地。世界上最常遭受海啸袭击的国家和地区，主要有日本、印度尼西亚、智利、秘鲁、夏威夷群岛、阿留申群岛、墨西哥、加勒比海地区、地中海地区等。我国是一个多地震的国家，但发生海啸的次数并不多。

1883 年，在东南亚的巽他海峡中，由于喀拉喀托火山喷发，产生了一次极强的海啸，掀起的巨浪高达 35 米，使印度尼西亚岛屿沿岸遭到严重破坏，同时毁坏了巽他海峡两岸的 1 000 多个村庄。巨浪迅速在大洋中传播，急速穿过印度洋，绕过非洲南端的好望角进入大西洋，仅 32 个小时就传到英国和法国的沿海地带，其距离大约相当于地球圆周一半的路程。这次海啸，也使东印度群岛遭到惨重的损失。

1946 年 4 月 1 日凌晨，夏威夷群岛万籁俱寂，憩睡的人们正在享受美梦的甜润。突然，海水奔腾咆哮地猛冲上来，使海岸边较高的地方也被海水吞没，几分钟后海水又迅猛地溃退而去，以致平时不见天日的海底珊瑚礁也露了出来，成片来不及逃走的鱼儿搁浅在海滩上乱蹦乱跳；15 分钟后，海水以比第一次更凶猛的势头再一次猛扑上岸，人们清楚地看到一堵高大直立的"水墙"迅速地向前推进。如此来回数次，三个小时后，海面才恢复了平静。这次海啸给夏威夷群岛带来了沉重的灾难，使 163 人死亡，大批房屋倒塌，海水深入内陆 1 公里以上，海港中停泊的一艘 17 000 吨海轮被抛到岸上，一块重约 13 吨的石头被抛到 20 米以上的高空。估计经济损失达 2 500 万美元。这次海啸是相距数千公里的阿留申海域海底地震爆发引起的，海啸波每小时推进约 820 公里，到群岛沿岸浪高达 8 米。

1960 年 5 月，南美洲智利沿海海底爆发了多次强烈的地震，从而引起了一次震惊世界的海啸。这次海啸，在智利沿岸抛起 10 米高的波浪，使南部 320 公里长的海岸遭难。海啸还以每小时 700 公里的惊人速度，用不到一天的时间传到太平洋的西岸。致使日本群岛的东海岸沿岸遭受严重破坏。在海啸浪涛的袭击下，共有 1 000 多户房屋被卷走，2 万公顷土地被淹没，有的海船被掀到了岸上。

有的海啸是由台风、强低压、强寒潮或其他风暴引起的巨浪，称为风暴海啸，在世界大洋中，印度洋的孟加拉湾沿岸，是世界上风暴海啸危害最严重的地区。例如，1970 年 11 月 12 日，印度洋上的飓风袭击了孟加拉沿岸，席卷了整个哈提亚岛，波浪高达 20 米，夷平了很多村落，50 多万头牲畜被海水溺死，并使 30 万余人丧生，100 万人无家可归。

目前，人们发现的世界上最高的海啸，是在美国阿拉斯加州东南的瓦尔迪兹海面上由地震引起的海啸，浪高达 67 米，大约相当于 20 层楼之高！

造成海啸最主要的原因是海底地壳发生断裂，有的地方下陷，有的地方上升，引起强烈的震动，产生出波长特别长的巨大波浪，传到岸边或海港时，使水位暴涨，冲向陆地，产生巨大的破坏作用。1923年9月1日，著名的日本大地震发生时，横滨就受到过海浪的冲击，几百座房屋被带进海里。事后发现，那里附近的海底不仅断裂开来，而且有巨大的移动，隆起与下陷的部分高度相差达270米，难怪造成了恶浪滔天的景象。

因海斜坡上的物质失去平衡而产生的海底滑坡现象，也能引起海啸。另外，受到风暴袭击时，海面可升到异乎寻常的高度，产生"风暴海啸"。我国北方沿海就受到过寒流海啸的袭击，东南沿海也常受到台风海啸的袭击。

人类活动也能造成海啸，比如试验核武器时，巨大的水下核爆炸同样能引起海啸。不过能量要小得多，不至于造成大的灾难。

海浪，特别是巨浪和海啸，给人们的生产和生活带来极大的危害，那么，人们能不能赶在危害到来之前，就比较准确地预报海浪消息，从而最大限度地减少或免除灾难呢？回答是肯定的。

海浪预报是根据影响海浪的生成、发展和消衰的各种条件，结合海浪的基本状态进行计算而作出的。比如说，海啸波的传播速度比海啸浪的前进速度快得多，人们便可以依据监测到的海啸波的情况作出判断和预报。目前，海浪预报尚不十分完善。但是尽管如此，人们借助于已有的监测手段，已经能够在很大程度上减少海啸带来的危害了。

20. 大洋环流——黑潮、亲潮和秘鲁寒流

太平洋纵贯南北半球，是世界上面积最大的大洋，在赤道至南北纬40°~50°的范围内，南北各有一个大洋环流。

北太平洋的北赤道洋流，长达14 000公里，宽数百公里，平均每天流动距离约35公里。北赤道洋流大致从中美洲西部海域开始，向东向西流动，至菲律宾群岛，主流沿群岛东侧北上，形成黑潮。

黑潮是北赤道洋流的延续，温度高，盐度大，水色呈现蓝黑色，透明度大，是世界上仅次于湾流的第二大暖流。

黑潮全长约6 000公里，宽约200~350公里，厚度平均约400米，最长厚度可达1 000多米，流速50~250厘米/秒，大致每昼夜可流动60~90公里，水面的温度夏季约29℃~30℃，即使是严寒的冬季，水温也在20℃以上。黑潮在东海时的流量约为长江流量的1 000倍，相当于世界河流总流量的20倍，浩浩荡荡，奔流不息，是太平洋西部一股引人注目的暖流。

亲潮发源于白令海峡，沿堪察加半岛海岸和千岛群岛南下，又称为千岛寒流。亲潮比黑潮规模小，流至北纬30°~40°附近海区，与黑潮汇合，折向东流，

并与阿拉斯加暖流共同组成反时针方向流动的副极地环流。

秘鲁寒流从南纬45°左右的西风流开始，经智利、秘鲁、厄瓜多尔等国沿海北上，直达赤道海域的加拉帕戈斯群岛附近，流程长达4 500多公里，是世界大洋中行程最长的一支寒流。它的平均宽度在智利海岸附近为180多公里，秘鲁沿海为450多公里，流速每昼夜约11公里，水温在15℃～19℃之间，比邻近海区的水温低7℃～10℃，是世界著名的寒流之一。

21. 地球湾流——庞大的"暖水管"

在大西洋的赤道南北，有两个与太平洋位置大体相似的大洋环流。

北大西洋的北赤道洋流，大致从佛得角群岛开始，沿北纬15°～20°之间自东向西流动，至安的列斯群岛附近，称安的列斯暖流。南大西洋的南赤道洋流，从非洲沿岸流向美洲沿岸，到南纬7°附近巴西东部向东突出的罗克角，分为南、北两支。

在大西洋南北两个环流中，以墨西哥湾暖流最著名。墨西哥湾暖流，又简称湾流，是世界大洋中宽度最大、流程最长、水温最高、影响最深远的暖流。习惯上，人们把佛罗里达暖流、墨西哥湾暖流和北大西洋暖流，合称为一个湾流系统。

这个规模巨大的湾流，总流量为7 500～10 000万立方米／秒，比黑潮暖流大近一倍，几乎相当于世界陆地上所有河流总流量的40倍。

湾流汇聚了大西洋南北两股赤道洋流，又在加勒比海和墨西哥湾内流动了较长的时间，成为热量丰富的强大暖流。据测量和计算，每小时约有900亿吨温暖的海水从墨西哥湾流入大西洋；湾流每供给英吉利海峡1米长海岸线的热量，约相当于燃烧6万吨煤的热量；每年带给挪威沿海的热量，约相当于这里太阳辐射量的1/3左右，用这些热量可以发出强大的电能；假如用石油作燃料生产同样多的电能，那么，平均每分钟必须有一艘10万吨级的油轮，不间断地为发电厂运油加添油料。

可见，湾流的热量非常庞大，人们形象地称它为永不停息地输送热量的"暖水管"。

庞大的"暖水管"，使流经地区的水温和气温显著上升。这样，西欧和北欧的西部，便形成了典型的温带海洋性气候。所以，西北欧的斯堪的纳维亚半岛上生长着郁郁葱葱的针叶林和混交林，而北美东北部的格陵兰岛则绝大部分是白雪皑皑的冰封世界。湾流对西北欧气候的影响，以冬季最为明显。挪威西部沿海1月平均气温为0℃左右，北极圈内的巴伦支海西南部终年不封冻，位于北纬69℃附近的苏联科拉半岛的摩尔曼斯克，成为举世罕见的高纬地区的不冻港。你如果到那一带地区去，会发现许多奇特的自然现象：那里有南面吹来的凛冽寒风，有北方刮来的习习暖气；有夏季纷纷飘扬的六月雪，有冬天阴云缠绵的元月雨；那里有大雁春天向南飞行，海鸥则秋天向北展翅。

受湾流的影响，北大西洋东西两侧海域，气候迥然不同：英国设得兰群岛以东海域，1月平均气温约为 3.4℃；而同纬度的加拿大拉布拉多半岛东北海域，却为 -19℃，二者相差 22.4℃。

22. 和谐共处——人类与海洋

海洋巨大的资源给人类带来了希望，人类为开发这块"宝地"，正在不断地想方设法。

但同时，随着海洋的开发，也带来了海洋环境污染的严重问题。凡是人类活动产生的一切废弃物总是直接或间接地以这种或那种形式侵入海洋，并最终在海洋中找到归宿，所以，有人把海洋称为巨大的"垃圾桶"。如今的海洋，油污在不断扩散，重金属的累积成了灾难，放射性废物有增无减，农药在海水中蔓延，富饶的海洋已经遭到不同程度的污染和破坏。

海底油田的开发和井喷事故，以及海上石油运输过程中的事故，已经大大加剧了海洋的石油污染。

1969 年，美国加利福尼亚洲圣巴巴拉沿岸的海底油田，由于地层龟裂，造成严重的井喷事故。几天之内涌出石油 1 万多吨，引起海面大火。油田被封闭后，每天仍有 2 吨原油喷出，致使海面附近覆盖了一层 1~2 厘米厚的油层。

1976 年 5 月 12 日，油轮"欧奎奥拉"号从波斯湾驶往欧洲的途中，在西班牙的拉科罗纳港附近触礁，10 万吨原油漏入海中，造成震撼世界的海洋石油污染事件。海面上的石油随海浪从欧洲越过大西洋一直漂移到北美的加勒比海。拉科罗纳港湾是欧洲重要的水产供应地，尤以贻贝、牡蛎、蚌壳等水产较为著名，也是欧洲气候适宜、风光旖旎的旅游胜地，这一次石油污染对此地的水产和旅游都造成了严重破坏。

1991 年 1 月海湾战争爆发，科威特、伊拉克沿海输油管道遭到破坏，约 4 亿加仑原油流入海湾，造成海洋石油污染事件中最为可怕的一次大污染，其严重后果无法估量。这次石油污染，对周围海域及更大范围的生态产生了巨大的破坏作用，这一地区的珊瑚礁、海草床、海龟和其他许多生物将遭灭顶之灾。

有人估计，每年污染海洋的石油及其制品约 1 000 万吨。其中，由河流注入海洋的废油约 500 万吨，海底油田的井喷和泄油流入海洋的石油为 100 多万吨，油船失事漏进海洋的石油达 50 万吨，各种船舶排入的压舱水、机舱水等含油量可达 100 万吨，其余则是大气中石油烃随雨、雪降落到海洋中的污染。

在开发海水的化学资源中，如提取镁、溴、铀等元素，都要使用吸附剂。一座年产 800 吨铀的工厂，每天需要处理海水 34 亿吨。于是，吸附剂中所含的重金属就会排入海水中，造成重金属污染。

利用海水温差来发电，在深海底采集锰结核，都可以扰乱海水的"宁静"，使底层冷海水上升到表层。这样，一方面会使深层冷水中所富有的营养物质带到表层，一方面又破坏了海水中正常的上下温度结构。这不仅会对低层大气产生某些作用，而且也会对海洋生态环境产生一定的影响。

海洋本身有着巨大的自然净化能力。一些有害物质进入海洋之后。污染物质可以不断地被扩散、稀释、氧化、还原和降解，使海洋得到净化。但是，海洋的这种自净能力也不是无限的，当大量的有害物质进入海洋，超越一定海域的自净能力时，这个海域即会遭到污染。

海洋在地球上是互相连通而不可分割的水体，一个海域受到污染势必影响到其他海域。现在，世界上遭受污染的海域越来越多，不断发生危及人类健康的事件，向人类发出危险的警告，引起了各国人民的普遍关注。

另外，像不适当的围海造田、滩涂围垦、河口筑坝、过度滥捕海洋生物、过度开采海滨砂矿等，都会破坏海洋生态系统，引起灾害性的变化，例如，过去滥捕南极海域的鲸类，使它们大量减少，而鲸类的重要食物——磷虾，却大量繁殖。而磷虾又以藻类和微生物为食，磷虾的大量繁殖，又使这些生物急剧减少等等。又如，有人设想把南极洲的大量冰块运出，这样虽然能解决干旱地区的缺水问题，但也势必使地球上的热量平衡发生变化，从而影响到全球的气候。

这一切都在向我们发出警告，海洋为人类创造的良好环境已经遭到了严重的破坏，人类已经自觉不自觉地干出了许多破坏海洋资源的蠢事。所以，虽然海洋开发前景诱人，但在开发海洋资源的同时，必须考虑到对资源的保护，对环境的保护。否则，海洋就会严酷地"报复"人类，最后致人类于死地。

人类必须明白，我们只有一个地球，我们只有一片海洋。居住在地球上的人类，不能成为破坏海洋环境的"败家子"。海洋是富饶的，也是爱憎分明的，只要我们和它交朋友，协调好人类和海洋的关系，使之美好与和谐，海洋就会加倍地造福于人类，造福于子孙万代。

23. 因祸得福——深海生物

在地球上所有生物中，人只是成千上万个物种中的一个，他们却进化得可以发明工具，随意杀戮着其他物种。随着文明的进步，人类的捕猎技巧越来越高超，却使得物种灭绝的速度越来越快。然而，相对于深海来说，人类却显得特别的无知。生态学家们认为，正是人类的"无知"挽救了深海生物的性命。

　　海洋是生命的诞生和孕育之地，生物的进化历程表明，地球上的生物起源于海洋。海洋不但占据了地球71%的表面积，而且提供了99%的生物可栖息的地方。海洋不但是海洋生物的庇护所，而且为人类文明的进步发挥着重要作用。海洋不但提供给人类食物，而且主宰着地球的气候变化和物质循环，是地球生态链中重要的一环。然而，人类却不珍惜海洋，从古至今就有不少人认为海洋的包容性很强，而把海洋作为垃圾场和"排污罐"，靠近陆地的浅海海域已经被人类糟蹋得不成样子了。

　　目前，地球上发现了34个动物门，其中有33个动物门可以生活在海洋中，海洋中有13个门的动物可以移居陆地，只有15个动物门只能生活在海洋中。可见，海洋是保护生物多样性的好地方。地球大约是在46亿年前诞生的。在地球诞生后的40亿年时间里，地球上的生命，包括植物和动物，几乎没留下任何实质性的痕迹。然而，从距今6 700万年起，生物的种类开始增多。在距今500万至1 000万年的这段短短的时间里，却产生了生命的大爆发。科学家从发掘出来的化石推测，现今世界上所有的动物门都在这一时期同时出现，而且之后再没有产生新的门。这些新的动物门都是在海洋中产生的，科学家认为生命大爆发与地球构造和气候的变化有直接关系，当时大陆的漂移导致了海洋的分割，气候的变化导致了各个气候带的产生，这些都为生物多样性的大爆发提供了条件。

　　从500万年前起，地球上的动物门不再增多，海洋中的生物种类却还在不断进化并逐步增多。然而，随着人类对海洋开发的脚步加快，海洋动物的数量和种类都开始减少。目前，除开发较晚的印度洋的生物种类还在增多外，其他大洋的海洋生物种类开始减少。破坏海洋生物多样性的主要因素有三个：一是对海洋生物的过度捕捞；二是海洋运输、资源开发和污染对海洋生物栖息地的破坏；三是人类对地球环境的破坏导致了全球气候变暖，从而影响了海洋生物的生存。

　　生态学家们认为，好在人类对深海还很无知，不然海洋物种的命运就该和陆地生物差不多了。人类的科技虽然相当发达，他们到深海的能力却很弱，甚至低于到月球的能力。人类到外太空可以制造抵抗失重的航天飞行器，可以给飞行器充入氧气供飞行员使用。然而，人类却没有办法对付大得吓人的深海压力。然而，不少深海生物却可以怡然自得地生活在这些高压区，让人类自愧不如。

　　在海洋里，每下潜10米深，水压就增加一个大气压，过高的水压会对人体造成生理影响，某些情况下超出人体的耐受范围，还会引起病理性损伤。而且人在水中不能像在大气中一样自由呼吸，水压、低温、黑暗、水流、涌浪、水下生物伤害，以及各种潜水疾病的威胁等不利因素，都不同程度地限制了人在水下行动的自由。因此，并不是任何人都可以背上潜水装备无止境地下潜到海底。目前世界上直接下潜到海中的最大深度纪录是501米。越往海洋深处就越黑暗，一般在海面 700 米以下就是黑暗一片了，此处难以找到植物了，然而，海洋深处还是有丰富的有机质，所以深海里还是有着形形色色的动物，不少动物为了适应深海环境而变得特别奇特。世界上深度超过 6 000 米的海沟有 30 多处，其中的 20 多处位于太平洋洋底。目前，各种载人潜艇的下潜深度一般也不会超过 1 000 米，只有无人探测车能达到 6 000 米以下的深海里进行科学考察。

科学家们还会继续对深海作科学研究，以便提出一些合理的开发海洋的方案，并提出更好的保护海洋的建议。另一方面，生态学家却希望让人类继续保持这种对海洋的"无知"状态，不要去惊动维持地球长久可持续发展的海洋生态，他们希望看到海洋生物种类能够重新出现增长的趋势。

24. 复杂多变——海洋性季风气候

日本群岛由于地处中纬度亚欧大陆东缘，崎岖多山，山脉走向既多与狭长的海岸平行，又多与冬、夏季风方向直交，加上处于高、低气压之间的过渡地位，冬季气压形势是西高东低，夏季气压形势是南高北低，因此无论冬夏风力都较强，都是富含水汽的海风，又受黑潮暖流的影响（仅东北部受亲潮寒流的影响），使日本群岛的气候具有明显的特点。

日本气候温和，大部地区终年温和湿润，四季分明，比亚欧大陆同纬度的东岸地区有较强的海洋性，但比西岸地区又有显著的大陆影响。日本气候又较湿润，因受季风、梅雨和台风的影响，降水丰富。日本年平均降水量 1 818 毫米，为世界陆地年平均降水量（730 毫米）的两倍以上，多雨地如尾鹫年降水量为 4 119 毫米。日本地区内部气候有明显差异性，日本群岛南北狭长，所跨纬距约 25°，故自北而南包括亚寒带、温带和亚热带三个气候带，但大部分属于温带；由于山地地形和季风的季节更替，使日本东西两岸的地区差异也很明显，冬季来自大陆的西北季风强烈，日本海一侧多阴天和降雪，为世界著名的多雪地域。夏季盛行东南季风时，太平洋一侧降水充沛。濑户内海地区因受南北山地阻挡，降水量比较少，但也在 700~900 毫米左右。

日本群岛的年平均气温，北部为 6℃，中部为 14℃，南部超过 18℃。最冷月 1 月平均气温北海道北部为 -8℃，日本中部为 0~5℃，南部为 10℃，与同纬度的西欧和北美东岸相比，日本冬温较低，南北温差较大。最热月 8 月，除北海道和东北北部外，平均最高气温都超过 25℃。8 月平均气温 24℃ 等温线直达东北地方的北部，8 月平均气温札幌为 21.7℃，鹿儿岛为 27.3℃，两地相差仅 5.6℃，但 1 月相差为 11.8℃。气温年较差北部大于南部，如北海道内部可达 32℃，而日本南部则在 20℃ 以下。与大陆东岸同纬度地区相比，日本的年较差较小，如北京与秋田同位于北纬39°，前者年较差为31.1℃，后者为25℃。

日本群岛季节变化明显。冬季气压形势西高东低，盛行西北季风，因与大陆高压间的气压梯度大，平均差36毫帕，最大差80毫帕，加上与西风急流一致，故冬季风比夏季风强，气温较低，南北温差较大。受冷海变性西伯利亚气团和对马暖流的影响，里日本（日本海侧）冬有大风雪，冬季3个月的降水量可达750毫米，超过夏季；表日本（太平洋侧）因吹干冷的越山风，相对湿度小（65%），日照时间长，故晴朗干爽。春季为冬季风和夏季风的过渡期，天气多变，东西两岸间的气候差异逐渐消失。樱花开放时期为入春的标志，九州为3月30日，北海道南部为4月30日。

6月后，日本开始有1个月的梅雨期（西南日本、中部日本始于6月11～14日，本州北部、北海道最南端始于6月23～24日，大部分北海道始于6月30日至7月1日），这个时期，"西高"后退，鄂霍次克海高压渐强，鄂霍次克海冷凉气团南下，以东北风吹入日本。

与此同时，南方的小笠原高压带也逐渐形成，热带小笠原气闭也向日本推进，与鄂霍次克海气团之间形成低压槽（即梅雨锋），在日本南部交绥，形成宽约300公里的锋面，形成浓雾、细雨天气，即日本的梅雨期，云量和降水量迅增，日照时间减少，为"入梅"的标志。在梅雨期平均云量为70%～80%，最高可达88%，相对湿度最高可达87%。梅雨期内一个月的降水量，南九州为400毫米，北九州、南四国、纪伊半岛和中国西部为300毫米，本州南部为200毫米，北海道大部在100毫米以下。梅雨是日本南部主要降水来源之一，约占南部地区年降水量的20%～30%，如鹿儿岛即占34.5%。梅雨锋面北移后，日本进入夏季，全境受北太平洋副热带高压影响，气压形势南高北低，小笠原气团笼罩日本，盛行东南季风，加上黑潮暖流和山地地形的作用，使整个夏季温度高，湿度大、台风、雷雨和地形而多，南北之间和东西之间的气候差异缩小。真夏日数（最高气温≥30℃），南方的名濑为92天，那霸为83天，中部的京都为69天，东京为47天，北部的札幌为9天。因温度高，湿度大（相对湿度80%～90%），气流不稳定，午后2时常出现雷雨，以8月为最多。8～9月，北太平洋台风常袭日本，带来大量降水。夏末以后，气温下降，小笠原气团减弱，从北方来的东北气流，将小笠原气团逐渐推到九州南部，形成寒暖交绥的锋面，导致了秋雨。和梅雨期的降水首先集中在日本的西南部不同，秋雨则主要集中在北部和里日本地区，如北海道各地几乎都是9月份多雨（如稚内9月降水量为151毫米，占全年的12.3%）。秋雨期最重要的特征之一是由于台风与秋雨锋面的互相影响，从而加剧了秋雨的强度，日本9月的台风与7、8月的台风相比，由于秋霖锋的活动，使其风速和降水量都比较大，暴雨也大，使日本灾害性台风多发生在9月。10

月 10 日左右秋霖锋退出后，日本进入天高气爽的秋季，气温较春温稍高，落叶树的树叶变红是入秋的标志，完全落叶则已入冬。

日本群岛年内有三次降水高峰：6 月中旬至 7 月中旬细雨连绵，为梅雨期，属西南日本型；9 月多台风雨和秋雨，属东北日本型；冬季风降雪区属于里日本型。日本是同纬度积雪量最大的国家，面向日本海的沿岸低地平均最大雪深可达 1 米，高田绝对最大雪深曾达 3.77 米。黑潮暖流和亲潮寒流是对日本气候有明显影响的两大性质不同的洋流。黑潮以其水温高，盐度重，透明度大，水色深蓝而得名，它来自北赤道流，流经台湾岛以东，夏季表水温度 30℃，至日本南方海域为 28℃，比同纬度太平洋东岸水温高 10℃ 左右。

从台湾以东海域至本州东端的犬吠崎（北纬 35°）以东海域之间为黑潮主流，平均深 400 米，最大流速 4.8 公里/小时，潮岬附近黑潮流幅为 90～100 公里，水深 1 000 米，流速 3.1～5.5 公里，100 米以内的水温为 20℃、透明度为 20～45 米，流量为 63×106 立方米/秒，约为亚马孙河流量的 600 倍。

黑潮至犬吠崎以东海面因与从北来的亲潮寒流相遇，形成大规模的"潮境"（即寒暖流相汇的海域），这里亲潮潜流流到黑潮表层之下，使黑潮变浅，称为黑潮续流。当它流到东经 150° 以东即转为北太平洋暖流。日本南部的室户岬、潮岬和足折岬一带的亚热带植物（如桫椤、苏铁）的发育与黑潮的影响有一定联系。黑潮暖流的一个分支（对马暖流）红朝鲜海峡入日本海，沿日本西岸向北推进，然后穿过津轻海峡与亲潮相汇。

冬季盛行西北季风时，对马暖流对变性西伯利亚气团的下层有增温增湿促其不稳定的作用，使里日本冬季降水量大，但西北季风越山东下后，却减少了黑潮对表日本的影响。亲潮来自白令海和鄂霍次克海，为富含浮游生物的低温绿色洋流，因多海藻和鱼类资源，有幸于人们生活，故日本称之为亲潮，但北海道、三陆沿岸也能受它的冷害。亲潮源流的海域因受融冰影响，盐分低（33～33.5‰），表层水温年内为 1℃～19℃，100 米深度以下为 2℃。夏季南下的亲潮，从北海道的纳沙布岬的南方分为数支，在从北纬 37°～40° 附近的三陆海域遇黑潮续流，在金华山以南形成亲潮潜流，时速达 1.6 公里，因为冬季潮境强，其先端可到犬吠崎附近。

夏季，东北日本东岸包括北海道东部，因受亲潮影响气温低降水少，加上东北风的作用，使这里多阴天、浓雾和冷害。

根据地形因素和纬度因素的制约，日本群岛的气候，可划分为五个气候区：（1）日本海侧气候区，为冬季季风降水地域，是日本主要积雪地带，还可划分出三种类型：a. 鄂霍次克型，每年有 4 个月（12 月～3 月）的月平均气温在 0℃ 以下，秋雨较多（9 月），为少雨区。b. 日本东北、北海道型，每年有 2～4 个月的月平均气温低于 0℃，秋雨和冬雪均较多，因受对马暖流影响，气温较前者稍高。c. 北陆、山阴型，月平均气温都在0℃以上，冬季为主要降水期，为日本积雪最大的地区，属于典型的里日本气候区。

（2）太平洋侧气候区，与日本海侧气候区相反，冬季降水量和降水日较少，日照长，晴天多，夏雨和秋雨较多，还可划分出四种类型：a. 东部北海道型，受亲潮影响，冬季寒冷，夏季凉爽，夏雨秋雨较多。b. 三陆、常磐型，冬多晴天、少雪，更多雾、低温，9月降水最多。c. 东海、关东型，冬季晴朗干燥，夏季受小笠原气团影响，湿度大，气温高，6月和9月~10月降水最多，为典型的表日本气候。d. 南海型，受黑潮影响，气温高，梅雨期、台风期降水最多，最高降水月为6月，这里是日本降水最多的地区，如尾鹫八剑山（1 915米）的东南侧，外临潮岬海域的黑潮主流，面迎东南季风，年降水量4 119毫米（或4 158毫米）。c和d已属于亚热带气候。

（3）过渡型气候区，为里日本和表日本之间的中间型，可分两种类型：a. 九州型，冬有降水，为日本海侧气候区的延长，但主要降水又集中在夏季，气温、降水和日照等指标都高，又类似表日本的气候。b. 濑户内海型，由于地形影响，温暖多晴天，湿度小，为日本的少雨区。

（4）冲绳型气候区，位于琉球群岛，年平均气温超过20℃，多台风雨，以6月降水最多，属亚热带。

（5）中央高原气候区，位于本州中部，地形为山地与盆地相结合，气候呈垂直变化，山地高原夏季凉爽，盆地则气温较高，冬季比沿岸平原气温低，可降到0℃以下，降水仍以6月~9月为多。

25. 水天一色——海洋缘何是蓝色

人们常喜欢用蓝色来形容海洋。其实海水的颜色，从深蓝到碧绿，从微黄到棕红，甚至还有白色的，黑色的，并非只是蓝色。

原来，海水和普通水一样，都是无色透明的，海洋色彩是由海水的光学性质和海水中所含的悬浮物质、海水的深度、云层的特点及其他因素决定的。大家知道，太阳光由红、橙、黄、绿、青、蓝、紫七种颜色组成，这七种颜色的光，波长各不相同，从红光到紫光，波长逐渐变短，长波的穿透能力最强，最容易被水分子吸收，短波的穿透能力弱，容易发生反射和散射。海水对不同波长的光的吸收、反射和散射的程度也不同。光波较长的红光、橙光、黄光，射入海水后，随海洋深度的增加逐渐被吸收了。一般说来，在水深超过100米的海洋里，这三种波长的光大部分能被海水吸收，并且还能提高海水的温度。而波长较短的蓝光和紫光遇到较纯净的海水分子时就会发生强烈的散射和反射，于是人们所见到的海洋就呈现一片蔚蓝色或深蓝色了。近岸的海水因悬浮物质增多，颗粒较大，对绿光吸收较弱，散射较强，所以多呈浅蓝色或绿色。

紫光的波长最短，反射最强烈，为什么海水不呈紫色呢？科学实验证明，原来人的眼睛是有一定偏见的，人的眼睛对紫光的感受能力很弱，所以对海水反射的紫色很不敏感，因此视而不见，相反，人的眼睛对蓝、绿光却比较敏感。

海洋绝大多数是蓝色的，如果海水中悬浮物质比较多，或者其他原因的影响，大海的颜色就不再是蓝色的了。如我国的黄海，它是古代黄河的入海口，黄河夹带的大量泥沙流入海中，把蓝色的海水"染黄"了。虽然现在的黄河改向渤海倾泻，但黄海北面经渤海海峡与渤海相通，加上它要承受淮河、灌河等河流注入的河水，所以海面仍然呈现浅黄的颜色。

在印度洋西北部，亚、非两洲之间的红海是世界上水温最高的海，海里生长着一种红褐色的海藻，由于这种海藻终年大量繁生，把海面染成一片红色，红海因此而得名。

太平洋东北部的加利福尼亚湾，南部有血红色的海藻群栖，北部有科罗拉多河在雨季时带来的大量红土，海水呈现一片红褐色，被称为朱海。

白海是北冰洋的边缘海，它深入俄罗斯西北部内陆，北极圈穿过白海。白海由于所处纬度高，气候严寒，终年冰雪茫茫，加之白海有机物含量少，海水呈现一片白色，故名"白海"。

黑海表面有顿河、第聂伯河、多瑙河等淡水注入，密度较小；黑海的深层是来自地中海的高盐水，密度较大。上下海水之间形成密度飞跃层，严重阻碍了上下水层的水交换。黑海通过博斯普鲁斯海峡和达达尼尔海峡与地中海进行水交换。由于海峡又窄又浅，大大限制了黑海与地中海的水交换，所以黑海深层缺乏氧气，上层海水中生物分泌的秽物和死亡后的尸体沉至深处腐烂发臭，大量的污泥浊水，使海洋变黑了。加之黑海地区经常阴雨如晦，风暴逞凶，就更增加了黑的感觉。

赤潮也可使海水颜色出现异常。赤潮是一种由于局部海区的浮游生物突发性地急剧繁殖并聚集在一起的现象。赤潮的颜色是多种多样的，这主要看引起赤潮的海洋浮游生物是什么种类。由夜光虫引起的赤潮呈粉红色或砖红色，由某些双鞭毛藻引起的赤潮呈绿色或褐色，某些硅藻赤潮则呈黄褐色或红褐色。

另外，由于太阳时而隐没在云层之中，时而透过云层放出光芒，海洋的颜色也就随之发生变化。海洋的颜色还取决于太阳离地平线的高度。

26. 变幻莫测——海洋灾害

海洋自然环境发生异常或激烈变化，导致在海上或海岸发生的灾害称为海洋灾害。海洋灾害主要指风暴潮灾害、海浪灾害，海冰灾害、海雾灾害、飓风灾害、地震海啸灾害及赤潮、海水入侵、溢油灾害等突发性的自然灾害。

引发海洋灾害的原因主要有大气的强烈扰动，如热带气旋、温带气旋等；海洋水体本身的扰动或状态骤变；海底地震、火山爆发及其伴生之海底滑坡、地裂缝等。海洋自然灾害不仅威胁海上及海岸，有些还危及沿岸城乡经济和人民生命财产的安全。例如，强风暴潮所导致的海侵（即海水上陆），在我国少则几公里，多则 20～30 公里，甚至达 70 公里，某次海潮曾淹没多达 7 个县。上述海洋灾害还会在受灾地区引起许多次生灾害和衍生灾害。如：风暴潮引起海岸侵蚀、土地盐碱化；海洋污染引起生物毒素灾害等。

世界上很多国家的自然灾害因受海洋影响都很严重。例如，仅形成于热带海洋上的台风（在大西洋和印度洋称为飓风）引发的暴雨洪水、风暴潮、风暴巨浪，以及台风本身的大风灾害，就造成了全球自然灾害生命损失的 60%。台风每年造成上百亿美元的经济损失，约为全部自然灾害经济损失的 1/3。所以，海洋是全球自然灾害的最主要的源泉。

太平洋是世界上最不平静的海洋，太平洋以其西北部台风灾害多而驰名。据统计，全球热带海洋上每年大约发生 80 多个台风，其中 3/4 左右发生在北半球的海洋上，而靠近我国的西北太平洋则占了全球台风总数的 38%，居全球 8 个台风发生区之首。其中对我国影响严重，并经常酿成灾害的每年近 20 个，登陆我国的平均每年 7 个，约为美国的 4 倍、日本的 2 倍、俄罗斯等国的 30 多倍。若登陆台风偏少，则会导致我国东部、南部地区干旱和农作物减产。然而台风偏多或那些从海上摄取了庞大能量的强台风登陆，不仅能引起海上及海岸灾害，登陆后还会酿成暴雨洪水，引发滑坡、泥石流等地质灾害。台风登陆后一般可深入陆地 500 余公里，有时达 1 000 多公里。因此，往往一次台风即可造成数十亿元乃至上百亿元的经济损失。据 1931 年—1977 年的统计，我国发生的 26 次强暴雨洪水中，56% 就是由台风登陆后造成的。由于我国 70% 以上的大城市，一半以上的人口以及 55% 的国民经济集中于东部经济地带和沿海地区。这些渊源于海洋的严重的自然灾害，对我国造成的经济损失和人员伤亡，已经接近或超过全国最严重的自然灾害总损失的一半。

综合最近 20 年的统计资料，我国由风暴潮、风暴巨浪、严重海冰、海雾及海上大风等海洋灾害造成的直接经济损失每年约 5 亿元，死亡 500 人左右。经济损失中，以风暴潮在海岸附近造成的损失最多，而人员死亡则主要是海上狂风恶浪所为。就目前总的情况来看，海洋灾害给世界各国带来的损失呈上升趋势。

新中国成立后，由于党和政府极为重视抗灾救灾工作，一次海洋灾害造成数万乃至十多万人丧生的事件从未发生。但由于沿海人口的增加，滨海地区城乡工农业生产的抬升以及海洋经济的发展，我国由于海洋灾害造成的经济损失反而呈急速上升的趋势。

《2005 年中国海洋灾害公报》显示，海洋灾害损失为新中国成立之最。2005 年，我国海洋灾害频发，共发生风暴潮、赤潮、海浪、溢油等海洋灾害 176 次，沿海 11 个省（直辖市、自治区）全部受灾，造成直接经济损失 332.4 亿元。死亡（含失踪）371 人。其中风暴潮灾害造成的损失最为严重：全年共发生 11 次台风风暴潮，其中 9 次造成灾害，较上年增加 5 次；发生 9 次温带风暴潮，其中 1 次造成山东省局部地区灾害。风暴潮灾害共造成直接经济损失 329.8 亿元，死亡（含失踪）137 人。其次是海浪灾害，海浪灾害直接经济损失 1.91 亿元，死亡（含失踪）234 人。公众所关注的赤潮灾害直接经济损失只有 6 900 万元。

随着我国国力的增强，海洋经济及沿海地区的经济和人口都会有更大的发展，如不采取有效措施加强海洋灾害的防御，不但经济损失增长的势头很难降下来，还会造成人身生命财产损失的回升。

27. 看法迥然——海洋形成之谜

地球上的水究竟是从哪里来的？科学界一直存在着不同的看法。

多数的看法认为，海洋的形成大约在 50 ~ 55 亿年前，云状宇宙微粒和气态物质聚集在一起，形成了最初的地球。原始的地球，既无大气，也无海洋，是一个没有生命的世界。在地球形成后的最初几亿年里，由于地壳较薄，加上小天体不断轰击地球表面，地幔里的熔融岩浆易于上涌喷出，因此，那时的地球到处是一片火海。随同岩浆喷出的还有大量的水蒸气、二氧化碳，这些气体上升到空中并将地球笼罩起来。水蒸气形成云层，产生降雨。

经过很长时间的降雨，在原始地壳低洼处，不断积水，形成了最原始的海洋。原始的海洋海水不多，约为今天海水量的 1/10。另外，原始海洋的海水只是略带咸味，后来盐分才逐渐增多。经过水量和盐分的逐渐增加，以及地质历史的沧桑巨变，原始的海洋才逐渐形成如今的海洋。这是第一种有代表性的说法。

还有一种说法是海水来自冰替星雨。这是美国科学家提出的一种新的假说。这一理论是根据卫星提供的某些资料而得出的。1987 年，科学家从卫星获得高清晰度的照片。在分析这些照片时，发现一些过去从未见到过的黑斑，或者说是"洞穴"。科学家认为，这些"洞穴"是冰慧星造成的。而且初步判断，冰慧星的直径多在 20 公里。大量的冰慧星进入地球大气层，可想而知，经过数亿年，或者更长的时间，地球表面将得到非常多的水，于是就形成今天的海洋。但是，这种理论也有它不足的地方。就是缺乏海洋在地球形成发育的机理过程，而且这方面的证据也很不充分。

海洋是如何形成的，或者说，地球上的水究竟来自何方？只有当太阳系起源问题得到解决了，地球起源问题、地球上的海洋起源问题才能得到真正解决。

28. 星罗棋布——地球上海的数量

在地球四大洋中归属的海和湾共60个，它们是：属于太平洋的渤海、黄海、东海、南海、杭州湾、北部湾、白令海、鄂霍次克海、日本海、濑户内海、菲律宾海、爪哇海、苏禄海、苏拉威西海、塔斯曼海、马鲁古海、斯兰海、阿蒙森海、别林斯高普海，共26个；属于大西洋的有波罗的海、加勒比海、地中海、北海、黑海、里海、亚速海、马尔马拉海、威德尔海、墨西哥湾、哈德逊湾、比斯开湾、几内亚湾、巴芬湾，共15个；属于印度洋的有：红海、阿拉伯海、安达曼海、萨武海、帝汶海、阿拉弗拉海、波斯湾、孟加拉湾、大澳大利亚湾，共10个；属于北冰洋的有：格陵兰海、挪威海、巴伦支海、白海、喀拉海、拉普捷夫海、波弗特海等，共9个。

29. 天壤有别——海洋的年龄

在过去的很长时间里，人们普遍认为，海底是很古老的，它几乎和地球的年龄一样古老。然而，近几十年人们对深海的考察研究发现，这种认识是错误的。那么，海底的年龄究竟有多大呢？

科学家普遍认为，洋底是年轻的，其年龄最老超不过2.2亿年，和地球45亿年的寿命相比，洋壳的历史不过是地球演化史上最近的一章。科学家对海洋年龄问题的研究还在继续之中，人们对海洋的性质和年龄等方面的认识分歧较大，归纳起来主要有三种认识：

第一种观点认为，海洋是原生的，它早在地球的地质发展的初始阶段就已经存在了。持这种看法的人认为，海洋是古老的，这是一种比较传统的看法。

第二种看法认为，各大洋的年龄是不相同的，太平洋的年龄最古老，在远古时代就形成了，而其他各大洋的年龄比较年轻，它们均在古生代末期或中生代形成。

第三种观点是，世界各大洋的年龄都很年轻。根据陆地地壳的海洋化假说，世界各大洋都是在古生代的末期到中生代的初期于各大陆原来的地区产生的。

现在，越来越多的人赞成海底扩张理论和板块构造理论。按照这种新概念，可以肯定地说，世界各大洋均在中生代形成，所以有"古老的海洋，年轻的洋底"之说。

第二节　神秘水域——趣味海洋

1. 南北不同——"转向"环流和北冰洋洋流

印度洋的大洋环流，受地理环境的影响，南、北具有不同的组成和特点。

印度洋南部的大洋环流比较稳定。低纬海区在盛行东南信风的吹送下，南赤道洋流自东向西横过印度洋。势力强大，流向稳定。而印度洋北部因受大陆限制和季风环流的影响，冬夏洋流要"转向"，形成随着季节转换而变换流向的洋流系统。从 10 月到第二年 4 月，这里受东北季风的影响，北部海水自东向西流动，形成反时针方向的冬季环流，尤以 12 月和 1 月表现得最为明显。从 5 月到 9 月，这里受西南季风的影响，北部海水自西向东流动，形成顺时针方向的夏季环流，尤以 7 月和 8 月最为典型。

北冰洋地处高纬，面积最小，气候严寒，冰覆盖广，即使是夏季，冰雪覆盖的面积也在 2/3 左右。那么，北冰洋里有没有洋流呢？回答是：有。

北大西洋暖流有一支流向东北。同时，北冰洋海水经过格陵兰岛附近海域，分别形成拉布拉多、东格陵兰等寒流。这样，组成了北冰洋这一海域反时针的大洋环流。

2. 海中"巨子"——太平洋上的珊瑚海

西南太平洋上的珊瑚海，是个半封闭的边缘海。它在澳大利亚大陆东北与新几内亚岛、所罗门群岛、新赫布里底群岛、新喀里多尼亚岛之间，水域辽阔，一望无垠。

珊瑚海地处南半球低纬地带，全年水温都在 20℃以上，最热月水温达 28℃，是典型的热带海洋。由于几乎没有河水注入，海水很洁净，呈蓝色，透明度比较高，深水区也比较平静。碧蓝的海上镶嵌着千百个青翠的小岛，周围黄橙色的金沙环绕，岛上绿树葱茏，礁上不时激起层层的白色浪花，在强烈的阳光照射下，显得光亮夺目。在小岛的岸边，俯览蔚蓝色的大海，可以看到水下淡黄、淡褐、淡绿和红色的珊瑚，千姿百态，瑰丽动人。碧清的海水掩映着绚烂多彩的珊瑚岛群，呈现一派秀丽奇特的热带风光。

这里不仅有众多的珊瑚，还分布着由珊瑚子子孙孙造就而成的成千上万的珊瑚岛礁。世界上最大的珊瑚暗礁群大堡礁，绵延分布在大海的西部。它长达2 400公里，北窄南宽，从2公里逐渐扩大到150公里，总面积达8万多平方公里。

在大堡礁礁石周围，遍布形形色色的海藻和软体动物，以及许多色彩艳丽的其他海洋生物。碧蓝碧蓝的海水下面，是千姿百态的珊瑚虫的乐园。它们仿佛是一张巨大的彩色地毯，随着海水起伏、漂荡，五颜六色的热带鱼来往穿梭，构成一座巨大的水生博物馆，又像一座生机盎然的水中花园。1979年，澳大利亚政府规划，把总面积1万多平方公里的珊瑚岛屿与礁群，建成世界上最大的海洋公园，供人们参观游览。旅游者可以在岛礁上的白色帐蓬里休憩、娱乐，可以在滨海的金色沙滩上垂钓、散步，也可以乘坐特制的潜水器，到水下亲自观赏迷人的水下世界。

当然，在这恬静的水面下，潜伏着许多高低起伏的暗礁，也会成为各类船舶航行的严重障碍；在景色秀丽的水下世界里，还隐藏着蓝点、海葵、火海胆等不少有毒的生物。除此之外，这里的确称得上是一个美丽的海上乐园。

珊瑚海因广泛分布着珊瑚岛礁而闻名于世，珊瑚礁是这一海域海洋地理最突出的特征。

珊瑚海辽阔浩瀚，总面积达479万多平方公里。由于面积大，海水总体积达1 140多万立方公里。珊瑚海是世界上面积最大的海，也是大海家族中的"大哥哥"。

3. "侏儒"之海——马尔马拉海

亚洲西部小亚西亚半岛和欧洲东南部巴尔干半岛之间，有一个水域狭小的海，叫做马尔马拉海。

马尔马拉海东北面沟通黑海的博斯普鲁斯海峡和西南面连接地中海的达达尼尔海峡，仿佛一所住宅里前庭和后院的两扇大门，因此，马尔马拉海具有完整的海域。它形如海湾，实际却是个真正的内海。马尔马拉海南北的两个海峡，好像地中海与黑海之间联系的两把大铁锁，具有十分重要的战略地位。

马尔马拉海在远古的地质时代并不存在，后来由于发生地壳变动，地层陷落、下沉被海水淹没而形成。它的平均深度为357米，最深的地方达1 355米。由于马尔马拉海是陆地陷落形成的缘故，所以，虽然水域不大，但深度并不小。海岸附近，山峦起伏，地势陡峻。原来陆地上的山峰和高地，在海上露出水面，形成许多小岛和海岬，星星点点散落在海面之上，构成一幅独特的风景画。其中较大的马尔马拉岛，面积125平方公里，岛上盛产花纹美丽的大理石，图案清秀，别具一格，是古代伊斯坦布尔宫殿建筑的重要材料，在现代建筑中也有许多用途。"马尔马拉"就是"大理石"的意思，这个海域也因此与岛齐名了。

马尔马拉海是地中海与黑海海水交换的通道。地中海的水温和含盐度都比黑海高，所以，地中海的海水经过两个海峡和马尔马拉海从下层流入黑海，而黑海的海水则通过这里从上层流入地中海。马尔马拉海不仅航运地位重要，而且鱼类资源丰富，是土耳其重要的产鱼区。

马尔马拉海东西长约 250 公里，南北宽约 70 公里，面积约 11 000 平方公里，是世界上面积最小的海，在大海家庭中是个最小的"小老弟"。

4. 盐度之最——红海、波罗的海

红海是世界上含盐度最高的海。其北部含盐度达 4.1% ~ 4.2%，南部约 3.7%，深海底个别地点可达 27% 以上。造成红海含盐度高的因素很多。主要是，北回归线横穿海域中部，受副热带高压和东北信风带控制，气温高，全年有 6 ~ 8 个月平均气温超过 30℃，夏季 35℃ 以上，冬季 25℃ 以上；全年干燥，年降水量少于 200 毫米，日照强烈，年蒸发达 2 000 毫米，大大超过降水量；两岸没有常年河川注入，得不到淡水补充；海域呈封闭状态，唯一沟通大洋的温德海峡，有丕林岛及水下岩岭，水体交换受限制。

波罗的海是世界上含盐度最低的海。由于海域位于 54° ~ 66° 高纬地区，气温较低，蒸发量小；受西风带影响，降水量较大；入海河川多，有大量淡水补充；被陆地包围呈封闭性海盆，与大西洋沟通的海峡既浅又窄，阻碍水体交流，所有这一切因素，使得海水含盐度极低。波罗的海的平均盐度为 0.7% ~ 0.8%，为世界海水平均含盐度的 1/5，各海湾的盐度只有 0.02%，河口附近的地方全是淡水。

5. 奇特水域——海洋中的"淡水井"

古往今来，许多海上遇难者是由于没有淡水而丧生的，因而有了关于"海井"的种种传说，希望航海者能从海井中喝到甘甜的淡水。而我们这里要讲的，可是个实实在在的故事。

在美国佛罗里达半岛以东距海岸不远的海面上，有一块直径约 30 米的奇特水域。看上去，它的颜色与周围海水不一样，仿佛深蓝色布上染了一块圆圆的绿色；摸一摸，它的温度与周围的海水也不一样；掬起一汪尝尝，嗬，真清凉，还一点儿也不咸。这可就怪了，在这汪洋大海之中怎么会出来这样一口界限分明的"淡水井"呢？

这一稀奇现象过了很长时间才被弄明白。原来，这是陆地赠给海洋的礼物。科学研究发现，这块奇特水域的海底是片锅底似的小盆地。盆地正中深约 40 米，周围深度在 15~20 米左右。盆地中央有个水势极旺的淡水泉，不断地向上喷涌着清如甘露的泉水，就像我国济南市大明湖里的的突泉一样，昼夜不停，永不枯竭。而且，这个淡水泉中涌出的水量为每秒 40 立方米，比陆地上最大的泉还要大得多。这股泉水就这样在海中日喷夜涌，出咸水而不染，在风力流的影响下，从泉眼斜着上升到海面，形成了奇妙的海中"淡水井"。

淡水只有陆地上才有，那么，海中怎么出了"淡水井"呢？原来，淡水井的来源是地下径流流入海底，又从泉眼喷出。地下径流难以数计，不难想象，茫茫大海上，也就绝不止佛罗里达东海岸这一眼"淡水井"了。

6. 巨大水库——地中海

在亚、欧、非三大洲之间的地中海，宛如一个巨大的水库，镶嵌在陆地之中，东西长约 4 000 公里，南北最宽约 1 800 公里，总面积达 250 万平方公里，是世界上最典型的陆间海。

地中海多半岛、岛屿、海湾和海峡。北部的海岸线十分曲折，南欧三大半岛向南突入海中，南部的海岸线则比较平直。地中海有西西里岛、撒丁岛、科西嘉岛、克里特岛、马耳他岛等众多岛屿。

地中海的平均深度为 1 500 米，最深的地方达 4 594 米，海底地貌起伏不平，海岭和海盆交错分布。一般，以亚平宁半岛、西西里岛到非洲突尼斯一线为界，分为东、西两部分，其中东地中海的面积要比西地中海大得多。

西地中海在科西嘉岛和撒丁岛以西的海域，叫做巴利阿里海；科西嘉岛和撒丁岛以东的海域，称为第勒尼安海。

东地中海也被半岛和岛屿分成若干海域。亚得里亚海位于亚平宁半岛和巴尔干半岛之间，形状狭长，海水较浅。从亚得里亚海过奥特朗托海峡往南是爱奥尼亚海，海盆宽广，深度较大，一般水深 3 000~4 000 米，地中海的最深点就在这个海域。巴尔干半岛与小亚细亚半岛之间是爱琴海，海岸线曲折，岛屿星罗棋布。小亚细亚以南为利万特海。

地中海的北岸是南欧高峻的阿尔卑斯山系，南岸是非洲干燥的撒哈拉沙漠，注入地中海的大河只有非洲的尼罗河和意大利的波河，仅占地中海水总补给量的 5%。地中海所处地区是地中海型气候，夏季炎热干燥，蒸发十分强烈，蒸发量大大超过降水量和河水的补给量，据计算，一年之内，蒸发可使海水面降低 1.5 米，如果封闭直布罗陀海峡，地中海将在 3 000 年左右完全干涸。但是，地中海至今依然"活"着，这是因为它有特殊水体交换的缘故。

地中海海水的含盐度较高，而临近的大西洋水含盐度较低。盐度高的地中海海水比较重而下沉，从直布罗陀海峡底部以 168 万立方米/秒的流量流入大西洋；盐度低的大西洋水比较轻而上浮，通过海峡以 175 万立方米/秒的流量注入地中海。两股方向相反的海流，大致在海峡 125 米处分界，上下分明，互不干扰。这样，地中海从大西洋多"赚"了 7 万立方米/秒的水，补充了因蒸发而损耗掉的水分。地中海东面通过土耳其海峡与黑海海水也有类似的水体交换，不过比通过直布罗陀海峡的水体交换量要小得多。

地中海在海洋交通上具有十分重要的意义。它西经直布罗陀海峡可通大西洋，东北经达达尼尔海峡、马尔马拉海和博斯普鲁斯海峡与黑海相连，东南经苏伊士运河出红海可达印度洋，所以，地中海是欧、亚、非三大洲与南欧、北非各国之间联系的纽带，也是沟通大西洋与印度洋的交通要道。地中海早在古希腊和古罗马时期运输已相当发达，今天依然是世界上运输最繁忙的水道之一。

7. 水火相容——神奇的"海火"

常言说，"水火不相容"。然而，海面上燃烧着火焰的事儿又屡见不鲜。有一艘轮船黑夜中航行于海上，船员们发现前方闪烁着亮光，宛如点点灯火。待到近前，发现那里并没有港口和陆地，只有一片令人目眩的亮光，在茫茫的海面上闪烁。人们登高眺望，惊奇地发现：大海开花了！海面光芒四射，鲜艳夺目；水中的鱼儿，环绕着神话般的光晕；风车似的光轮不停地转动，把大海映得时明时暗，绚烂异常。人们把这种海水发光现象称为"海火"。海火有时被人们偶然看见，其实，它的出现是有一定规律的。

1975 年 9 月 2 日傍晚，在江苏省近海朗家沙一带，海面上发出微光，随着波浪的跳跃起伏，这光亮就像燃烧的火焰升腾不息，直到天亮才逐渐消失。次日晚，海面上的光亮比第一天还强。这种情况持续了一周，到第七天，有人发现海面上涌出许多泡沫，每当有渔船驶过，激起的水流就像耀眼的灯光，异常明亮，水中还有珍珠般的颗粒在闪闪发光，这奇景过后几小时，这里发生了一次地震。1976 年 7 月 28 日唐山大地震的前夜，人们在秦皇岛、北戴河一带的海面上，也曾见过这种发光现象。尤其在秦皇岛附近的海面上，仿佛有一条火龙在闪闪发亮。

有人根据这些现象得出结论：海火是一种与地面上的"地光"相类似的发光现象，当强地震发生时，海底出现了广泛的岩石破裂，就会发出令人感到眩目耀眼的光亮。

那么，没有引来地震的海火是如何发生的呢？科学家们的解释是：海洋里能发光的生物很多，除甲藻外，还有菌类和放射虫、水螅、水母、鞭毛虫以及一些甲壳类动物，而某些鱼类，更是发光的能手。它们具有不同的发光器官，有的是一根根小管，就像电灯丝；有的像彩色的小灯泡，赤、橙、黄、绿、青、蓝、紫俱全，发出的光亮像霓虹灯一样变幻无穷。

8. 名不副实——里海、死海

世界上有那么一些水域很有意思，它们虽然叫海，却名实不符，例如里海、死海、咸海等就是这样的水域。里海位于亚欧两洲之间，南面和西南面被厄尔布尔士山脉和高加索山脉所环抱，其他几面是低平的平原和低地。它的东、西、北三面湖岸属苏联，南岸在伊朗境内。里海南北狭长，形状略似"S"形，南北长约 1 200 公里，东西平均宽约 320 公里，湖岸线长约 7 000 公里，面积 37 100 平方公里，湖水总容积为 76 000 立方公里，是世界上最大的湖泊。

里海的水源补给，来自伏尔加河、乌拉尔河以及地下水和大气降水，其中伏尔加河水带来进水量的 70% 左右，是里海最重要的补给来源。里海位于荒漠和半荒漠环境之中，气候干旱，蒸发非常强烈。而且进得少，出得多，湖水水面逐年下降。较之往年，现在湖面积大大缩小了。

因为水分大量蒸发，盐分逐年积累，湖水也越来越咸。由于北部湖水较浅，又有伏尔加河等大量淡水注入，所以北部湖水含盐度低，而南部含盐度是北部的数十倍。

里海地区石油资源丰富，西岸的巴库和东岸的曼格什拉克半岛地区，以及里海的湖底，是苏联重要的石油产区之一。里海南岸的厄尔布尔士山麓地带也蕴藏有石油和天然气。里海湖底的石油生产，已扩展到离岸数十公里的水域。里海物产资源丰富，既有鲟鱼、鲑鱼、银汗鱼等各种鱼类繁衍，也有海豹等海兽栖息。里海含盐量高，盛产食盐和芒硝。同时，里海还是苏联与伊朗之间重要的国际运输航道。

里海是一个地地道道的内陆湖。那么，又为什么被称为"海"呢？

原来，里海水域辽阔，烟波浩淼，一望无垠，经常出现狂风恶浪，犹如大海翻滚的波涛。同时，里海的水是咸的，有许多水生动植物也和海洋生物差不多。另外，里海与咸海、地中海、黑海、亚速海等，原来都是古地中海的一部分，经过海陆演变，古地中海逐渐缩小，这些水域也多次改变它们的轮廓、面积和深度。所以，今天的里海是古地中海残存的一部分，地理学上称为海迹湖。

于是，人们就把这个世界上最大的湖，称为"里海"了。其实，它并不是真正的海。

位于西亚阿拉伯半岛上的死海，南北长 82 公里，东西最宽 18 公里，面积为 1 000 多平方公里。死海位于深陷的盆地之中，湖底最低的地方，低于海平面 790 多米，是世界大陆上的最低点。

死海含盐度比一般海水要高 7 倍左右。死海的含盐度为什么这么高呢？这与它所在地区的地理环境密切相关。死海的东西两岸都是峭壁悬崖，只有约旦河等几条河流注入，没有出口。附近分布着荒漠、砂岩和石灰岩层，河流夹带着矿物质流入死海。这里气候炎热，干燥少雨，蒸发强烈，年深日久，湖中积累了大量盐分，就成了特咸的咸水湖了。如果用一个杯子盛满死海水，等完全蒸发后，就会留下1/4杯的雪白的盐分和其他矿物质凝结物。

因为湖水太咸，把鱼放入水中就会立即死亡。湖滨岸边也是岩石裸露，一片光秃，没有树木，寸草不生，故称死海。不过，死海并非绝对的"死"，人们在这里还发现有绿藻和一些细菌。

关于死海，还有这样一个非常有趣的故事。

1900多年前，古罗马军统帅狄杜率领军队来到死海。他看到一望无际的湖水，就问随从：

"这是什么湖？"

"报告统帅，这就是死海。"

这时，士兵们押来几个俘虏，要求统帅处置。狄杜威严地命令道：

"把他们带上脚镣手铐扔进海里，祭祀海神吧！"

于是，士兵们不顾俘虏的哀告求饶，七手八脚地抬着被镣铐困住手脚的俘虏，"扑通扑通"扔进了死海。

可是，奇怪的事情发生了。这些俘虏一个个犹如睡在柔软舒适的弹簧床上一样，就是不下沉。不一会，他们居然被风浪送回岸边。一连几次，都是一样。狄杜认为有"神灵"保佑他们，于是下令把这些俘虏全赦免了。

原来，物体在水里是沉是浮，同比重有直接关系。人身体比重比水稍大一些，所以人掉到河里就会沉下去。死海含盐量特别大，超过了人身体的比重，人就不会沉下去了。如果你到死海去旅游，完全可以躺在湖面上安祥地看书，丝毫不用担心沉下水去。

死海是一个大宝库，那里蕴藏着丰富的溴、碘、氯等化学元素，据估计，死海中含氯化镁220亿吨，氯化钠120亿吨，氯化钙60亿吨，氯化钾20亿吨，溴化镁10亿吨。

死海有个邻居，就是地中海。地中海是个名副其实的海，而死海实际上是个被陆地包围的内陆湖，只不过有一个"海"的雅号罢了。

9. 碧波百顷——马拉开波湖

因为四面都被陆地包围，所以前面说的里海、死海，不是海。然而，还有的水域虽然与大海相通，也不叫海。这又是怎么回事呢？

在南美洲濒临加勒比海的委内瑞拉的西北部，有一个碧波万顷的湖泊，这就是闻名世界的马拉开波湖。它的形状十分有趣，像一只大鸭梨，也像一个肚子大、脖子细的玻璃瓶子，也有人把它比作一只巨大的高脚酒杯，里面宽阔，瓶颈狭窄。它北面通过马拉开波海峡同委内瑞拉湾相通，湾外是一望无际的加勒比海。湖泊南北长约210公里，东西宽约95公里，最宽处为120公里，湖的总面积为16 300多平方公里，海域辽阔，水天一色，是南美洲第一大湖，它是拉丁美洲最大的湖泊。

马拉开波湖区地处热带，气候终年炎热，潮湿多雨。湖泊濒临海洋，海风掠过，波涛汹涌，白浪滚滚。湖泊东南方的梅里达山脉，是南美洲安第斯山脉北段东侧的一个分支，平均海拔高度在3 000米以上，山体巍峨，峰峦重叠，许多山峰终年积雪。位于山脉中部的博利瓦尔峰，海拔5 000多米，高耸入云，虽然地处热带，峰顶却常年为皑皑的白雪所覆盖，形成热带地区的雪峰奇观。马拉开波湖碧绿的湖水和博利瓦尔峰晶莹的雪峰交相辉映，显得格外清新美丽，构成委内瑞拉著名的风景之一。

马拉开波湖底及其周围低地地区是一个巨大的地下油库，石油蕴藏量约占委内瑞拉石油总储量的1/4，是委内瑞拉主要的石油产地。黑色的原油常常从湖畔的裂缝中溢出来。据说，居住在马拉开波湖沿岸地区的印第安人早就在湖区发现了石油，当时人们把它叫做"大地的汁水"。委内瑞拉成为"石油之国"，它的第一桶石油就是在湖畔的第一口高产油井中开采出来的。如果在湖中乘游艇参观，举目四顾，近处油塔矗立，远处塔尖点点，井架林立，管道如网，自有它的特色。湖的东岸，有连成一片的石油城镇。湖口西岸的马拉开波城，是委内瑞拉第二大城，也是重要的炼油中心和著名的石油输出港。过去，从马拉开波城到湖东的石油城区，来往车辆依靠轮渡。1963年，委内瑞拉在湖口最狭窄的地方架设了拉斐尔乌尔塔内达大桥。由于大桥跨度大，桥身高，桥下船舶来往自由，甚至驾驶精良的直升飞机都能从桥身上穿行而过，构成了马拉开波旅游线上一个令人神往的游览点。

从地图上看，马拉开波湖犹如一个巨大的海湾，又像委内瑞拉湾残存的一个潟湖，照理说，马拉开波湖与海相通，湖水应是咸的。然而，马拉开波湖虽然与海洋息息相通，湖水却是淡的。只有湖的北部，由于海潮的顶托关系，潮水时断时续地涌入湖中，使这里的湖水略带咸味，而广阔的中、南部水域，湖水完全没有咸味。

为什么马拉开波湖离委内瑞拉湾的加勒比海那么近，又与大海"一脉相通"，而湖水却是淡的呢？

原来，马拉开波湖既不是海湾，也不是湖，它是一个地地道道的构造湖泊。

马拉开波湖坐落在范围更大的马拉开波盆地中，是盆地里的最低洼部分，实际上是由于地壳运动造成凹陷盆地蓄水而成的断层湖。

马拉开波湖的周围湖滨地区，多为潮湿的沼泽低地，盆地上几十条大小河流向湖泊汇聚，淡水源源不断注入湖中，加之北面出口的马拉开波海峡不仅狭窄水浅，而且湖面高度与海平面刚好相同，所以，与大海近在咫尺的马拉开波湖，虽然与海洋相通，水却是淡的。因此，它就没有被人们叫做"海"，而称为"湖"了。

10. 冰清玉洁——南极冰盖下的大湖

在南极中心地区约4 000米厚的冰盖下，有一个大湖。它位于俄罗斯"东方"考察站附近。该湖最深处达550米，相当于最深的贝加尔湖的1/3那么深。这个湖的发现几乎与臭氧层的发现一样引起轰动，因为它的水可能是世界上最纯净的水，可能为生物提供特殊的生存条件，还可能含有重要的气候信息。生物学家们急切地想知道，在这种环境下生物能否生存。此外湖水可能含有约400万年前的残余物，这是由某些研究人员根据发掘的化石假设的。冰面下4000米处的湖，它会有多少奥秘等待人们去探索。

不过，要把这样的湖摸透，可实在不容易。由于它受到的压力太小，要取得数据，就需要很高的技术。科学家们是通过地球物理学和卫星测量，尤其是借助反射地震学和雷达发现此湖的。要深入研究它，科学家们得找到更多的方法。

11. "无岸之海"——萨加索海

世界上的海，尽管与邻近海洋相通，但一般都是有海岸的。有趣的是，大西洋中却有一个没有海岸的海，既不与大陆相连，也不被陆地所包围，它就是萨加索海，也叫马尾藻海，人们称它为"没有海岸的海"或"洋中之海"。

马尾藻海在中大西洋的北部，恰好在北大西洋环流的中央。宽约2 000公里，长约5 000公里。北大西洋环流按顺时针方向旋转，同时使海水不断向海域中部堆积，形成一层700米厚的均匀而又温暖的"马尾藻水"，这层海水在环流影响下，也极缓慢地按顺时针方向运动。当然，马尾藻海是一个极不稳定的海区。由于组成北大西洋环流的各海流随季节和气候不断变化，马尾藻海的边界也随之而变化。

这里的海水像水晶一样清澈，水色深蓝而透明，透明度是世界大洋中最高的。在有阳光的日子里把照相底片放在1 083米深处，底片仍然可以感光。

马尾藻海的海水很咸，马尾藻在这里大量繁殖并旺盛地生长着，厚厚的海藻铺在茫茫的大海上。有时，风和海流拖着海藻，形成带状的"风草列"，延伸到很远的地方，使马尾藻海仿佛是一条巨大的印着蓝色条纹的橄榄色地毯。有人估计，这里的马尾藻总量约为 1 500 万～2 000 万吨。

这些马尾藻绝大部分不是长在海底，而且没有传种的生殖器官。它们非常适应漂浮生活，能够直接从海水中吸收养分。

令人费解的是，这个海区并不是那么"肥沃"，为什么马尾藻能大量繁殖和生长？

有人认为，马尾藻海的各种马尾藻是从西印度群岛附近漂来的。也有人认为，是由本海生长出来的，最早它可能来自海底的苗床，后来进化到有自由漂浮的能力，并长出幼芽，逐渐变成了新的海草。

马尾藻海生活着许多奇形怪状的动物，如含着马尾藻飞来飞去筑巢的飞鱼、身体细长的海龙、马林鱼、剑鱼、旗鱼，以及马尾藻鱼、海蛞蝓等。长长的海龙非常有趣，它长着一个管状长嘴，嘴内无牙，混在海藻中就像海藻的分支，随着海藻有节奏地波动。与海龙有密切关系的海马，全身盖着一层骨盔板，善于伪装，白天与海藻颜色一样，晚上则变黑，看上去似爬行动物，实际也是一种鱼。

这里最奇妙的动物要算马尾藻鱼了，这是一种凶猛的小型捕食性动物。当长到 20 厘米长时，它就开始庄严"打扮"自己。它的凹凸不平、布满白斑的身体，与马尾藻颜色一致，而且长着像马尾藻"叶子"一样的附属物。它的眼睛可以变色，胸前有一对奇妙的鳍。这对胸鳍互相配合，灵活得像"手"一样，能抓住海藻。在长满牙齿的大嘴上悬着一个肉疙瘩，这是它引诱小动物上钩的诱饵。如果遇到敌害攻击，它能张开大嘴向敌人猛扑，并且吞下大量海水，把身体胀得鼓鼓的，以致攻击者如不把它从嘴里吐出，就会活活地憋死。

12. 海上"鬼魅"—— 格雷姆岛

据航海史资料介绍，地中海海域曾有一个神出鬼没的小岛——格雷姆岛。

1831 年 7 月的一天，格雷姆驾驶着海船在地中海破浪前进，当船行至西西里岛以南时，他突然发现眼前的海面上海水翻腾，顿时波涛滚滚而来，伴随着弥漫的水汽，随后从海底传来闷雷似的轰隆声，船随着整个海域摇摇晃晃，大约持续了 20 分钟之后，"海龙王"才息怒。但敏锐的格雷姆还是预感到大难临头。果然一声巨响，一股巨大的烟柱腾空而起，巨浪以排山倒海之势向格雷姆的船猛扑而来。幸亏格雷姆早有准备，才免遭海浪的吞噬。放眼望去，整个海面上布满了鱼类和其他海洋生物的尸体，它们显然是被海水烫死的。海水沸腾了一整天。格雷姆把这次奇遇记了下来，他本人也因此而名垂史册。

一周后，格雷姆船长再次拜访这个海域，一座高出海面几米的小岛活龙活现地展现在他的眼前。大海生小岛的特大新闻轰动一时，人们将其定名为"格雷姆岛"。更令人惊奇的是，这个小岛在不到一个月的时间内长高60多米。可是，4个月后，当一组地质学家专程前往考察时，等待他们的只有一片汪洋。有趣的是，一个世纪之后，格雷姆岛再反复生。1950年，当几个国家的外交官们正为格雷姆岛的主权而争得不可开交时，小岛又悄悄地消失了。

20世纪80年代中期，美国弗吉尼亚环境学家多曼和柯德尔撰文指出，目前全球海平面在逐渐上升，而许多大城市却在缓慢下沉，下个世纪就将成为全球性问题。

两位科学家认为，任何坐落在海滩上的城市，都存在陆地下陷而建筑物倾斜问题。特别是由于过度地抽取地下水而引起地面下沉，是许多海滨大城市面临的最大威胁之一。例如上海、台北、伦敦、曼谷、东京和墨西哥城。世界第一大城市墨西哥城的危机尤为严重。它目前正以每年10厘米左右的速度下降。

与海滨城市相反，全球海平面在持续上升。这是又一严重问题。有些国家已经采取一定的防范措施，如英国在20世纪80年代曾耗资7亿美元，在伦敦的主要河口修建了10个巨型闸门，以阻挡海潮的入侵。然而，多曼和柯德尔担心，如果大气中二氧化碳继续增加而引起气温上升，导致南北极冰层大面积融化，就会造成海平面大幅度上升。如果那样，即使修建再巨大再坚固的防潮屏障也将是无济于事的。

由此看来，海洋不单是给人类提供无尽的资源，同时也可能让人类遭受灭顶之灾。

13. 海潮之功——郑成功收复台湾

1624年，荷兰殖民主义者占领了我国的台湾岛。他们在那里烧杀抢掠，闹得民怨沸腾。

1661年农历四月初二的清晨，我国民族英雄、明朝将领郑成功率领战船900艘，将士2万多人，离开厦门来到台湾的外沙线海上。将士们同仇敌忾，决心把侵略者赶出祖国的宝岛。

那时候，我国的船只还很落后，要到对岸去登陆几乎是不可能的。为了巧夺宝岛，郑成功决定利用潮汐帮忙。他命令部队偃旗息鼓，静候潮汛的到来。士兵们担心海潮是否会那样准时，都用询问的目光看着自己的统帅。

而郑成功却十分镇定，因为他已作过周密的计算，知道今天的海潮非同一般，而是一个月只有两次的大潮。胜利的曙光就在眼前，郑成功此刻镇定自若，胸有成竹。

果然，不久大潮就来到了。潮水陡然把海水升高了一丈多，正是进攻登陆的良机。郑成功一声令下，船队便乘着猛涨的潮水，扬起风帆，风驰电掣船地向登陆地点驶去，庞大的船队在士兵们的呐喊声中很快地登陆了。郑成功指挥全军，犹如下山猛虎，向敌人扑去，杀得侵略者个个抱头鼠窜，纷纷投降告饶，一边狂呼乱喊："中国神兵从天上降下来了！"

这一仗就打得敌人元气大伤，郑成功又率部乘胜追击，很快就迫使荷兰殖民者宣布投降，并于1662年2月1日在郑成功主持下举行了受降仪式。被强占38年的台湾又回到了祖国的怀抱。

14. 死水微澜——"粘船"海洋的"死水区"之谜

100多年前，有一艘渔船在大西洋西北的洋面上作业。辽阔的海面上风平浪静，船员们撒好了网，安闲地等着收网。突然，船速明显地减了下来，好像遇到巨大的阻力。船员们大吃一惊，人人脑子里都有一种不祥的念头，因为这里水很深，不会是搁浅；而且这里也没有礁石，莫非那传说中的海怪在作祟？

船长命令开足马力，全速前进。可是任凭机器吼叫，渔船却仍像蜗牛一般爬行；检查了机器，未见任何异常。紧接着，情况变得更糟：机器不停地轰鸣，渔船却有如被海水紧紧粘住一般，一步都不能向前挪动了。船上的人立刻哗然，有哭爹喊娘的；有祈祷上帝的；还有弃船逃命的。这下闹得老练的船长也慌了神，他命令赶紧收网。网收上来一看，更令人吃惊：它被卷成长长的一缕，好似一很粗粗的绳索，要把渔船拖向可怕的深渊。船长又命令弃网，众人操起斧头，使劲朝渔网砍去，网迅即被砍断了。可是，这一切措施都无济于事，这艘5 050吨重的渔船仍然被海水牢牢地"粘"住，一步也动弹不得。这下，不仅船员们，连船长也绝望了，人们只等着葬身鱼腹了。

可就在这时，渔船突然开始动了，先是慢慢爬行，接着越来越快，终于又正常起来。船上的人欢呼雀跃，无不感谢上帝救了他们。可他们哪里知道，这事和"上帝"根本就不搭边儿。

过了几年，挪威探险家南森解开了这个谜。1893年6月，南森率队乘他自己设计的"弗雷姆"（意为"前进"）号船，从奥斯港出发。在向西伯利亚进发的途中，8月29日，"弗雷姆"号已经行驶在喾拉海的太梅尔半岛沿岸。突然，船不动了，"弗雷姆"号也被海水"粘"住了。顿时，船上一片混乱，船员们惊呼："死水！我们碰到了死水！"然而，作为探险家的南森却处乱不惊，通过一番细心的观察，他取得一项重大发现：当他的船停在所谓的"死水"区不能挪动时，那里的海水是分层的，靠近海面处是一层不深的淡水，水下才是咸咸的海水。

为了解开"死水"之谜，南森回国后特意请来海洋学家艾克曼来共同研究探险队带回来的资料。终于，他们弄清了其中的奥秘。

原来，海水的密度常常是各处不同的，密度是由水温和含盐度决定的。如果一个海域有两种密度的水同时存在，密度小的水就会聚集在密度大的海水上面，上轻下重，使海水分起层来。上下层之间自然形成一个屏障，叫做密度跃层，也就是一个过渡，有几米厚。而一旦上层水的厚度等于船只的吃水深度时，密度跃层上就可能出现"死水"现象。这时，如果船只速度较低，船的螺旋桨或推进器的扰动不仅会在水面上产生船波，还会在密度跃层上产生内波。这样一来，原来用以克服海水阻力而推进船只的能量，此时完全消耗在产生和维持内波上了，船只失去了前进的动力，就好像"粘"在了海水中一样。

15. 海洋"坟场"——"百慕大魔鬼三角"

在马尾藻海中，有一块广阔的海域，像一个巨大的等边三角形，每边长约2 000公里。它的顶点在百慕大群岛，底边的两端分别在佛罗里达海峡和波多黎各岛附近。在这个三角海区中，船舰经常会瞬间沉没，船员下落不明；经此上空飞行的飞机突然失事，找不到任何残片痕迹。所以，人们把这个海区称为"魔鬼海"、"死三角"、"魔鬼三角"或"百慕大死三角"，这是一片使人望而生畏而又神秘莫测的海域。

1872年11月7日，从美国纽约港开出的"玛丽·塞勒斯特"号海轮，经过这个海区时，突然失事。但过了一个多月，人们又发现这艘船漂浮在海上，船上却空无一人。

1945年12月5日14时10分，美国海军航空兵第19中队的5架鱼雷轰炸机，从佛罗里达一个基地起飞去执行巡逻任务，这时天气晴朗，一切正常。不久，飞机突然迷失方向，出现反常现象，看不见陆地，也看不清海洋。由于电波受到干扰，联络信号变弱，只能听到"燃料将用完，陀螺仪和磁罗经失灵了"等微弱的呼喊。基地立即派出巡逻机载着救护人员前往救援，但其中一架飞机也和那5架飞机一样，消失得无影无踪。不久，美国海军出动了包括航空母舰在内的21艘船只和300架飞机去寻找，可是，找遍了出事地点及其周围广泛的海域，都没有找到任何飞机残骸和机上人员的尸体。

1948年，从圣胡安起飞的一架班机，飞越"魔鬼三角"海区上空时，也遭到同样的厄运。

1956年，一架美国飞机航行在大西洋的上空，在离百慕大不远处突然下落不明。

1963 年 8 月 23 日，两架美国喷气式空中加油机在这里失事，随后，又有两架大型四引擎飞机在三角区不知去向。

1973 年，一艘载有 32 人的摩托船驶入这个三角海域，突然消失得渺无踪影。

1978 年 3 月，美国一架轰炸机在这个海区正飞向一艘航空母舰，突然，从机上发出短促而紧急的呼救声："注意，我们发生问题了!"航空母舰的人员顿时紧张起来，但马上一切联系信号中断，而且在出事地点找不到任何飞机的痕迹。

1970 年，美国一架大型客机在飞越"死三角"上空时，突然从跟踪导航的地面雷达荧光屏上消失了 10 分钟，等飞机着陆后，奇怪的是，飞机上所有的钟表也都同时慢了 10 分钟。

据不完全统计，在"魔鬼三角"失事的船只有 100 艘以上，飞机 30 架以上，死亡人数 1 000 人以上，而且大多不留任何痕迹。

为什么在这个海区经常发生海空事故呢？"魔鬼三角"到底是神话还是现实呢？

多少年来，为了揭开"魔鬼三角"之谜，科学家和冒险家纷纷前往考察探测，并试图找到谜底。

有人认为，这个海区的海底地貌十分复杂。这里有巨大深陷的北美海盆，有面积广阔的百慕大海台，有巴哈马群岛及其周围遍布的珊瑚岛礁，也有波多黎各深邃的海沟，而且海底火山、地震频繁，因此常引起海空事故的发生。

有人认为，这里是灾害性的飓风发源地。变幻莫测的气流、龙卷风和暴风雨，波涛汹涌的流海，墨西哥湾流与中层逆流、强力旋转和涡旋等复杂的海流，都是造成各种事故的原因。

有人说，海浪和风暴产生的次声波具有极大的破坏力，其震动能使船体破裂，飞机解体，人员死亡；有人说，这里的大洋底部有时会"张开大嘴"，海水急剧地涌入嘴中，船只也跟着被吞没了……

众说纷纭，莫衷一是。

近年来，有的科学工作者声称"魔鬼三角"之谜已经揭开。他们指出，"魔鬼三角"之谜与外界太空中的所谓黑洞有关。黑洞就是正在死亡的星，能量完了，不向外爆而改为向内缩，称为"内爆"。黑洞的内吸力强到光线亦能被吸进去，没有光线出来，所以看不到。他们认为，大约 1 500 年前，有一个巨大的陨星从太空飞来，掉在大西洋魔鬼三角所在地。这一撞的炸力有如核子爆炸，剩余下的陨石就落到海底。这一块巨大的陨石好似黑洞，看不见但有非常强大的吸力。简单地说，这陨石像一块直径大约 50 公里的巨型圆磁铁，有着非常强大的磁力，任何东西从上面经过都会受到它的影响，仪器会失灵，人的神志会不清醒。飞机和金属的船往往被这块巨大的磁铁吸入海底。

当然，也有人觉得世界上根本没有"魔鬼三角"的存在，因为大部分经过这里的飞机和轮船都安然无恙。他们认为已出现的海空事故同其他海域一样，只不过是偶然发生的。

因此，对于"魔鬼三角"至今没有非常合理和圆满的科学答案。这个谜只好等待后人去揭开它了。

其实，不仅大西洋上有"魔鬼三角"，太平洋上也有个"魔鬼三角"。它位于日本千叶县野岛崎以东太平洋的狭长海域，许多船只也常常在这里神秘地失踪。

20世纪60年代末，美国科学家深入研究地球异常区后，提出了"全球12个异常地区说"，并把它们标在地图上。除南、北极区各有一个外，北半球有百慕大海区、野岛崎海区、夏威夷东北部海区、新西兰北部海区、巴西东南部海区和南非东部海区。南、北半球各有6个，而除了极地异常区外，全球有8个异常区都位于海洋之中。

有趣的是，这些地球异常区大都位于南、北纬30℃的两条纬线上，并且以经度72℃的间隔环绕地球均匀地分布。这是大自然的精心安排，还是一种巧合呢？这正是一个还未找到完全满意答案，然而又十分引人注目的难题。

16. 毒蛇家园——我国海南蛇岛

许多海岛由于气候温和湿润，适合蛇类栖息。海岛中蛇类数量最多的，当首推我国的蛇岛。

蛇岛位于渤海东部，距旅顺老铁山只有20多公里，属大连市管辖。它长约1.5公里，宽0.7公里，面积0.8平方公里，海拔215米，岛上植物繁茂，灌木杂草丛生。就是这么一个小岛，上面竟盘踞着1.4万条凶猛的毒蛇——黑眉蝮蛇。

黑眉蝮蛇善于利用各种保护色进行伪装。它们挂在树上就像干枯的树枝，趴在岩石上恰如岩石的裂纹，蜷伏在草丛中活像一堆畜粪。这样的伪装很能迷惑过往的候鸟。这些鸟儿一旦收拢翅膀降落在树枝上、岩石上或草丛中，转眼间就被蝮蛇咬住，成为它的美餐。据说在20世纪30年代，岛上的黑眉蝮蛇有5万条之多。由于种种原因，蝮蛇的数量急剧下降。现在，已经采取了保护措施，经国务院批准，1980年成立了辽宁省蛇岛老铁山自然保护区。

17. "无心插柳"——关岛是变成蛇岛的原因

关岛位于太平洋西部，面积540平方公里，住有10万人口，是马来西亚群岛中最大的岛屿，现在为美国所占，关岛原本是一个普通的海岛，并没有多少蛇。可现在岛上蛇的数目却大得惊人。那么，这些蛇是怎么来的呢？

原来，第二次世界大战期间，关岛是美国在太平洋上对日作战的重要军事基地，当舰船从澳大利亚、新几内亚和所罗门群岛往关岛运送军需物资时，偷藏在货物中的褐色树蛇也被运到关岛。褐色树蛇是一种无毒蛇，最大的有 4 米长。因为它无毒，人们便不必限制其生长；而关岛的气候又温和湿润，还有大量鸟类可食，褐色树蛇便得以大量繁衍。目前，关岛的树蛇已达到每平方英里 6 000 多条，有的地区竟多达每平方英里 1.2 万条。因而，人们惊呼：关岛已成为蛇岛了！

18. "人间蒸发"——"谍岛"失踪之谜

几年前，"谍岛"的幽灵曾震动了美国五角大楼。"谍岛"是一个很小的珊瑚岛，面积不到 500 平方米，位于南太平洋。正是这个不起眼的小岛，引起了一个离奇的故事。由于该岛恰好处于洲际航线之旁，因而被美国中央情报局看中，在岛上偷偷地安装了一台现代化的高灵敏度的海洋遥感监测器，据说可与美国一颗空中军事间谍卫星相连，于是从"谍岛"获得的情报直通五角大楼。经过这条洲际航线的各种船只和潜水艇，都逃不过五角大楼的这只"千里眼"。

但是好景不长，1990 年夏季的一天，"谍岛"的监测系统突然间完全失灵，消息中断，五角大楼的战略家惊慌失措。情报官员们认为可能是苏联的间谍机构克格勃发现了这个秘密，有意把它破坏了。五角大楼有关要员迅速召集紧急会议，并立即派遣一支庞大的舰队，以演习为名赶往"谍岛"，当舰队到达出事地点时，眼前却是一片汪洋，令官兵们惊愕不已。原来，这个小小的珊瑚岛早已无影无踪，神秘地消失了。

这件事引起种种猜测，但直到如今，也没有搞清"谍岛"失踪的原因。

19. 鲜为人知——海洋中的"飞碟"

空中的"飞碟"一直受到人们的关注，海洋中的"飞碟"却鲜为人知。其实，据统计大海深处的"飞碟"已发现了 340 多个。

海中飞碟与空中飞碟不一样，它是由一种特殊的水组成的。这种水的温度、密度、含盐量及所含化学物质与周围海水不同，因而呈现出一个边缘分明的"独立体"，并且随着海流和旋涡，一边前进一边高速旋转。最特别的是，它可以长达 10 年不解体，永不疲倦地转个不停。另外，海中飞碟要比空中飞碟大得多，大西洋发现的一枚飞碟直径达 80 公里。它在飞速旋转时，"吞进"了难以数计的鱼虾。

据科学家们研究，海中飞碟大多诞生于大江、大河、大湖通海的出口处。原因很简单：当比重和性质迥然不同的淡水和海水相遇时，常常会出现互不相融的场面，可谓"海水不犯河水"。此外，在远海和大洋的相交处，如地中海与大西洋的汇合处，就有为数不少的飞碟，在肉眼看不到的海洋深处以不同的速度各自旋转着。

20. 化险为夷——海雾拯救了30多万盟军

第二次世界大战的开始阶段，法西斯德国军队曾猖獗一时，在各个战场上占据主动。1940年5月24日，德军在法国北部包围了英、法、比利时三国的盟军部队33.8万人。盟军后有德军的追击，天空有德军飞机的狂轰滥炸，而前面又有波涛汹涌、水宽流急的多佛尔海峡拦住了去路，真到了危在旦夕的地步。

盟军拼凑了800多艘各种船只，决定由敦刻尔克经过多佛尔海峡撤退。头一天（5月27日）在德军飞机不断轰炸下，仅撤走了7 600多人，德军的坦克又不断逼近，形势相当危急。但到了5月30日，海上突然树起了"青纱帐"：浓雾笼罩了多佛尔海峡，使德军飞机看不清下面的轰击目标，毫无致胜办法。盟军抓住这一有利时机，争分夺秒地撤退转移，一天就撤走了5万多人。浓雾连续了两昼夜之久，等到6月4日，盟军的33.8万人全部逃出了德军的魔掌，转危为安了。

21. 地理变迁——北极和南极的独有的动物

北极和南极的气候同样酷寒、同为冰天雪地，北极为何没有企鹅呢？实际上，很久以前，"北极大企鹅"曾在北极生存过，只是现在灭绝了。

"北极大企鹅"身高60厘米，头部棕色，背部羽毛呈黑色，绅士风度翩翩。它们生活在斯堪的纳维亚半岛、加拿大和俄罗斯北部的海流地区，以及所有北极和亚北极的岛屿上，数量曾达几百万只。

大约1 000年前，北欧海盗发现了大企鹅。从此，大企鹅的厄运来临。特别是16世纪后，北极探险热兴起，大企鹅成了探险家、航海者及土著居民竞相捕杀的对象。长时间的狂捕滥杀，导致北极大企鹅长度灭绝。

南极又为什么没熊呢？熊类是杂食、适应性强的陆生动物，从北极到热带均有分布。第三纪由于地球上出现寒冷气候，南北极形成冰川。来不及由极地往温暖地区迁移的喜温动物都灭绝，仅一些适应寒冷气候的动物在冰川边缘生活。原来以北极植物为主食的穴居熊绝迹了，而一种毛皮厚、肉食，并且体温调节能力、越冬生理以及生物化学都适应严寒的熊类在北极生存下来，这便是以后的北极熊。

而南极洲早在熊类祖先出现之前便是一个海洋环绕的大陆，不与其他大陆相连。大洋的隔断使陆生熊类根本不可能往那里迁移，所以南极不可能发现北极熊的踪影。在这个面积 1 400 万平方公里的大陆上，却没有大陆区系的动物，所有动物均划归海洋动物区系。

22. 百年争论——太平洋岛上波利尼西亚人的来源之谜

浩瀚的太平洋上，星星点点散布着许许多多的岛屿。它们被分成三大岛群，即密克罗尼西亚、美拉尼西亚和波利尼西亚。其中波利尼西亚群岛范围最大，它北起夏威夷群岛，南至新西兰，东至复活节岛，占据着太平洋中部辽阔的海域。早在轮船自由航行于大洋之前，这些岛屿上就有土著民族居住了。居住在波利尼西亚群岛上的 80 万土著民族被称为波利尼西亚人。其实，波利尼西亚人的祖先也是从其他地方迁移来的，并非是在当地经历了从猿到人的演化过程发展而来的，因为在这些岛屿上没有发现远古人类生存或活动的遗存痕迹。同时，从地理学的角度来看，这些岛屿的面积都太小，对于需要漫长的时间进行演化的人类祖先来说，缺少足够的活动空间。

那么，波利尼西亚人的祖先来自何方？人们争论了数百年之久，主要有两种不同的说法。一种说法认为来自西方，另一种说法认为来自东方。两种说法都有一定道理。

从地理位置上看，波利尼西亚群岛与其西面的密克罗尼西亚、美拉尼西亚两大群岛相毗邻。而它与东面的美洲大陆之间相隔辽阔的海域。从语言上看，波利尼西亚人的语言与其西面两大群岛有密切关系。这三大群岛的语言同属一个语种，即马来—波利尼西亚语种。这一语种包括的范围，西起非洲东部的马达加斯加岛，东至复活节岛的广大地理空间。另外，波利尼西亚的一些主要家畜和栽培作物，与东南亚地区相近。这些事实长期以来使一些人类学家认为，波利尼西亚人的祖先是从西部迁移来的。

但是，另一方面，波利尼西亚人与其西面两大群岛的土著居民也有很多不同之处，而与其东面美洲大陆的印第安人却有很多相似之处。例如，在体形上，密克罗尼西亚和美拉尼西亚人都身材矮小，而波利尼西亚人则相对要魁伟些，这与印第安人更为相近。在血型上，波利尼西亚人和美洲印第安人都缺少 B 型和 AB 型血型。另外，人们还发现，波利尼西亚人的神话传说和传统习惯中，也有若干与印第安人相似之处。因此，有一些人类学家认为，波利尼西亚人的祖先是从东面的美洲迁来的。

从地理条件看，在古代航海工具很原始的情况下，亚洲大陆或东南亚地区的居民，由于有密克罗尼西亚和美拉尼西亚两大群岛的存在，可以利用这两大群岛作为跳板或中转站，从而比较容易地来到波利尼西亚。而美洲印第安人要到波利尼西亚群岛，则不具备这种有利条件，他们要越过辽阔的海域，其间缺少岛屿作为跳板。

然而，太平洋上的海流对从东南亚或亚洲大陆直接向东航行到波利尼西亚群岛，会造成很大的麻烦。在太平洋中部赤道南北两侧，有两股强大的海流，即南赤道洋流和北赤道洋流。两股洋流都是自东向西，从太平洋东部流向太平洋西部。所以，乘木帆船从太平洋西侧逆着这两股洋流向东长久航行几乎是不可能的事。另外，与这两股强大的洋流相伴，还有两股强大的季风，常年保持着和这两股洋流一致的方向。狂风巨浪，对于古代的小木船或帆船，不啻于灭顶之灾。16世纪时，葡萄牙人和西班牙人曾多次试图从东南亚地区向东航行，到太平洋中去探险，但每次都失败了。因此，位于太平洋西部的密克罗尼西亚和美拉尼西亚群岛的许多岛屿，都不是被从亚洲大陆或东南亚向东航行的航海家发现的，而是由从美洲向西航行的航海家发现的。例如，1527年，海尔南·科台斯命令一支探险队从墨西哥出发向西航行到菲律宾，一路很顺利，可谓一帆风顺。而后，他又命令船队经原来的路线再返回，探险队经过多次尝试，试图向东再横越太平洋返回，结果均以失败告终，风和洋流总是毫不客气地把船向西推回到印度尼西亚。他们的这一尝试，前后持续了两年时间，都未成功。

从太平洋西部到东部的航行，一直到1565年，才由安德列斯·乌尔塔奈塔完成。然而，他之所以能完成这一航行，主要是选择了一条巨大的弧形航线。他从太平洋西侧经日本向太平洋北部航行，发现这里有一股自西而东的强大的洋流，从太平洋西部经日本列岛和阿留申群岛南侧流到北美洲的西海岸。这就是著名的黑潮。这样就开辟了从亚洲到美洲的海上航路：借助黑潮、北太平洋海流，可从亚洲到达北美洲的西海岸，然后再从北美洲的西海岸顺着北赤道洋流到达亚洲。

此后，蒙大纳在南太平洋进行了两次探险。这两次探险航行，他都是从位于南美洲的秘鲁出发向西航行，并发现了波利尼西亚和美拉尼西亚的岛屿。然而，他也不能顺原路返回南美洲西海岸，不得不顺着黑潮的海流，绕道北太平洋经阿留申群岛和夏威夷返回。这就表明，在赤道南侧的南太平洋，自西向东的航行，也是相当困难的。这些探险活动，有利于波利尼西亚人的祖先来自东面美洲大陆的说法。

东来说的主张者们还有下列事实作依据：在西班牙人最初来到秘鲁（当时印第安人在这里建立了强大的印加帝国）时，当地人曾告诉西班牙人有关西方遥远岛屿的许多情况，他们去过这些岛屿，并且是乘着用轻木做的木筏去的。另外，欧洲人最初来到波利尼西亚时，发现在它的东部岛屿种有美洲白薯，说明这种植物是从美洲大陆传来的。

不仅海流、风向和漂流探险表明，波利尼西亚人与北美洲西北沿岸的印第安人存在着联系，考古学与人类学研究也为此提供了证据。考古学家近年发现，波利尼西亚人曾经使用的石柄鱼钩和骨制倒钩，在北美洲西北太平洋沿岸地区的印第安人中也曾使用过。波利尼西亚人加工食物用的造形美丽的磨光石器，也是北美洲西北太平洋沿岸地区印第安人加工食物的基本工具。这两个地区的人们把食物弄熟的办法也相似：他们都还不懂得制造陶器，因此不是用陶器来煮熟食物，而是在地上挖坑，铺上石头作为地灶来烘烤食物。他们都不懂纺织技术，而是用槌子把树皮纤维捶成类似毡子一样的东西遮盖身体。另外，从体形、头形、鼻子、皮肤、头发、血型、传统习惯、宗教以及部落组织等诸多方面，波利尼西亚人与北美洲西北部太平洋沿岸地区的印第安人之间非常接近，关系密切。

总之，波利尼西亚人的祖先来自何方？他们是如何迁移来的？仍是个谜。

23. 生物宝库——马尾藻海

克雷格·文特尔因领导塞莱拉基因科技公司在三年内完成人类基因组定序而声名大噪。如今，他把研究兴趣转移到海洋微生物方面，展开了另一项壮举——为全球海洋微生物基因组编目。他所率领的研究小组，最近在百慕大群岛附近的马尾藻海中，发现了 1 800 多种新的海洋微生物，以及 121 万余种科学界从未见过的基因。

2002 年初，文特尔辞去塞莱拉公司总裁职务后，创立了多家新的研究机构。对马尾藻海生态系统的基因组测序研究，由他新创的生物能源替代研究所具体负责。该研究机构首次对一个完整生态系统中的所有生物进行基因组测序研究，以寻找利用生物技术解决环境问题的新途径。美国能源部为文特尔领导的这项新研究提供总计 900 万美元的资助，而这些资金只能对整个研究计划提供部分帮助。美国能源部部长斯潘塞·亚伯拉罕在一份声明中认为，新研究有望加深人们对微生物种群的认识，在此基础上有可能开发出生产氢能、吸收大气层中二氧化碳的新型生物。

"生态沙漠"是个微生物宝库

自然界中的微生物多如恒河沙数，但绝大部分都无法在实验室中培养观察。因此，文特尔突发奇想，率领旗下研究人员远征大西洋上的百慕大群岛，准备就地取材。选择此地则是因为科学界向来认为马尾藻海营养贫乏，海洋生物数量有限，可以让取样的工作更加单纯。由大西洋中西印度群岛出发，经百慕大群岛至亚速尔群岛之间，有一片椭圆形海域，那就是马尾藻海，它因马尾藻聚生而得名。由于这一带生物稀少，该海域又被称为浮动的"生态沙漠"。文特尔说，他们采用高速运行的计算机，绘制了能在马尾藻海生态系统中找到的所有微生物的基因组序列图。

文特尔说，他有意效仿达尔文周游世界寻找新生命的方式来寻找新的微生物。文特尔把自己的专用游艇"魔法师二号"改装成研究船，在海洋中每隔 320 公里舀取海水进行采样。科学家通常是以实验室培养的方式研究微生物，可是能够在实验室里培养的微生物与整个生态系统中的微生物数量相比简直微乎其微。文特尔指出，海洋中的微生物基因宝库，可任由他们抽取 DNA，完全不必培养。而利用基因组定序这项工具，他们就能够找到大量的新微生物。

文特尔等人在马尾藻海上挑了 6 处研究地点，以层层过滤装置汲取海洋微生物，为它们的基因组定序，总共定序了 10 亿多个碱基，然后再分析其 DNA 序列，结果大出研究者意料之外，这块众人心目中的"不毛之海"居然是一座海洋微生物宝库，除了已经鉴定出的 1 800 多个新品种外，文特尔估计此地还可以找到 5.1 万种新细菌，充分彰显海洋无穷无尽的生物多样性。

新基因将有益于能源和环保方面的研究

文特尔等人在马尾藻海的细菌中发现的 121 万余种基因，超过以前公有数据库所列微生物种基因的总数，虽然其中许多是现有基因的变种，全新的基因仍多达 7 万余种，约为人类基因数目的两倍。其中 782 个基因的蛋白质产物对光敏感，可能蕴涵微生物将阳光转化为生物能的秘诀。他们还发现约 5 000 个新基因的功能涉及氢能的开发，这些新基因可将化合物中的氢原子转变成氢气释放出来，而廉价的氢气正是人类寄望最殷切的环保能源。此外，他们还发现了能够吸收重金属及其化合物的基因，这或许可以协助人们开发出处理棘手的重金属污染物质的新方法。

24. "海洋饿鬼"——船蛆

神奇的肇事者

2000 年夏天，美国缅因州立大学的海洋生物学家凯文·J. 依可巴格接到报告说，缅因州的几个码头出现莫明其妙的坍塌。那些支撑码头的橡木桩有 9 米多长、25 厘米多粗，可它们中的一些却断裂了。类似的事情以前也出现过，1997 年，纽约西南布鲁克林码头的一个墩位突然坍塌，6 个人掉进了水里。

为了弄清坍塌的原因，依可巴格来到码头。调查表明，事故的肇事者是一种微小的海洋软体动物，名为船蛆，它们生活在温暖的海水里，以蚕食木材为生。坍塌是由于那些木桩中间被一种原产自新英格兰的船蛆吃空了的缘故。这种船蛆很普遍，在拉丁语中，它的意思是"凿船者"。

船蛆青睐木材，遇难的木船、码头上的木桩、漂浮的木材是它们理想的居所。看上去，船蛆很像一种蠕虫，然而实际上，它们是一种蛤，头上有细细的壳，利用这种壳，它们能够钻进木材里，进食，长大。由于木材的种类不同，船蛆的个头差异很大，个头小的只有 2 ~ 3 厘米长，而大的则可以长到 1 米。一旦整块木材或者说整条船和整根木桩被它们占领，便成了它们舒适的家和甜美的蛋糕，吃住的问题都一块儿解决了。而木材则变得千疮百孔，一碰便碎了。今天，尽管人类海运的历史已经进入高科技时代，但船蛆依然在肆虐。由于这种小动物有惊人的好胃口，全世界每年花在维修木船和木制海洋设施上的费用高达 10 亿美元。尤其是发展中国家，那里的渔民还在大量使用木制渔船，他们的防护办法传统而简单，一般是在船上涂上一层廉价的涂层，但在船蛆的进攻下，这种办法往往收效甚微。

它们改变了历史

公元前 350 年，古希腊哲学家描述了船蛆，他们称船蛆是可恨的动物，不好对付的麻烦。这是船蛆第一次进入人类历史的记载中，从此以后，它们便和人类的历史相生相伴，从来没有让我们消停过。历史学家说，为了对付船蛆，古代希腊和罗马人都使用过铅、沥青和焦油，他们把这些东西涂在船体上以抵制船蛆的蚕食。而在 3 000 多年前，腓尼基人和埃及人使用的则是沥青和蜡。

1502 年，哥伦布开始了第四次航海，在那次航海的途中，由于船蛆的破坏，他的船队受到严重损坏，哥伦布不得不下令将船队停在了加勒比海。1588 年，船蛆又帮了英国海军的大忙，它们使英国人击败了不可一世的无敌舰队。

在 16 世纪和 17 世纪的 200 多年里，水手们想尽办法对付船蛆，他们把各种各样的东西覆盖在船体上，包括焦油、沥青、牛皮、毛发、骨粉、胶水、苔藓和木炭等。他们还将船只放到淡水和冰水中浸泡，或者用火烧烤船只的木材表层，这两种办法的确有效，淡水和寒冷可以杀灭船蛆，但需要较长的时间，火也能烧死它们，但同时也常常烧坏了船体。

18 世纪，英国海军找到了一个可靠的办法对付船蛆，他们将所有舰船的底部都包上了铜板，这是当时最有效的方法，但昂贵的费用则是可想而知的。直到 19 世纪，人们开始用铜合金代替铜板，昂贵的费用才在一定程度上降了下来。

今天，人们普遍采用化学方法对付船蛆，他们使用高压将化学制剂注入木材里，在海水中，这些化学物质会慢慢释放出来，它们不仅可以杀死船蛆，也可以防范其他对木材有害的动物。在美国，现在使用广泛的有两种制剂，人们统称为 CCA，其主要成分是木焦油、铬酸盐和砷酸铜，CCA 的确保护了木材，但同时也污染了海洋环境。

找到了一种酶

海洋生物学家丹尼尔·迪斯托尔发现了船蛆的一个秘密，这个秘密可以解释船蛆为什么如此青睐木材。在船蛆的鳃中，这位科学家发现了一种奇特的细菌，它们分泌出一种酶，正是这种酶使船蛆拥有了生存在木材中的高超本领，因为它们可以消化木材了。在其他海洋动物中，这可是绝无仅有的。

木材的主要成分是纤维素，它是一种糖分子聚合体，隐含着丰富的营养物质，不过绝大多数动物并不能消化木材，因为它们的身体中缺乏一种物质：纤维素酶。只有这种酶可以打开紧锁在一起的糖分子，这是动物们享受木材中营养物质的基本条件。由于船蛆身上的那种细菌分泌纤维素酶，因此它们有消化木材的超凡本领，木材对它们便无异于美味的蛋糕了。

在船蛆身上找到纤维素酶是一个意义重大的发现，科学家们据此可以找到一种控制船蛆的有效方法，同时又不污染环境。迪斯托尔和他的同事们正在寻找一种方法破坏船蛆和那种细菌的共生关系。假若做到了这一点，船蛆便失去了纤维素酶，它们就再也无法依靠木材生存，人们也就用不着再使用污染环境的化学方法了。

25. 异常现象——赤潮成因之谜

赤潮是海洋受到污染后所产生的一种生态异常现象，其直接原因是有机物和营养盐过多而引起的。赤潮，顾名思义，应当是红色的，但实际上，赤潮的颜色并不都是红色的，其颜色也是多种多样的。影响赤潮的颜色主要看引起赤潮的是哪种海洋浮游生物。由夜光虫引起的赤潮，呈粉红色或深红色。由某些双鞭毛藻引起的赤潮，呈绿色或褐色。由膝沟藻引起的赤潮，海水有时竟不会出现明显颜色变化。据统计，能引起赤潮的浮游生物有上百种，其中甲藻类是最常见的赤潮生物，有20多种。

一旦在海域内发生赤潮，会给海洋中生活的其他生物、给海洋环境乃至生活在这一海域沿岸的居民造成严重危害。高度密集的赤潮生物能将鱼、贝类的呼吸器官堵塞，造成大批鱼和贝类的死亡。这些被赤潮毒死的鱼或贝类在海水中继续分泌毒素，危害其他海洋生物的生长。赤潮生物的残骸，在海水中氧化分解，大量消耗水中的溶解氧，使局部海水发臭，恶化海洋环境。如果人食用了被赤潮污染的鱼或贝，还能造成死亡。因此，防止赤潮的发生是许多海洋科学家十分关注的课题。

尽管人们已投入大量人力物力去研究赤潮，但是，时至今天，人们对引起赤潮的原因尚未完全弄清楚。赤潮发生的机理，以及赤潮与各种海洋环境要素的关系，仍然是科学家们正在深入研究的课题。比如说，现在普遍认为，赤潮与海洋污染有密切关系。但是，人们在远离海岸的大洋深处也发现过赤潮，这是为什么呢？难道除了海区富养化能引起赤潮外，还有别的什么原因？再如，人们还发现，暴雨过后，海水表层盐度迅速降低，也能刺激赤潮生物的大量急剧繁殖，这又是为什么？正因为人们无法弄清楚赤潮生成的内在机理和发生规律，所以无法预报海区内发生的赤潮的灾害，以便提前防范。

26. 海洋霸王——大白鲨之谜

尽管大白鲨频频出现在很多记录片和电影里，但是人类对这种古老的动物还知之甚少。因为这种海洋霸王腹部通常呈现白色，所以得名"大白鲨"。从进化论的角度来看，数百万年来，大白鲨的身体结构一直都没有变化。

大白鲨体形庞大，它们拥有轻盈的软骨骨架，体长能达到7米。在地球任何温度适宜的海域都会有大白鲨的行迹，比如南非、澳大利亚南部、美国加州附近海域。它们天生好胃口，凡是能捕获的食物几乎都能成为它们的美餐。

迄今为止，人类对大白鲨的了解最多只局限在上述这些肤浅的认识上，至于世界上到底有多少大白鲨，它们能活多长时间之类的问题，恐怕还没人能说得明白透彻。科学家目前尚未成功地观察到大白鲨交配的全过程，更何况大白鲨生性倔强，一旦被人类捕获，离开自己广袤的海洋王国就会很快死去，所以到现在从没有真正意义上零距离接触大白鲨。

好奇心会牵引人们上天入海。从1988年起科学家就在加利福尼亚附近海域长期跟踪观察大白鲨。因为大白鲨踪迹隐秘，科学家特意在海边的灯塔上安装了观察设备，一旦发现有大白鲨袭击其他海洋动物比如海象、海狮，科学家会马上出动，用深水摄像技术抓拍难得的大白鲨活动的场面。

不久，科学家就会完成一个庞大的数据库的建设，向最终解开大白鲨之谜迈出重要的一步。根据数据库提供的信息，生物学家们初步推算大白鲨能活60岁至100岁。它们一般在13岁达到性成熟，这一点和大象乃至人类极为相似。根据现在掌握的资料，雌性大白鲨的妊娠期一般是18个月，因此推断大白鲨的繁殖周期远远长于其他动物。一些科学家初步估计，现在世界上仅存不到1 000头大白鲨。由此看来，虽然号称海洋霸王，大白鲨也不能完全避免灭绝的危险。

斯坦福大学和加州大学的科学家动用了包括最先进的GPS卫星定位设备跟踪加州附近海域雌性大白鲨的活动踪迹。耗资惊人的综合检测系统，通过内部的电子时钟，日出和日落等外部数据来定位大白鲨所处的经度和纬度，依据遥感的海温图像，科学家可以判断出它们所处的环境。

综合该卫星系统去年获得的数据，科学家惊奇地发现，大白鲨并不只生活在靠近海岸的浅海，更广阔的深海同样属于霸气十足的大白鲨的天地。一个取名为迪普芬的大白鲨是科学家重点观察的对象，40天之内，它从加州附近的浅海游到了3 800公里以外的夏威夷。又过了4个月，迪普芬再次回到了它熟悉的加州浅海。是否雌性大白鲨还会向南方游得更远，现在还不能确定。至少科学家们推测，雌性大白鲨更倾向于独自在远离近海的南方产下幼鲨。

参考鲸和一些鸟类迁徙的习性，一些生物学家认为：大白鲨年复一年地奔波在"南北迁徙"的路上。如果这个假设真能得到印证，更多未解的问题又会冒出来：比如大白鲨为什么要不辞辛劳南北迁徙？它们在千万里的海洋跋涉途中靠什么来定位？浩瀚的太平洋里哪些生物会成为它们旅途中的可口点心呢？

正如常年研究大白鲨的生物学家拜乐所说："我们踏破铁鞋刚刚找到了一个问题的答案，马上就会又冒出四个新的问题。这正是研究大白鲨的乐趣所在。"

27. 地壑天堑——大西洋裂谷探秘

从前，人们以为洋底像锅，越往中央越深，而洋底一定是平坦的。1873 年，英国海洋考察船"挑战者"号，用普通测海锤，测得大西洋中间有一带比较高的地方，好像是一座大山。

1925—1927 年，德国海洋考察船"流星"号，用回声探测仪，探查到了那座大山，还给它画了图像：这座大山在大西洋中部，由北向南，呈 S 状绵延，长27 780 公里，宽 1 100 ~1 800 公里，山顶锯齿形，平均高出洋底 3 000 米。它如同一条巨龙，伏卧在洋底，成为大西洋的一条"脊梁骨"。因此，科学家给它起了一个十分形象的名称——"大西洋中脊"。1953 年，美国地质学家尤因和希曾惊奇地发现，大西洋中脊与大陆上的山脉大不一样。它好像被谁用一把快刀，顺着山的走势，从中劈开一道裂缝。这条裂缝深 1~2 千米，科学家叫它"裂谷"。

"冰岛裂谷"是大西洋中脊露出水面的地方。1967 年，英国地质学家带领一帮人马到冰岛，他们在裂谷两边的山尖插上标杆，严格监视，定期测量标杆的距离。他们的辛劳终于有了成果——几年之内，标杆之间的距离比原来拉开了 5 ~8 厘米。明白了，大西洋中脊的裂谷，正在不断扩展！科学家们十分纳闷，是谁劈开了山岭，使伤口不断"化脓"，而且越张越大呢？

科学家们真想一头扎进裂谷洋底，看个究竟。后来，问题终于得到了解决。美国和法国首先制造了"深潜器"，人坐在里边，可以安全下潜到几千米深的洋底。1972—1974 年，美法科学家联合行动，美国出了一艘"阿尔文"号；法国开出两艘，一艘叫"阿基米德"号，一艘叫"塞纳"号。他们沉到 2 800 米深的亚速尔群岛大裂谷底部，在深潜器强聚光灯的照耀下，从小小的玻璃窗往外瞧——他们瞧见了什么？在宽约 2 000 米的裂谷底下到处都是裂口，好像是一个个张开的大嘴巴。那些大嘴巴，正在喷吐热水。从裂口里溢出的熔岩，在洋底凝固：有的如一卷卷棉纱；有的如同挤出的牙膏；有的像一条条钢管；有的垒成一座座尖锥形的火山口……

科学家们一下子明白过来？原来这儿是大西洋底地壳裂开的地方，一股无比巨大的力量，从地下升起，正使劲把裂谷朝两旁推开。

这儿正在制造地震和火山？

事实证明，大西洋正在以每年1~4厘米的速度扩张。几亿年前，南北美洲、欧洲和非洲大陆，原本是一家，由于地壳由北向南断开了一个裂口，海水涌入，淹成了一条海沟。海底裂口不断，爆发火山涌出熔岩，将地壳朝东西两边推去。经过了漫长的1.5亿年，便成了现在这个样子。翻开世界地图，你仔细瞧瞧，南美巴西那个大直角，不是刚好同非洲几内亚湾吻合在一起吗？

北美和欧洲也有类似的情形。这一点早已被"大陆漂移说"的创立者维格纳所证实。

人们不禁要问，将来会怎样？科学家预测，5 000万年后，大西洋还要张开1 000千米。由于印度洋也在扩展地盘，没准几亿年后，太平洋关闭，美洲大陆就会同亚洲大陆撞在一起。其实，这只不过是一种极简单的推想。因为地壳的运动非常复杂，绝不单是大西洋中脊这种情形。

28. 谜底难解——海洋生物的来源

贝加尔湖是淡水湖，为什么会生活着如此众多的海洋生物呢？

20世纪50年代初期，人们在贝加尔湖附近打了几口很深的钻井。但从取上来的岩芯样品中，人们没有发现任何关于中生代的东西。也有一些材料证明，没有中生代的沉积层，只有新生代的沉积岩层。

贝加尔湖地区长时间以来一直是陆地。贝加尔湖是在地壳断裂活动中形成的断层湖，从而否定了湖中海洋生物是海退遗种的说法。那么，湖中的"海洋生物"到底从何而来呢？它们又是怎样进入湖中的呢？日前科学界的两种说法虽然都不是定论，但是你认为哪一种更为合理呢？无论如何，我们始终相信，随着科学技术的不断发展和人们对自然认识的不断深入，这个谜团终将会得到圆满答案。

29. 深不可测——海洋"无底洞"之谜

大千世界，无奇不有，海洋中也有"无底洞"。

印度洋"无底洞"

位于印度洋北部海域，北纬5°13′、东经69°27′，半径约3海里。这里的洋流属于典型的季风洋流，受热带季风影响，一年有两次流向相反变化的洋流。夏季盛行西南季风，海水由西向东顺时针流动；冬季则刚好相反。"无底洞"（又称"死海"或"黑洞"）海域则不受这些变化的影响。几乎呈无洋流的静止状态。

1992 年 8 月，装备有先进探测仪器的澳大利亚哥伦布号科学考察船在印度洋北部海域进行科学考察，科学家认为"无底洞"可能是个尚未认识的海洋"黑洞"。根据海水振动频率低且波长较长来看，"黑洞"可能存在着一个由中心向外辐射的巨大的引力场，但这还有待于进一步科学考察。他们还在"无底洞"及其附近探测到 7 艘失事的船只。

地中海"无底洞"

无独有偶，在地中海东部的希腊克法利尼亚岛阿哥斯托利昂港附近的爱奥尼亚海海域，有一个许多世纪以来一直在吸取着大量海水的"无底洞"。据估计，每天失踪于这个"无底洞"里的海水竟有 3 万吨之多。为了揭开其秘密，美国地理学会曾派遣一支考察队去那里进行科学考察。科学家们把一种经久不变的深色染料溶解在海水中，观察染料是如何随海水一起沉下去的，接着又察看了附近的海面以及岛上的各条河、湖，满怀希望能发现这种染料的踪迹和同染料在一起的那股神秘的水流，然而这些实验毫无结果。

地中海"无底洞"的存在，引起了科学家们极大的研究兴趣，第二年又进行了新的实验。他们用玫瑰色的塑料小粒替海水做了"记号"。这些东西既不会溶解在水里，也不会完全沉下去，因为它们的密度是各不相同的，分别具有与海水、河水相同的密度以及中间密度。他们把 130 千克重的这种肩负特殊使命的物质，统统掷入打旋转的海水里。一会儿，所有的小粒塑料就被旋转的海水聚成一个整体，全部被无底深渊所吞没。科学家对这次试验寄予了极大的希望，渴望着把其秘密揭穿，哪怕能在附近找到一粒玫瑰色的塑料也好。然而，他们的计划仍然落留空了。至今谁也不知道为什么这里的海水竟然会没完没了地"漏"下去，这个"无底洞"的出口又在哪里？每天大量的海水究竟流到哪里去了呢？地中海"无底洞"成了千古之谜。

30. 假说演绎——地球上海洋的对应面都是陆地的原因

地球上陆和海的分布很有意思。在地球仪上，只要细心观察，人们就会看到这样一个现象：地球仪上任何一个大陆，与之相对一侧（以地球球心为中心的另一侧），几乎全是海洋。非洲大陆的背后是中太平洋，亚欧大陆的背后是南太平洋，北美洲大陆的背后是印度洋，南美洲大陆的背后是西太平洋，澳大利亚大陆背后是大西洋，南极大陆的背后则是北冰洋。这些现象是偶然形成的，还是有什么内在联系呢？目前，人们还说不清楚。

为了解释这种现象，有人借鉴了地球收缩说，它是在魏格纳的大陆漂移学说形成之前提出来的。这种学说曾成功地解释了山脉的形成，因此它在地球形成的假说中占有十分重要的地位。

地球收缩说认为，原来的地球是高温炽热的，后来逐渐冷却变成现在的模样。大部分物体在冷却过程中自行收缩，在地球内部物质冷却收缩后，地球外表冷却收缩，形成皱痕，就像苹果放干发生皱缩一样。喜马拉雅山脉等就是这样形成的。不过，它的形成远比我们的想像复杂得多。

有人在这个学说的基础上，提出了"地球四面体"的假说，来解释海洋和大陆这种奇怪的现象。他们找了一个充满气体的软皮球当做假想地球，然后将皮球中的空气放掉，使皮球逐渐变扁。结果皮球的表面在收缩以后产生凹陷，这种凹陷被称之为四面体凹陷。于是，人们推断，这四面体的四个面就好比是太平洋、印度洋、北冰洋和大西洋，而四个面的交点处形成的四个顶点，则好比是我们所指的大陆部分，即欧亚大陆、非洲大陆、美洲大陆和南极澳大利亚大陆。

这种地球四面体的假说，只是由地球的表面现象的简单推测而成。地球冷缩时所具备的具体条件，远比这要复杂得多，所以它现在还只是假说，未能得到普遍承认。

第二篇　千奇百怪——海洋世界探秘

第一节　海国子民——海洋生物之谜

1. 北冰洋"独角兽"——角鲸之谜

在北冰洋寒冷的海域里，生活着一种奇特的齿鲸。它的体型很特别，腹部呈白色，背部为黑色，并夹杂着蓝灰色或黑灰色的斑点花纹，在它的头上长着一个约1～2米的长角，因此，当地居民给他起了个浑名，叫它独角兽；也有人根据它的外形特征，叫它一角鲸。一角鲸体长仅有4～5米，体重约900～1 500千克，在鲸类家族之中，属于较小的一种。其实，一角鲸的"角"，并不是和陆生动物的角一样，是真的角，而是一枚生长畸形的大牙，正因为如此，有人称它是一齿鲸。尽管人们研究一角鲸有上百年的历史，但至今仍有许多奥秘未能揭开。首先是一角鲸那枚奇长的牙齿的生理作用是什么，一直在争论之中。人们有过种种说法，甚至还产生过怪诞的假说。有人认为，一角鲸的长牙主要是捕食用的。人们发现，一角鲸吃比目鱼时，就是用长牙去拨动紧贴在海底的比目鱼。有的认为，那枚长牙是用来招引异性同伴注意的，在争夺雌性配偶时，用长牙进行决斗。还有的认为，长牙是听觉系统的一部分。长牙在同族中间的"听觉对抗"中，起着传递声波的作用。还有说长牙在捕食时起诱饵作用等等。但是，凡此种种说法，都没有得到普遍的认同。目前大多数人认为一角鲸的长牙仅仅是一种第二性征的标志而已，它类似于陆地上的雄性狮子头上的鬃毛，公鸡头上的鸡冠。

对一角鲸长牙为它的"第二性征"的说法，研究者也有不同看法。他们认为，在鲸类家族中，似乎只有一角鲸长着长长的牙齿，怎么能说一角鲸的那枚长牙是雄性的标志呢！显然不合逻辑。再比如说，人们经过研究发现，长牙上有十分明显的螺旋状槽纹，而且，螺旋槽纹的走向一律是自右向左。这又是为什么？更令科学家不解的是，一角鲸逃生本领非常之大。在1988年夏天，加拿大的两位科学家在巴芬岛以北的一个海湾，为研究一角鲸的生活习性，在湾内抛出一张很大的鲨网，静等一角鲸的到来。终于，他们在岸上的监听器中听到由一角鲸发出的阵阵爆炸般的声音。接着，一群又一群的鲸游过来了。然而遗憾的是除一条被渔网围住外，其他都逃脱了。后来，人们在捕获的这条一角鲸约 2 米的长牙上装上了管状无线电测监装置，然后将其放回大海中。结果，出人意料的是：第三天后，这条一角鲸竟然从科学家的严密监视中，突然消失了。看来，这种一角鲸的逃生本领可能是智慧性的，不同于海洋中其他生物的较低级的本能逃生。这一试验虽然没有完成，但它给人们留下的一连串未能解开的谜，耐人寻味。

2. 海洋 "贵族" ——极地海兽的奥秘

两极地区，由于严寒的气候制约着动物的生长或生活，动植物无论在种类上，还是在数量上，都比水热条件结合得比较好的中、低纬度地区要少得多。两极在生物种类上并不完全相同，如北极有著名的北极熊，而南极没熊类；南极有大量的企鹅、磷虾，而北极却没有企鹅、磷虾。两极附近生物的共同之处是：其动植物都有极强的耐寒能力，动物有厚厚的皮下脂肪保护。大多数生物种类都集中于沿海较温暖的地带，且随季节而兴衰或迁徙。从整个地球来看，海洋生物分布的一个显著特点是海洋哺乳动物（也称为海兽）在海洋中分布非常广泛，但以两极沿海地带最为集中，在数量上和种类上都极为可观。这是值得我们去认真探究的一个问题。

海兽是前肢特化为鳍状、体温恒定、胎生哺乳、用肺进行呼吸的海洋动物。主要包括三大类：一是鲸目，如灰鲸、蓝鲸、抹香鲸、虎鲸、海豚等。二是海牛目，如海牛、儒艮等。三是鳍脚目，如海狮、海象、海豹、海狗等。前两目都是全水栖的动物，后一目是半水栖的动物。此外，海獭也属于海兽炎动物；北极熊比较特殊，既属于陆地哺乳动物，也可算是海洋哺乳动物。

为什么海兽在极地沿海尤为集中？科学家认为主要有三个方面的原因：

首先，极地严寒的气候使海兽难以在陆上长时间生存用肺呼吸空气又使鳍脚目海兽难以远离源岸，进退不得。由于海水具有巨大的热容量，海水温度相对陆上气温要稳定得多，而且还有暖流的增温作用，使极地沿海环境适宜海洋生物包括海兽的生活。

其次，极地陆上缺乏足够的食物，特别是漫长的冬季，极地到处是冰雪世界，动物在陆地上几乎没有办法找到食物。而在极地沿海成近海区域，由于有洋流的搅拌作用和极地东风的吹拂作用，使沿海海底的养分上翻，海水就有较多营养物质，为海生生物的生长提供饵料，也为海兽提供足够的食物资源。

再次，极地的自然环境成为人类活动的自然障碍，间接地保护了极地海兽，使它们免遭人类的屠杀，而得以在那里自由地繁衍生息。

事实上，人类是地球上所有生物的最大敌人。如海兽中较为笨拙的海牛就是由于人类的滥捕而濒临灭绝的。目前，一些鲸类也正面临着灭绝的威胁。

海兽是海洋动物中最高级、也是最大型的，体型大有利于提高它们的御寒能力和活动能力，但也要较多地消耗体内的能量，因此，它们需要有充足的食物来补充能量。我们知道，极地海洋的低水温是不利于生物的生长的，生物的生长速度很慢，生产率较低，为什么级低的生产率却能支撑如此多的极地高等生物——海兽生存和繁衍所需食物的需求量呢？这主要是因为极地海域的生物链比较短而且简单，一般只有二三级，不像热带区域的生物那样构成复杂的网状关系，生物链可达五至六级。如南极的鲸和海豹等直接以低等的鳞虾作为食物，通过减少食物链中的中间环节，有效地降低了能量在食物链传递过程中的损失。这对我们人类是有启示作用的：人类的食物应当尽可能来自远离人类的低等生物，这不仅可以通过减少食物键中的中间环节来减少能量损失，而且一方面使人类获得丰富的食物，另一方面又减轻自然的压力，形成人与自然的和谐统一。

根据进化论的观点，地球上最初的生命是由非生命物质进化而来的。现代生存的各种生物都有共同的祖先。在进化过程中，生物种类和数量由少到多，生物结构和功能由低级到高级，由简单到复杂，由海生到陆生，生物由原核生物到真核生物、多细胞动物、无脊椎动物、脊椎动物……一步步向前进化。生物成功地登上陆地生活大致发生在寒武纪以后。生物登陆以后，由两栖类逐渐进化到哺乳动物。因此，哺乳动物是属于高级动物。现在一般认为，海洋哺乳动物是哺乳动物的一部分，由于某种原因又重新返回到海洋，所以说海洋哺乳动物都是从陆上重新返回海洋的。但是，如果按照这一观点，极地的环境条件与海兽集中的事实就存在一定的矛盾：如果认为极地海兽都是从陆上重新返回海洋的，那么，海兽在重返海洋之前作为陆兽生活在极地，但这些海兽的祖先如何能在极地严酷的环境中生存呢？如果认为它们是从较低纬度迁移过来的，为什么会集中于自然条件相对较差的极地？南极大陆作为一个"孤悬"的大陆，海兽的祖先显然无法通过波澜壮阔的南大洋。

由此看来，以上观点难以自圆其说。科学家推断：海兽很有可能一直生活在近海甚至深海中，至少它们中的一部分从来就没有离开过海洋。

有关极地海兽的研究还比较少，但它们的研究价值和经济价值正引起人们的关注：如科学家们发现，因纽特人长年以海鱼为生，肥壮的海兽是他们的普通食物，他们平时也很少吃青菜类食物，但却很少得癌症等疾病。有人还发现，海兽体内某些活性固醇类天然化合物可抑制癌细胞生长，因而对血癌、肺癌、直肠癌等有疗效。另一方面，由于海兽可作多种食物和用途，有较高的经济价值，加上当今远洋捕捞技术的提高，一些国家和商业机构不顾全世界反对的呼声，大规模地猎杀海兽。由于极地海兽繁殖和生长速度都很慢，它们面临着严重的威胁，有些品种可能在很短的时间内就被猎杀灭绝。因此，积极保护和加紧研究极地海兽是全人类迫切的任务。

3. 定向标识——海龟的雷达系统之谜

每年端午节，湖北省中洲乡农民许先平家都会迎来一位奇特的客人——一只硕大的龟。

1980 年，许先平下湖捉鱼，不想却捞起一只龟。龟个子挺大，体重足有 1 公斤。同村人出 18 元钱，想买去杀了下酒，许先平一个劲儿摇头，捧着这只龟回到家。许先平想，龟寿命很长，何不让它为自己留个名呢？于是，在龟背上刻上自己的名字和捉到它的时间，又在龟壳的四角穿上 4 个眼，戴上 4 只铜环，第二天，骑车专程把这只龟送到离家 40 公里外的洞庭湖中。

1981 年端午节，许先平正在家中收拾过节的东西，突然听到屋门"吱嘎"响了一声，过了一会儿，又听到堂屋传出"沙沙"的爬动声，还伴有呼呼的喘气声。许先平跑到屋里一看，不禁惊呆了：一只龟在堂屋里转着圈爬，身上挂着 4 个大铜环，背上"许先平" 3 个字还清晰可辨。天哪，这不是那只放入洞庭湖的大龟吗，鬼使神差怎么又爬回来了？当天晚上，许先平特意刷干净一口大缸，把这只龟放了进去，又找来新鲜青蛙肉，一点一点挑着喂给龟吃。一个月过去了，许先平把大龟装进袋里，又送回洞庭湖。一年又一年，这只懂事的龟端午节前后都要回许先平家做客一个月，1995 年回家过节时，还给主人产下 12 个小蛋。人们在感叹这只龟通灵的同时，不禁要问：龟是怎么找到许先平家的？

海洋里也生活着一种龟，体重都比陆上的大许多倍。海龟生活在我国浙江、福建、台湾、海南岛沿海和南太平洋、印度洋中，西沙群岛是我国产海龟最多的地方。海龟是由陆生的祖先徙移入海变化而成的，虽身栖海洋，但还未完全脱离其祖先的"癖性"，在繁殖季节仍需返回陆地，在沙滩上产卵繁殖。海龟的乡土观极强，每当南海诸岛的西南风盛行时，海龟便顺西南海流从印度洋中的印度、斯里兰卡、马来西亚一带海域进入南海诸岛礁石上交配产卵；当东北风盛吹时，又南返至印度洋一带海域了。年复一年，年年如此。

跟许先平家的陆上灵龟一样，海龟也是万里航行不迷途的海上旅行家。小海龟从乒乓球大的龟壳里破壳而出后，便跑到海洋里四处旅游。可也怪了，它一旦长大成熟，不论旅游到哪里，游出多远，总能准确地按原来的路线返回自己的出生地，绝不会走错方向。在毫无定向标识的大海中，海龟究竟是依靠什么来作为

"罗盘"和导航"地图"，以致在海天一色的苍茫海洋里，准确完成长途往返呢？

根据其他回游动物的资料，可以用来作为定向的线索是很多的，像太阳及某些星体的位置，偏振光、某些气味、风向、声音以及地球磁场等，都有一定的利用价值。这里最值得一提的是地球磁场，它是动物界广泛用以定向的信息源，因为它具有许多优点。譬如说，它始终连贯如一，不管白天还是黑夜都能保持恒定，也不受天气变化的影响，所以可靠性很高。现在知道，海龟也把地球磁场作为定向的标识。学者以刚孵出的红海龟为对象，进行人工控制磁场实验，结果发现，幼海龟有朝磁北与磁东之间方向前进的本能，如果用人为方法使磁场方向倒转，那么幼龟游动的方向也将相应倒转。这一事实生动地表明，刚孵化出的红海龟能够感知地球磁场，并且能够据此确定自己的前进方向。学者又发现，幼海龟在离岸移栖时，有朝着波浪涌来方向前进的习性，这一点其实并不奇怪，因为海浪进入靠近岸边的浅水区后会发生偏转，变为向着海岸线挺进，因此对着波浪游去，一般地说，都能游离岸边，进入外海，幼海龟这一习性的形成，看来正是长期适应环境的结果！当幼龟进入深海后，该处波浪的方向已经不那么固定了，此时幼龟对磁场的感知能力，取代了对波浪的感知能力，成为最重要的定向依据。

有的海龟产卵地点十分固定，不管觅食的场所路途多么遥远，最后它们都必然要回到出生地来产卵，至今尚未发现例外。像阿森松岛的绿海龟就是典型的例子，学者认为，它们可能是依据化学物质感知能力来找到归途的。少量溶解在海水中的该岛特有物质，作为化学信号，使得"远方游子"毫无困难地感觉到家乡的准确位置，所以从来不会发生迷途事故。

除此之外，有人也曾提出，海龟是否可能像候鸟那样，根据恒星分布来进行定向？现在看来，这种可能性几乎等于零。因为学者发现，海龟的眼睛高度近视，夜间根本无法看清恒星分布的图像。既然如此，这种设想当然就没有现实性了。

总之，海龟定向是一门非常有趣的学问，不但涉及面广，而且机理微妙，引人入胜。在生命过程中，海龟尽情地利用周围环境中的各种信息源，作为自己定向的巧妙线索。根据目前所知，海龟至少在利用地磁、波浪、化学物质等方面做得非常成功。至于海龟用什么器官（或组织）进行定向，目前不得而知。

4. 貌不惊人——海参长生之谜

海参，是我国古人给它起的名字。"其性温补；足敌人参"，因此得名。海参是生长海洋底层岩石上或海藻间的一种棘皮动物，又名海黄瓜。海参共有800多种，可供食用的仅有20多种。海参品种因地而异，我国西沙群岛，海南岛盛产梅花参、乌元参等；福建、浙江出产肥皂参、光参，而北方海产唯有刺参，它是食用海参中较名贵的品种。

从水族馆观察活海参的外形，其相貌相当丑陋，它那细长圆状的躯体，肉多而肥厚，体表长满像肉刺似的东西，无怪乎人们形象地称它叫"海黄瓜"。另看海参其貌不扬，生存历史却使人惊诧，它比原始鱼类出现还早，在6亿多年前的前寒武纪就开始存在了。经古生物学家对海参的骨片化石进行系统研究，它已成为地层古生物工作者划分地层和研究古地质的一项重要依据，甚至成为保罗纪的标准化石。十几年前，我国古生物工作者在四川华蓥山和浙江长兴的二叠纪（距今两亿多年前）的地层中，都发掘到海参的骨片。

海参深居海底，不会游泳，只是用管足和肌肉的伸缩在海底蠕动爬行。爬行速度相当缓慢，一小时走不了3米路程。它生来没有眼睛，更没有震慑敌胆的锐利武器。如此这般，亿万年来，在弱肉强食的海洋世界中，它们是如何繁衍至今而不绝灭的呢？

5. 海中"智叟"——海豚救人的离奇之谜

在人们的心目中，海豚一直是一种神秘的动物。不过，人们对海豚最感兴趣的，恐怕还是它那见义勇为、奋不顾身救人的行为。

历史上流传着许许多多关于海豚救人的美好传说。早在公元前5世纪，古希腊历史学家希罗多德就曾记载过一件海豚救人的奇事。有一次，音乐家阿里昂带着大量钱财乘船返回希腊的科林斯，在航海途中水手们意欲谋财害命。阿里昂见势不妙，就祈求水手们允诺他演奏生平最后一曲，奏完就纵身投入大海的怀抱。正当他生命危急之际，一条海豚游了过来，驮着这位音乐家，一直把他送到伯罗奔尼撒半岛。这个故事虽然流传已久，但是许多人仍感到难以置信。

1949年，美国佛罗里达州一位律师的妻子披露了自己在海上被淹获救的奇特经历：她在一个海滨浴场游泳时，突然陷入一个水下暗流中，一排排汹涌的海浪向她袭来。就在她即将昏迷的一刹那，一条海豚飞快地游来，用它那尖尖的喙部猛地推了她一下，接着又是几下，一直到她被推到浅水中为止。这位女子清醒过来后举目四望，想看看是谁救了自己。然而海滩上空无一人，只有一条海豚在离岸不远的水中嬉戏。近年来，类似的报道越来越多，这表明海豚救人绝不是人们臆造出来的。

海豚不但会把溺水者推到岸边，而且在遇上鲨鱼吃人时，它们也会见义勇为，挺身相救。1959年夏天，"里奥·阿泰罗"号客轮在加勒比海因爆炸失事，许多乘客都在汹涌的海水中挣扎。不料祸不单行，大群鲨鱼云集周围，眼看众人就要葬身鱼腹了。在这千钧一发之际，成群的海豚犹如"天兵神将"突然出现，向贪婪的鲨鱼猛扑过去，赶走了那些海中恶魔，使遇难的乘客转危为安。

海豚始终是一种救苦救难的动物。人类在水中发生危难时，往往会得到它的帮助。海豚也因此得到一个"海上救生员"的美名，许多国家都颁布了保护海豚的法规。那么，海豚为什么要救人呢？在人们对海豚没有充分认识之前，总以为它是神派来的保护人类的。由于科学的进步，对海豚的认识进一步加深，其神秘面纱逐渐被揭开。那么，海豚救人究竟是一种本能呢，还是受着思维的支配？

动物学家发现，海豚营救的对象不只限于人。它们会搭救体弱有病的同伴。1959 年，美国动物学家德·希别纳勒等人在海中航行时，看到两条海豚游向一条被炸药炸伤的海豚，努力搭救着自己的同伴。海豚也会救援新生的小海豚，有时候这种举动显得十分盲目。在一个海洋公园里，有一条小海豚一生下来就死掉了，但它仍然不断地被海豚妈妈推出水面。其实，凡是在水中不积极运动的物体，几乎都会引起海豚的注意和极大的热忱，成为它们的"救援"对象。有人曾做过许多试验，结果表明，海豚对于面前漂过的任何物体，不论是死海龟、旧气垫，还是救生圈、厚木板，都会做同样的事情。1955 年，在美国加利福尼亚海洋水族馆里，有一条海豚为搭救它的宿敌——一条长 1.5 米的年幼虎鲨，竟然连续 8 天把它托出水面，结果这条倒霉的小鲨鱼终于因此而丧了命。

据此海洋动物学家认为，海豚救人的美德，来源于海豚对其子女的"照料天性"。原来，海豚是用肺呼吸的哺乳动物，它们在游泳时可以潜入水里，但每隔一段时间就得把头露出海面呼吸，否则就会窒息而死。因此对刚刚出生的小海豚来说，最重要的事就是尽快到达水面，但若遇到意外的时候，便会发生海豚母亲的照料行为。她用喙轻轻地把小海豚托起来，或用牙齿叼住小海豚的胸鳍使其露出水面直到小海豚能够自己呼吸为止。这种照料行为是海豚及所有鲸类的本能行为。这种本能是在长时间自然选择的过程中形成的，对于保护同类、延续种族是十分必要的。由于这种行为是不问对象的，一旦海豚遇上溺水者，误认为这是一个漂浮的物体，也会产生同样的推逐反应，从而使人得救。也就是说这是一种巧合，海豚的固有行为与激动人心的"救人"现象正好不谋而合。

有的科学家觉得，把海豚的救苦救难行为归结为动物的一种本能，未免是将事情简单化了，其根源是对动物的智慧过于低估。海洋学家认为，海豚与人类一样也有学习能力，甚至比黑猩猩还略胜一筹，有海中"智叟"之称。研究表明，不论是绝对脑重量还是相对脑重量，海豚都远远超过了黑猩猩，而学习能力与智力发达密切相关。有人认为，海豚的大脑容量比黑猩猩还要大，显然是一种高智商的动物，是一种具有思维能力的动物，它的救人"壮举"完全是一种自觉的行为。因为在大多数情况下，海豚都是将人推向岸边，而没有推向大海。20 世纪初，毛里塔尼亚濒临大西洋的地方有一个贫困的渔村艾尔玛哈拉，大西洋上的海豚似乎知道人们在受饥饿煎熬之苦，常常从公海上把大量的鱼群赶进港湾，协助渔民撒网捕鱼。此外，类似海豚助人捕鱼的奇闻在澳大利亚、缅甸、南美也有报道。

海豚对人类这样一心一意，到底是为了什么呢？在鲨鱼面前，海豚是疯狂的击杀之神，攻击人类可谓易如反掌，但却从来没有海豚伤人的记录。最令人无法理解的是，即使当人们杀死一条海豚的时候，其他在场的海豚也只是一旁静观，绝不以牙还牙。对于协作精神很强的海豚，这样的表现实在令动物学家深感困惑。

6. 适者求生——海洋动物变性之谜

动物王国趣事多，其中之一就是鱼的雌雄之变。如红海的红稠鱼，20多条鱼组成一个一夫多妻制家庭，在这个家庭当中，丈夫不准其他的雄性问津，更不准窝里的雌性逞强，否则，这条逞强的雌性就有可能变成雄性。而一旦唯一的丈夫失踪或死亡时，就会有一个身强力壮的雌性变成雄性，取代它的位置，统治这个家庭。假如这个丈夫出走，另一个雌性会紧接着变成雄性，不断出走不断变，直到最后一个变成雄性。其实，这种现象在低等海洋动物中并不少见。生活在珊瑚礁上的红鱼旨鱼、大鱼旨鱼、鹦嘴鱼、隆头鱼等都能由雌变雄，而细鱼耆鱼、海鳝、海葵鱼等又都能由雄变成雌。人们所熟知的鳝鱼，刚出生时，都是清一色的"女儿"，而一旦性成熟产卵后，它们的生殖系统会突然发生变化，变成"男儿"。因而，苗条瘦小的黄鳝个个都是"女士"，而个头粗大的黄鳝个个都是"男士"。这样，粗壮的"男士"与弱小的"女士"结婚，又生下一批"女士"，之后又变成"男士"，如此循环下去。

有些鱼类更加奇特，如珊瑚礁中的石斑鱼，当这一海域雄性多、雌性少时，一部分雄性石斑鱼就会变成雌性；而当这一海域雌性多，雄性少时，一部分雌性石斑鱼就会变成雄性，以保证产下众多的下一代。更为奇特的是，生活在美国佛罗里达州和巴西沿海的蓝条石斑鱼，一天中可变性好几次。每当黄昏之际，雄性和雌性的蓝条石斑鱼便发生性变，甚至反复发生5次之多。这种现象既叫变性，又叫"雌雄同体"和"异体受精"。科学家们分析，或许是因为鱼的卵子比精子大许多，假如只让雌性产卵，负担太重，代价太高。而假如双方都承担既排精又排卵的任务，繁殖后代的机会会更多一些。牡虫厉也是身兼雌雄两性，有趣的是，牡虫厉的雌雄之变是逐年变化的，即去年是雄性，今年就变成雌性，来年又是雄性，年年变化不已，每个牡虫厉变化的时间各不相同，并不是同时发生的。

低等海洋动物为什么会发生变性，至今仍是个谜。尽管科学家们众说纷纭，但至今仍无定论。但不管怎么说，这也是一些低等动物在进化过程中为了适应生存和更有利地繁殖后代所演变的一种独特的功能。

7. 似鱼非鱼——"墨鱼"的归类之说

在浩瀚的东海，生长着这样一种生物，它像鱼类一样遨游，但并不属于鱼类，人们习惯称它为"墨鱼"，也叫它为"乌贼"或"乌鱼则"。它是我国著名的海产品之一，在浙江，和大黄鱼、小黄鱼、带鱼统称为"四大经济鱼类"，深受广大消费者喜爱。

墨鱼不但味感鲜脆爽口，蛋白质含量高，具有较高的营养价值，而且富有药用价值。墨鱼干和绿豆干煨汤食用起到明目降火等保健作用；"乌贼板"学名叫"乌贼骨"，又是中医上常用的药材，称"海螵蛸"。然而，大名鼎鼎的"墨鱼"，似鱼非鱼，没有鱼类的基本特征（如骨骼、鳞、鳍等），为何又称其为"鱼"呢？它究竟归属于哪一类呢？让我们从生物分类学的角度去观察就自然明白。我国的生物学家、水产专家将其归属于贝类。讲到这里，人们不禁要问，它也不像通常所见的贝类呀？如泥蚶、缢蛏、文蛤、贻贝、鲍鱼、螺丝等，外边都有或单或双的贝壳，这些贝类的外貌与它大相径庭，它应该属于"四不象"，无类可归。

墨鱼是一种大型的肉食性软体动物，之所以与普通的贝类不像，有其生存的演变过程。常见的贝类，由于背着重重的贝壳，或埋栖在滩涂里，或匍匐在岩礁上，或用足丝附着于固着物上，守株待兔式地滤食着细小的浮游动植物，活动范围很小，移动速度很慢；而墨鱼为了主动出击掠取高营养食物，需要更大的活动空间，因而经过漫长的演化过程，外型有了很大的变化。为了适应游泳，它的身体渐呈卵圆形、腹背扁；贝壳退化成一个石灰质的小舟板，被越来越发达的外套膜所包裹，形成胴部；做快速运动时，没有鱼类尾鳍的摆动功能，就利用液压原理，把吸进的水经嘴巴喷射出一道水柱，借以推动身体前进，瞬间游动速度可超过普通鱼类；特别是遇到敌害时，不但像火箭似地做反向逃离运动，还会施放"烟幕弹"，从墨囊里喷出"墨汁"，制造屏障，迷惑对方，然后逃之夭夭；并且，"墨汁"中含有毒素，可以用来麻痹敌害，起到较强的御敌效果。

不过，这种"墨汁"需要储积相当长的时间，所以墨鱼非到万分危急时刻，是不肯轻易喷放"墨汁"的。平时，墨鱼在漫游时，一般靠两侧肉翼和头部腕足做正向运动，它既是"双向运动者"，又是"反向短跑健将"。

由于它像鱼类一样游泳，且腹腔里藏有墨囊，所以沿海渔民把它叫做"墨鱼"，这是它的俗名；而它在分类学上归于贝类，是有科学依据的。贝类的基本结构是：身体柔软，不分节或假分节，通常由头部、足部、躯干部（内脏囊）、外套膜、贝壳五部分组成；除瓣鳃纲外，口腔内有颚片和齿舌；神经系统包括神经节、神经索和一个围绕食道的神经环；体腔退缩为围心腔。

据此，墨鱼当然是贝类，它属软体动物门，头足纲，十腕目，乌贼科。它有三个属：金乌贼属有金乌贼等9个种；无针乌贼属，我国只有曼氏无针乌贼一个种，浙江产量最多；后乌贼属有图氏后乌贼。我国温州群众所指的"墨鱼"或叫"乌贼"，大多是东海主产的"曼氏无针乌贼"和"金乌贼"两个种，这才是它们的"尊姓大名"。两者的外形差别不大，主要差别是：前者胴部卵圆形，稍瘦，无骨针，干制品叫"螟虫甫鲞"；后者有骨针，干制品叫"乌贼干"。

8. "北海巨妖"——海洋巨蟒之谜

9世纪，一位多次阻遏丹麦大军入侵英伦且智慧而博学的英格兰国王阿尔弗雷德大帝在他的羊皮纸簿中写道："在深不可测的海底，北海巨妖正在沉睡，它已经沉睡了数个世纪，并将继续安枕在巨大的海虫身上，直到有一天，海虫的火焰将海底温暖，人和天使都将目睹，它带着怒吼从海底升起，海面上的一切将毁于一旦。"

"北海巨妖"即北欧传说中的巨大海怪，或称海洋巨蟒，通常至少有30米长，平时伏于海底，偶尔会浮上水面，有的水手会将它的庞大躯体误认为是一座小岛。这种海怪威力巨大，据说可以将一艘三桅战船拉入海底，因而说起这种海怪，人们往往会不寒而栗。那么，这种言之凿凿的传闻是真的吗？

1817年8月，曾在美国马萨诸塞州格洛斯特港海面上亲眼见过海洋怪兽的索罗门·阿连船长记述道："当时，像海洋巨蟒似的家伙在离港口约130米左右的地方游动。这个怪兽长约40米，身体粗得像半个啤酒桶，整个身子呈暗褐色，头部像响尾蛇，大小如同马头。它在海面上一会儿直游，一会儿绕圈游。它消失时，会笔直地钻入海底，过一会儿又从180米左右的海面上重新出现。"

这艘船上的木匠马修和他的弟弟达尼埃尔及另一个伙伴，同乘一条小艇在海面上垂钓时，也遇到了巨蟒。马修之后回忆说："我在怪兽距离小艇约20米左右时开了枪。我的枪很好，射击技术也不错，我瞄准了怪兽的头开枪，肯定是命中了。谁知，怪兽就在我开枪的同时，朝我们游来，没等靠近，就潜下水去，从小艇下钻过，在30多米远的地方重又浮出水面。要知道，这只怪兽不像平常的鱼类那样往下游，而像一块岩石似的笔直地往下沉。我是城里最好的枪手，我清楚地知道自己射中了目标，可是海洋巨蟒似乎根本就没受伤。当时，我们吓坏了，赶紧划小艇返回到船上。"

类似的经历发生在1851年1月13日清晨，美国捕鲸船"莫依加海拉号"下正航行在南太平洋马克萨斯群岛附近海面。突然，站在桅杆了望的一名海员惊呼起来："那是什么？从来没见过这种怪物！"船长希巴里闻讯奔上甲板，举起单筒望远镜向远处看去："唔，那是海洋怪兽，快抓住它！"随即，从船上放下三条小艇，船长带着多名船员手执锋利的长矛、鱼叉，划着小艇向怪兽驶去。

真是个庞然大物，只见这只怪兽身长足有 30 多米，颈部也有几米粗细，最不可思议的是身体最粗的部分竟达 10 米左右。该兽头部呈扁平状，有清晰的皱褶，背部为黑色，腹部则为为暗褐色，中间有一条不宽的白色花纹。这怪兽犹如一条大船，在海中游弋，目睹此景，船员们一时都惊呆了。

"快刺！"当小艇快靠近怪兽时，船长声嘶力竭地喊道。十几只鱼叉、长矛立即向怪兽刺去，顿时，血水四溅，突然受伤的怪兽在大海里挣扎、翻滚，激起阵阵巨浪。船员们冒着生命危险，与怪兽殊死搏斗，最后怪兽终因寡不敌重，力竭身亡。船长将怪兽的头切下来，撒了盐榨油，竟榨出 10 桶像水一样清彻透明的油。遗憾的是，"莫侬加海拉号"在返航途中遭遇海难，仅有少数几名船员获救，他们向人们讲述了这个奇特的海洋怪兽的故事。

1848 年 8 月 6 日，英国战舰"迪达尔斯号"从印度返回英国，当战舰途经非洲南端的好望角向西驶去约 500 公里时，瞭望台上的实习水兵萨特里斯突然大叫了起来："一只海洋怪兽正朝我们靠拢！"船长和水兵们急忙奔到甲板上，只见在距战舰约 200 米处，那只怪兽昂起头正朝着西南方向游去，这只怪兽仅露出水面的身体便长约 20 多米。船长拿着望远镜紧紧盯着这只渐渐远去的怪兽，将目睹的一切详细情况记载在当天的航海日志上。回到英国，船长向海军司令部报告了此事，并留下了亲手绘制的海洋怪兽图。

类似的目击事件，后来又多次发生，不仅在太平洋、大西洋、印度洋，甚至在濒临北极的海域，也有许多人看到过这种传说中的海洋巨蟒。1875 年，一艘英国货船在距南极不远的洋面发现海洋巨蟒，当时，它正与一条巨鲸在搏斗。1877 年，一艘豪华邮轮在格拉斯哥外海发现巨蟒，在距邮轮 200 多米的前方水域，巨蟒在回旋游弋。1910 年，在临近南极海域，一艘英国拖网渔轮与巨蟒狭路相逢，这条巨蟒曾昂起头向渔轮袭来。1936 年，在哥斯达黎加海域航行的定期班轮上，8 名旅客和 2 名水手曾目击海洋巨蟒。1948 年，一艘游船在南太平洋航行，4 名游客看见身长 30 多米、背上有好几个瘤状物的海洋怪兽。

据说在 20 世纪初，对海洋学极有兴趣的摩纳哥大公阿尔伯特一世，为了捕获传说得沸沸扬扬的海洋巨蟒，还建造了一艘特别的探险船，装备了能吊起数吨重物的巨大吊钩，以及长达数千米的钢缆，同时船上还特别准备了 12 头活猪作为诱饵。可惜该船远赴大洋几经搜索，终因未遇海洋巨蟒而悻悻而归。迄今，北海巨妖，抑或海洋巨蟒，究竟是何等动物，它们是冰河孑遗，还是海洋中的未知物种，仍是一个未解之谜。

9. "水下魔鬼"——蝠鲼

在热带和亚热带海域生活着一种被人们称为"水下魔鬼"的、会飞行的鱼类——蝠鲼。

蝠鲼之所以被称为"水下魔鬼"，可能是因为它的外形丑陋吧。它的头又宽又大，两侧长着一对肉角，而嘴就长在两个肉角之间，那嘴不是圆的，而是方的。蝠鲼的体型呈不规则的椭圆形，体盘一般在50～100厘米左右，最大可达6米以上。

蝠鲼的习性也十分怪异。它性情活泼，常常搞些恶作剧。有时它故意潜游到在海中航行的小船底部，用体翼敲打着船底，发出"呼呼、啪啪"的响声，使船上的人惊恐不安；有时，它又跑到停泊在海中的小船旁，把小铁锚拔起来，使人不知所措。过去渔民们不知道是这种鱼在"捣乱"，还以为是"魔鬼"在作祟，这可能也是人们称其为"水下魔鬼"的一个原因吧。

蝠鲼的名字虽然不好听，还是鲨鱼的近亲，同属软骨鱼类，但它并不凶猛，性情还很温和。它缓慢地扇动着大翼在海中悠闲游动，并用前鳍和肉角把浮游生物和其他微小的生物拨进它宽大的嘴里。据说曾有一名水下摄影师在水下工作时，遇到一条体翼宽达2.3米的大蝠鲼。当摄影师跃到它的背上，它不但没有反抗，反而让摄影师骑在它的背上作了一次长时间的遨游。

10. "美丽天使"——神秘的海底人鱼之谜

老普利尼是一位记述过"人鱼"生物的自然科学家，在他的不朽著作《自然历史》中写到："至于美人鱼，也叫做尼厄丽德，这并非难以置信……她们是真实的，只不过身体粗糙，遍体有鳞，甚至像女人的那些部位也有鳞片。"

1990年，一些科学家正在竭力设法找到这一当今考古学最惊人的发现：一个3 000年前美人鱼的木乃伊遗体的由来。一队建筑工人，在索契城外的黑海岸边附近的一个放置宝物的坟墓里，发现了这一难以相信的生物。这一发现的消息是由苏联考古学家耶里米亚博士在最近透露给西方的。它看起来像一个美丽的黑皮肤公主，下面有一条鱼尾巴。这一惊人的生物从头顶到带鳞的尾巴，计长有173厘米。科学家相信它死时约有100多岁的年龄。

1991年7月2日，新加坡《联合日报》发表了题为《南斯拉夫海岸发现1.2万年前美人鱼化石》的报道：科学家们最近发掘到世界首具完整的美人鱼化石，证实了这种以往只在童话中出现的动物，的确曾在真实世界里存在过。化石是在南斯拉夫海岸发现的。化石保存得很完整，能够清楚见到这种动物拥有锋利的牙齿，还有强壮的双颚，足以撕肉碎骨，将猎物杀死。"这只动物是雌性的。大概1.2万年前在附近海岸出现。"柏列·奥干尼博士说。奥干尼博士是一名来自美国加州的考古学家，在美人鱼出现的海域工作了4年。奥干尼博士说："它在一次水底山泥倾泻时活埋，然后被周围的石灰石所保护，而慢慢转为化石。化石显示，美人鱼高160厘米，腰部以上像人类，头部发达，脑体积相当大，双手有利爪，眼睛跟其他鱼类一样，无有眼帘。

上半身是人下半身是鱼的生物

1991年8月，美国两名渔民发现人鱼事件，美国两名职业捕鲨高手在加勒比海海域捕到十一条鲨鱼，其中有一条虎鲨长18.3米，当渔民解剖这条虎鲨时，在它的胃里发现了一副异常奇怪的骸骨骨架，骸骨上身三分之一像成年人的骨骼，但从骨盆开始却是一条大鱼的骨骼。当时渔民将之转交警方，警方立即通知验尸官进行检验，检验结果证实是一种半人半鱼的生物。对于这副奇特的骨骼，警方又请专家进一步研究，并将资料输入电脑，根据骨骼形状绘制出了美人鱼形状。参加这项工作的美国埃毁斯度博士说，从他们所掌握的证据来看，美人鱼并不是传说或虚构出来的生物，而是世界上确实存在的一种生物。

科威特的《火炬报》在1980年8月24日报道：最近，在红海海岸发现了生物公园的一个奇迹——美人鱼。美人鱼的形状上半身如鱼，下半身像女人的形体——跟人一样长着两条腿和十个脚趾。可惜的是，它被发现时已经死了……关于对小人鱼的发现也是有的。1962年曾发生过一起科学家活捉小人鱼的事件。英国的《太阳报》，中国哈尔滨的《新晚报》及其他许多家报刊对此事进行了报道。苏联列宁科学院维诺葛雷德博士讲述了经过：1962年，一艘载有科学家和军事专家的探测船，在古巴外海捕获一个能讲人语的小人鱼，皮肤呈鳞状，有鳃，头似人，尾似鱼。小人鱼称自己来自亚特兰蒂斯市，还告诉研究人员在几百万年前，亚特兰蒂斯大陆横跨非洲和南美，后来沉入海底……现在留存下来的人居于海底，寿命达300岁。后来小人鱼被送往黑海一处秘密研究机构里，供科学家们深入研究。

其他有关发现

1958年，美国国家海洋学会的罗坦博士，在大西洋5公里深的海底，摄到一些类似人的海底足迹。

1963 年，在波多黎各东南海底，美国海军潜艇演习时，发现了一条怪船，时速 280 公里，无法追踪，人类现代科技望尘莫及。

1968 年，美国摄影师穆尼，在海底附近发现怪物，脸像猴子，脖子比人长四倍，眼睛像人但要大得多，腿部有快速"推进器"。

1938 年，人们曾在爱沙尼亚的朱明达海滩上，发现"蛤蟆人"，鸡胸、扁嘴、圆脑袋，飞快跳进波罗的海里。诸如"人鱼"这类海底奇异生物的存在由于有了实物作证，那么它也就由人们所谓的"荒诞"、"迷信"、"神话"的东西转变为当前一项严肃的科学研究课题了。

11. 以正视听——揭秘鱼的生活习性

鱼儿喝不喝水

无论是在烟波浩渺的海洋，还是在江河湖泊中，人们都可见到许多鱼儿总是口一张一闭，很有规律。有人认为这是鱼儿在喝水，错了，这是鱼的呼吸动作。那么，究竟鱼儿喝不喝水呢？

根据鱼类对盐分调节的原理，认为海产硬骨鱼是要喝水的，这是因为海水浓度比硬骨鱼类的血液和体液浓度高，由于渗透作用，鱼体内的水分不断散失到海水中去，鱼体血液中的酸碱平衡遭破坏，必须喝一部分海水来调节。海水既咸又苦，人不能喝，但鱼可以喝，因为鱼类鳃上具有一种独特的氯化物分泌细胞，可以把进入体内的多余的盐分排出体外。

然而，海洋中的软骨鱼类如鲨、鳐等因为它们血液中含有很多尿素，使体内渗透压比海水大，海水可以从鳃膜不断渗透进鱼体中，因此，它不但不要喝水，相反，还需经常排尿，才能维持体内的酸碱平衡。

与海水硬骨鱼类相反，淡水硬骨鱼类是不喝水的，因为其血液和体液的浓度与淡水的浓度大致平衡。

鱼儿会睡觉吗

鱼类是最低等的脊椎动物，仔细端祥鱼的眼睛是颇有趣的。鱼的眼睛一般较大，这可能与水中的光线较弱有关，故所有鱼类都是近视眼。鱼类没有真正的眼睑，眼睛完全裸露而不能闭合，因此有人认为鱼总睁着眼睛不睡觉。其实不然，鱼也和其他脊椎动物一样，每天要睡眠的，只是它们都睁着眼睛睡觉。

有些鱼在白天睡，有些鱼在晚上睡。在夜间，人们打开水族馆的灯光，可看到鱼睡觉的姿势是不同的。鲻鱼的头朝着不同方向，停止游动，开始入睡。有些河豚鱼静伏水底一动不动地进入睡眠状态。平时爱动的绿鳍鱼、鲨鱼也爬伏在池底静止不动进入梦乡。比目鱼平时爱静伏水底，有趣的是当它们需要睡眠时反而漂浮在水面上。更为有趣的是在热带海洋的珊瑚礁上，有一种奇特的鹦嘴鱼，每天黄昏时，皮肤分泌出大量黏液，把整个身体包围起来，好似穿上一件薄的上衣。睡衣前后端有一个开口，可通过海水，供它呼吸，便可放心地睡上一夜，待黎明来临，立即脱下睡衣，进入活动状态。有的海鳗白天躲藏在海底的洞穴睡觉，夜间才钻出洞穴，四处游戈，捕食小鱼小虾。

鱼儿为何要群集

群集又叫成群或群游，是鱼类的一种特殊行为，在大约 4 000 种鱼中，每种鱼都能很有规律地组成集团游泳，这些集团就叫做鱼群。鱼群是鱼的社会，其中每一条鱼都影响到其他鱼。鱼群内每条鱼彼此保持固定的距离，本行前进，前后、左右、上下鱼的数目大致相等，无论缩紧、散开或再度集合都能保持队行。这主要是依靠鱼的视觉器官和侧线感觉器官协调完成。

鱼类为什么要群集呢？群集可抵御敌害的袭击。因为群集的鱼通常都有十分鲜明或艳丽的色彩，敌人，会被它们成群的流动线条或闪烁的颜色搞得眼花缭乱，很难将注意力集中到某一条鱼身上，鱼群通常跟着游在最前面的那条鱼，如果全群的一侧受到威胁，整个鱼群便会受影响而掉头离开，即使敌害攻溃了鱼群，它所能吃掉的鱼也很有限。

不仅如此，鱼类群集对觅食、繁殖等都有利；群集也有利于找配偶、产卵、授精和保护好幼鱼。

引起鱼类群集的原因是多方面的，有外界条件，如水深、底质、海流、温度、盐度等。还有内部因素，如鱼类性成熟可导致生殖集群；为抵御严寒又可导致越冬集群。研究鱼类集群可用探鱼器、卫星观察等方法，对捕捞和保护鱼类都有重要意义。

小鱼如何吃大鱼

人们常说"大鱼吃小鱼，小鱼吃小虾"，然而，在浩瀚无际、弱肉强食的海洋世界里也有例外。有许多弱小的小鱼，由于身体具备某些特殊的器官，却能以小胜大，使得大鱼不得不甘拜下风。这些小鱼常常采用其特有的杀手锏，或发电击伤或分泌毒液，真是闻所未闻，充分展示了海洋鱼类的"谋生术"。

形如鳗鲡的七鳃鳗，其吸盘状的口内长满了角质齿，它能吸在大鱼身上，将大鱼皮肤咬个洞，然后吸大鱼的血。它一边吸血，一边分泌出一种防止血液凝固的物质。大鱼由于失血过多，不久便死亡了。

与七鳃鳗同属无颌类的盲鳗，口周缘有三或四对触须。它往往采用孙行者钻入铁扇公主肚内的办法，在大鱼皮上咬个洞或从大鱼鳃孔直接钻入大鱼肚内，先吃内脏后吃肉。它能把一条好端端的大鱼吃得只剩下皮和骨头。人们曾发现，在一条鳕鱼体内竟有123条盲鳗。由于盲鳗的这种可恶的习性，人们便称它为"鱼盗"。

在全世界350多种鲨鱼中，有一种体型很小的鲨鱼，它身长只有40厘米，但牙齿却很厉害。这种小鲨鱼极其凶猛，甚至敢于向体重达七八百千克的大鲨鱼发动进攻，它咬破大鲨鱼的皮肤，进入大鲨鱼体内，使大鲨鱼丧生。

生活在海洋中的电鳐，身体虽小，却能从头部与胸鳍之间的肌肉纤维特化成的电板发电，把处在它形成的电场中的大鱼击伤。海洋中不少巨大的凶猛鱼类见到它后都要"退避三舍"，敬而远之。

有人发现一种头上长着两只尖角的鱼，它的嗅觉特别灵敏，能闻到好几千米以外的血腥味，然后赶去"就餐"。当它被大鱼吞食后，它也毫不在乎，待进到大鱼腹中后，它就运用又硬又尖的双角钻破鱼腹，转眼之间便可从大鱼肚子里钻出，逃之夭夭，而那条大鱼却在疼痛中慢慢死去。

在红海，人们发现有一种扁平的小鱼——豹鳎，它能分泌一种乳白色的毒液，这种毒液只需一小滴，就能使大鲨鱼暂时瘫痪，如果我们把这种毒液提取出来，那真是再好不过的驱鲨剂了。

在深海中，食物缺乏。为了生存，那里的许多鱼都长着尖尖的牙齿，它们的口能像蛇的口一样张得很大，这类鱼有蝰鱼、叉齿鱼等。身体仅有6厘米长的叉齿鱼。却能吞下13厘米长的鱼。进食后，它的胃胀得很大，腹部呈现出所吞食的鱼的形状，之后，这条大腹便便的叉齿鱼便可一连几天不用寻觅食物了。

12. 长袖善舞——鲸类动物的"海洋文化"

一些动物学家认为，在鲸和海豚的世界里，存在着带有文化特征的传统，这种传统通过它们的行为表现出来，并代代相传。以前的研究表明，黑猩猩也是一个拥有文化的物种，它们独特的使用工具和社交的方式带有地域文化的特征。而另一个拥有文化的物种就是人类，人并非以前认为的那样是唯一拥有文化的物种。

"吹气泡"和"甩尾巴"

鲸和海豚属于鲸类动物，科学家认为，4种聪明的鲸类动物有能力创造它们自己的"海洋文化"，它们是宽吻海豚、逆戟鲸、抹香鲸和座头鲸。它们的文化特征表现在交流、捕食、交配和抚养后代的行为上。

从宽泛的意义上说，文化强调一种行为的获得，是后代进行某种社交学习的结果，例如通过反复地看和模仿同类尤其是父母获得的一种行为。从严格意义上说，文化反映在一些传统的行为上，它们是通过专门的学习、教养和模仿形成的。

科学家认为，鲸类动物显然具有宽泛概念上的文化行为，在有些时候，它们甚至也存在严格意义上的文化行为。人们发现，生活在夏威夷和墨西哥一带海域里的逆戟鲸有着共同的发声和歌唱形式，尽管它们的歌声每年都在变化，但逆戟鲸们却似乎有一种我们目前尚不知道的方法保证它们的歌声和谐一致。研究人员认为，逆戟鲸可能拥有灵敏的感觉能力学习和共享一种集体的歌声，这似乎是一种它们认同的共有的标准文化行为。

在逆戟鲸的群体中，进食的方式也是可以改变和流行的。在科学家韦因里奇的带领下，英国新英格兰鲸类动物研究中心的研究人员1991年曾对逆戟鲸进行过一次长期的跟踪研究。科学家们注意到，在逆戟鲸群中流行着一种有趣的进食方式，它们在水下吹出许多气泡，这些气泡会将鱼赶在一起，当鱼的数量聚集到足够多以后，逆戟鲸们才开始痛快地享用猎物。通过观察还发现，鲸群中有少数个体的进食行为同其他个体并不一样，它们先要夸张地甩一下尾巴，然后才潜到水下追逐鱼群。

而9年以后科学家发现，鲸群中有更多的个体采用"甩尾巴"的方式了，特别是那些小逆戟鲸，它们似乎对这种方式情有独钟。因此人们认为，"吹气泡"和"甩尾巴"的流行来自于模仿。

声音部落

在温哥华岛附近的太平洋上也生活着一些逆戟鲸，它们遵循着两种截然不同的生存方式，好像分属于两种不同的文化模式。

研究表明，在这里生活的鲸群中，有一种鲸群中的成员是非常稳定的，它一般由10～25头逆戟鲸组成，多是亲缘关系较近的成年雌性，它们的食物很固定，主要是鲑鱼和其他鱼类。科学家对这种鲸群观察了20多年，他们并没有发现鲸群中的成员会离开集体跑到另一个群体中去。

与此相反，另一种群体则非常松散，它们大多只有3～6个成员，而且相互之间没有很近的亲缘关系。在这样的鲸群中，有些成员会偶尔跑出去，成为另一个群体的成员，在这种松散群体中生活的鲸更喜欢海豹及其他海洋哺乳动物。

在这些群体中，声音似乎是逆戟鲸们显示自己文化特征的重要方式，因为每个鲸群都有自己独特的"方言"。加拿大大不列颠哥伦比亚大学的动物学家福特和他的同事们在水下录下了那些逆戟鲸的叫声。科学家通过分析发现，一个单独的鲸群往往有 7～17 个不同的音节，每个成员的叫声都来自这些音节，而且这样的"方言"可以流传几个时代。

在研究中科学家还发现，有些鲸群使用一部分共同的音节，福特将这些鲸群称为一个"声音部落"。福特认为，"声音部落"并不导致鲸群间的融合，恰恰相反，这种现象更有可能是为了将自己和其他"声音部落"区分开来。根据这些科学家的理论，一个"声音部落"实际上是由几个亲缘关系较近的鲸群组成的，为了减少近亲繁殖，逆戟鲸通过声音识别它们的亲缘关系，这样可以避免与同一"声音部落"中的个体发生交配行为。

抹香鲸的叫声也显示了独特的"方言"，每一个鲸群能发出 3～12 种短暂的"喀哒"声，它们和邻近鲸群的叫声往往部分相似。科学家曾经记录下两头雌性抹香鲸不断修改各自叫声的过程，最后它们的叫声竟趋向一致了。研究人员认为，抹香鲸这样做是为了向对方表示友好。

多嘴的宽吻海豚

在鲸类动物中，最喜欢模仿声音的种类要数海豚了。科学家认为，海豚之所以要这样做是因为水下视野模糊而狭窄，相互之间需要用声音确定身份，以表示友好和警告，它们的声音一般都可以传得很远。

动物学家杰莱克使用水下麦克风记录下了活动在苏格兰沿岸的宽吻海豚的叫声。在 7 天的时间里，杰莱克共录下了 39 次海豚的呼应，那些海豚经常有 10 头或者更多。杰莱克说，他们的调查表明，宽吻海豚非常善于模仿，它们呼应式的叫声显示出它们是很喜欢交流的动物。接受训练的海豚非常愿意学习新规则，它们还可以理解一些抽象的概念，甚至人类的语言。

但是，海豚是否传授它们的行为呢？例如一头宽吻海豚是否会教另一头宽吻海豚如何发声呢？人们现在依然不得而知，没有任何证据表明它们那样做了。然而，有些动物学家不赞成鲸类动物拥有文化的说法，他们甚至也不认为黑猩猩是拥有文化行为的物种。看来要彻底解开鲸类动物是否存在文化的谜团还需要一段相当长的时间。

13. 舍身取义——鲸鱼自杀之谜

近些年来，有关鲸鱼、海豚冲上海滩自杀的事件不断见诸于新闻媒体的报道中。它们为何会神秘地死亡？各国科学家通过大量考察和研究，提出了种种推断和解释。各种说法虽都有一定道理，但孰是孰非尚无定论。

鲨鱼围剿说——几年前一条鲸鱼冲上澳大利亚海滩丧命。该国学者推断，利用近海礁石丛生的地形躲避鲨鱼群围剿的鲸鱼，慌不择路之际冲上沙滩，从而搁浅身亡。

噪声影响说——美国科学家发现一系列鲸鱼集体自杀事件与海军演习等有关。据此认为，海军演习或繁忙航运发出的噪声严重干扰了鲸鱼的回波定位系统的辨向功能，使之迷失方向，从而酿成集体搁浅的悲剧。

小虫影响说——英国科学家解剖自杀鲸鱼尸体时发现，其耳朵中都有一种身长仅 2.5 厘米、生活于污染海水中的小虫。据此认为小虫使鲸鱼的回波定位系统发生紊乱而到海滩上。

地磁场异常影响说——阿根廷学者对发生于 1997 年 8 月底马尔维纳斯群岛海岸约 300 头鲸鱼集体自杀事件分析研究后认为，当时太阳黑子的强烈活动引起地磁场异常而发生的"地磁暴"，破坏了正在洄游的鲸鱼的回波定位系统，从而使之走上"绝路"。而美国一位地质生物学家则发现，鲸鱼自杀的地点大多在地磁场较弱的地区。他认为，鲸鱼通常是顺着地磁场的磁力线方向游动的，而进入地磁场异常区的鲸鱼往往还未反应过来就搁浅到岸上。

病毒侵袭说——鲸鱼、海豚通常以家庭为单位过着群居生活，通过竞争取得首领地位的领头鲸（或豚）在这个家庭中可终生享有无穷的权威。当某种病毒侵入海洋水族中引起一种类似于人类早老性痴呆症的疾病时，一群忠实的追随者跟着已患病而迷失方向的傻头领在海洋中乱游，一不小心就冲上海滩，集体丧生。解释虽合情合理，可究竟是什么病毒谁也说不清。

神经中毒说——日本学者岩田久人不久前在海豚尸体中检测到高浓度的迄今为止溶于海洋水体中毒性最大的物质——三丁基锡、三苯基锡等有机锡毒物，大脑中的含量尤为高。他认为这些毒物来自于航海公司为阻止贝类、藻类等小生物在船底寄居，而每年在船底涂刷的大量有机锡涂料。喜欢沿着船舶航线游戏追闹的鲸鱼或海豚，首当其冲地受到溶于水中的有机锡涂料毒害后，其神经系统和内脏受到严重损伤，辨向功能遭摧毁，从而搁浅身亡。解释虽有根有据，但仍有人提出了种种异议。美国罗哈斯公司船舶防垢剂研究小组的科学家们已成功研制并生产了一种对环境绝对安全的涂料——"海洋"，用来代替有机锡涂料，这或许可减少鲸鱼和海豚自杀事件的发生。

慧星影响说——我国有学者在查阅了我国古代大量丰富的史料后，发现早在汉代古人就观察到了鲸鱼非正常死亡这一现象，还认为与太空中的慧星活动密切相关，并形诸文字流传下来。例如，《淮南子》中两次提到"鲸鱼死而慧星出"；书中卷三的《天文训》载："物类相动，本标相应。或阳燧见日，则燃而放火；方诸见月，则津而为水。虎啸而谷风至龙举而景云属，麒麟斗而日月食，鲸鱼死而慧星出……"；卷六的《览冥训》中也有类似记载。现代天文科学研究证实，近几年正是慧星最为活跃的时期。1993年8月，运行周期为130年并引发英仙座流星雨的斯威夫特—塔特尔慧星掠过地球；1994年7月17~23日，苏梅克—列维9号慧星与太阳系八大行星中的"老大哥"——木星发生千载难逢的大碰撞；1996年3月，一颗明亮庞大、慧尾分叉且长达1.8亿千米的长周期（几千至几万年，尚无定论）——慧星百武慧星光临地球，轰动全球；1997年3月9日我国境内发生日全食，与此同时，一颗本世纪最亮、运行周期长达4 000多年的"世纪慧星"——海尔—波普慧星于3、4月间掠过地球，许多人有幸目睹了这一千载难逢的日食慧星同时出现的天文奇现。此后不久的6月4日，北京天文台又发现一颗被命名为"兴隆慧星"的暗弱慧星；1998年11月，远行周期为33年并引发了轰动一时的狮子座流星雨的坦普尔—塔特尔慧星又一次从地球旁边经过。而在这一时期，世界各地鲸鱼非正常死亡的现象也频频发生。难道这仅仅是一种巧合？根据古人的观察解释和现代科学的研究，鲸鱼死亡与慧星活动二者间似乎存在某种内在而微妙的联系。那么，其内在机理又是什么？这很值得我们深入探讨和认真研究。

14. 科学释疑——揭开海洋哺乳动物潜水之谜

人在水底最多能停留几分钟，即使是训练有素的游泳健将也需要频繁地呼吸空气。人类大脑需要源源不断的氧气，运动时更是如此。比人类相比，生活在南极威德尔海的海豹则不同。海面覆盖着一层厚厚的海冰，下面超低的氧气浓度可以将人快速致死，而在其中生活的海豹却怡然自乐。这些动物屏气长达90分钟时也能保持活跃和敏锐。那么，它们究竟有什么秘密武器呢？

《科学日报》报道，在加州大学的生态学、生物进化学教授特瑞·威廉斯的指导下，莎塔·克茹滋研究员的研究为大家揭开了谜底——这归功于一种称为"球蛋白"的蛋白质。据研究，已知有16种哺乳动物大脑皮层含有球蛋白，主要起运载氧气的功能。诸如海豚、鲸和水獭等动物体内的球蛋白含量高于一般动物，在供氧不足的情况下可保护脑。威廉斯教授介绍道："事实上，不同物种的球蛋白数量差异相当大，有些物种比其他物种的球蛋白数量高出3~10倍。这些物种可以帮助我们找到哺乳动物脑球蛋白的保护机理。"

威廉斯对他们的研究抱有重望，期望从中探究人类中风和老化现象。高水平的球蛋白究竟是与生俱来还是由后天的行为和环境促成？虽然答案目前尚未明晰，但是可以确定动物体内球蛋白的含量是后天可以改变的。她相信一旦找到人类脑中球蛋白的激活方式，由疾病、老化等导致的脑损伤必将能化解到最小化。

　　我们通过比较研究发现哺乳动物似乎具备增加球蛋白的特殊能力。人能具备这种能力吗？人能通过脑的再造来改善生存吗？答案尚且未知，但是问题值得深入研究。

　　其实，对于海洋哺乳动物的这项的特殊能力，科学们的探索由来已久。常见的解释是经过进化它们已经具备较强的生理适应能力以促进氧气传导至脑，例如较高的毛细血管密度和血液流均有助于此。可是近来威廉斯的团队以及其他学者的研究推翻了以上理论，因为如果仅仅源于生理适应，水下短短几分钟仍然可使血氧水平垂直下降。所以海洋哺乳动物在低氧时如何保护重要器官仍旧是谜。

　　一些未知因素似乎在起作用。威廉斯将目光转向了 2000 年新发现的球蛋白——神经球蛋白和细胞球蛋白。这两种球蛋白存在于脑组织，区别于血液循环系统中起类似作用的含铁蛋白质混合物——血红蛋白和仅在肌肉组织中传递氧气的分子化合物——肌血球素。

　　科学家们仍在探索这些脑球蛋白的物理化学性质。威廉斯解释道，迄今的证据证明细胞球蛋白在氧浓度极低时也能有效的将氧从血液转移至脑中，另一方面，神经球蛋白似乎可以阻止化学性质活泼的氧合成破坏性的自由基，所以两种球蛋白的合作可保持脑在供养不足时的正常机能。

　　为了验证以上假设，威廉斯组成了一支由分子生物学家、生物化学家和兽医组成的研究团队开展研究，他们想知道脑中的球蛋白种类和量是否与各种野生哺乳动物的行动类型相关联。他们通过国家的动物控制项目或者死于高速公路、渔场副产物、搁浅等方式，共收集了 14 种陆地哺乳动物和 23 种海洋哺乳动物的脑组织。专家们检测了所有样本大脑皮层中的血色素和常住球蛋白——神经球蛋白和细胞球蛋白。合作研究者、来自加利福尼亚大学圣迪戈分校的化学和生物化学专家大卫·克里格教授在实验室里采用了分光光度技术来测量这些动物临死时脑中微量球蛋白的种类和数量。

　　研究结果显示陆地、游泳和潜水三类动物体内的球蛋白水平具有显著差异。和陆地哺乳动物相比，海洋哺乳动物的血色素含量更高，脑组织由于含铁量较丰富使得颜色也更深。不过研究结果并不完全如预想：在浅海较活跃的海豚、海狮和海獭神经球蛋白量高于深海中的鲸。他们还发现三只山猫脑内的球蛋白高含量惊人，不同于狐狸、山狗等狗科动物。威廉斯对此的解释是：可能是因为像疾跑一样的剧烈活动和摒气潜水一样都能刺激球蛋白。

　　加利福尼亚大学圣迪戈分校讲授分子、细胞和发生生物学的讲师苒婉妮认为虽然谜底还没有最终揭晓，但是已经迈出了第一步。她通过基因表达分析法对测量脑组织中球蛋白种类和含量的技术进行了改进，由此证实不同物种之间确实存在差异。她补充道："这项生物研究十分复杂，不可能即刻得出结论，不过从技术上来讲十分简单易懂。眼下问题的关键是收集足够多的优质野生动物脑组织。"

随着项目的推进，研究内容可能扩展到球蛋白与长寿之间的关系。大头鲸可以活到211岁，它们是怎样保护脑的？它们是否同样会遭受中风的折磨？威廉斯对此十分关注。她说："它们可能已经解决了脑老化问题。神经球蛋白为我们进一步的探索打开了一扇窗。"

15. "魔鬼浮块"——纳米比亚鱼类集体自杀之谜

在非洲南部纳米比亚的沿海地区，游人们有时会看见一种奇特的自然景观，那就是无数条海鱼，突然会纷纷跳到岸上，集体自杀。每隔几年，这种悲剧性的场面就要上演一次，上百万条海鱼争先恐后地跳上岸边，堆出高达半米、长达几公里的鱼墙。

纳米比亚海域的面积约为20万平方公里，是世界上四个最重要的幼鱼产地之一。这种鱼类集体自杀的现象主要发生在夏季，此时正是北半球的冬季，北半球的鱼类一部分迁徙到这里来产卵。自杀事件严重威胁着沙丁鱼、无须鳕鱼、鲭鱼等海鱼的繁殖。纳米比亚沿海还是海豹的重要栖息地，鱼类的大量死亡也严重干扰了海豹的生存环境。纳米比亚的沿海渔业资源丰富，盛产鲱鱼、沙丁鱼、鲭鱼、鳕鱼、龙虾、蟹等，98%的鱼产品供出口。纳米比亚政府确定了200海里（约370公里）的专属经济区，实行渔业许可证制度，严格控制捕鱼数额，每年捕捞量约60万吨。然而，近30年来，纳米比亚的鱼群数量还是大幅度减少。这就是由于鱼类集体自杀引起的。

鲸类集体自杀的事件经常发生，但鱼类的集体自杀很少听说。纳米比亚鱼类为什么要集体自杀呢？这一现象一度困惑着鱼类学家。按理说，非洲的工业不发达，因此非洲海域的污染相对较小，这些鱼类不应该是因污染而自杀。最近，科学家揭开了这个谜底，这些鱼类生活的纳米比亚海域充满了致命的毒气——硫化氢，它们因受不了毒气的熏染而跳出水面自杀了。

纳米比亚的海水中分布着大大小小的毒气团，它是由溶解在水中的硫化氢构成的。毒气分布的海域大约有150公里长，几十公里宽。为了躲避毒气，海中的鱼类，宁愿上岸自尽，也不愿意在毒气中身亡。在远洋海域，成年鱼类往往还有机会逃之夭夭，但是它们所产的卵和那些小鱼难于幸免。有的研究人员曾经认为，硫化氢只出现在海底的沉积层中。最近有科学家发现，硫化氢也可以在水中生成。

这一海域为什么会有大量的硫化氢呢？科学家最近观察到的一团毒气有几十米厚，说明它是由浮游在水中的产硫细菌组成的，这类细菌也出现在其他水域中，硫化氢就是这类产硫细菌的代谢产物。另外一种硫化细菌，是以海底沉积层中有机物腐烂时生成的硫化氢为养料的，它们在纳米比亚海域的海底，构成一片片几厘米厚的垫子。这些海底硫化细菌非常大，来至于人们用肉眼就可以辨别出来。这些硫化细菌垫子的作用如同一个硫化氢转换器的开关，为了降解产硫细菌产生的硫化氢，它们需要硝酸盐。假如硫化细菌垫子周围的海水中不再含有硝酸盐，它们就会让那些有毒性的硫化氢气体穿过。随后，这些硫化氢就会聚集在垫子的上方，构成几米厚的气层。

一旦这些大型硫化细菌的气化作用发生故障，就会有整块整块的沉积层剥裂，浮向海水表面。大约每隔50年，在纳米比亚海域，人们就可以观察到这些类似于浮冰一样的东西在海上漂游。这些漂浮的沉积层会携带着一团硫化氢毒气前进，所到之处会杀死它周围的所有海洋动物，因此它们被研究人员称作"魔鬼浮块"。

最近这次考察活动获得的结果将会为渔业政策带来重要的启示。假如科学家可以准确预告毒气团出现的时间，那人们还可以在此之前大规模地捕鱼，因为这些鱼反正将是死路一条。毒气团现象过去之后，又可以颁布保护措施，使得被削弱的鱼群数量能够得以恢复。然而，据研究人员告知，迄今为止，他们还没有掌握准确的数据来说服政府对某地区的捕鱼业进行全面解禁。

16. 珍稀淡水鱼——宝石鲈

宝石鲈，又名宝石鱼、宝石斑，是近两年我国由澳大利亚引进的可以人工养殖的优良品种。

试养证明，宝石鲈具有生长快、食性杂、耐低氧、适应性强和抗病能力强等优点，可在室内水泥池高密度养殖、室外池塘单养、水库网箱养殖。它与罗非鱼、彩虹鲷和淡水白鲳等对温度要求很相似，属喜温性鱼类，不耐低温，但其肉质、营养价值和市场效益远远高于上述鱼类。宝石鲈头尾的比例小，肌肉丰厚，无肌间刺，肉白细嫩，经测定，含有18种氨基酸，其中有4种香味氨基酸，故具味道鲜美，无腥味、异味，营养及口感是鳜鱼等当今名贵鱼类也无法比拟的。

宝石鲈体呈纺锤形，体厚而扁圆，头小、口端位，头后背拱起，腹部大而浑圆，鱼体的两侧或一侧有1~2个甚至多个黑色晶莹的椭圆形斑块及零星分布的小斑块，形似镶嵌在鱼体上的美丽宝石，因而得名"宝石鲈"。宝石鲈体披栉鳞，尾鳍短而宽，微凹。其生性好动，游泳迅速，喜生活栖息于水体的中上层。在自然条件下，以小鱼、小虾为食，并喜食小蚯蚓、红线虫、面包虫等较大的活饵料。在人工养殖条件下，可投喂配合颗粒饲料，有明显的集群抢食习性，经1

周左右的驯化，鱼听到敲击声或泼水声等信号，均会不约而同地前来觅食。幼鱼及成鱼可投饲不同粒径的颗粒饵料，投饵量根据水温、鱼体重量及鱼摄食情况而定。

宝石鲈生存水温为 10℃ ~ 38℃，最佳生长温度为 21℃ ~ 28℃，水温降至 17℃ ~ 18℃ 时摄食强度减弱，10℃ ~ 15℃ 时行动迟缓或静止于水的中下层。宝石鲈对溶氧要求不高，自然水域要求溶氧在 2.5 毫克/升以上，工厂化集约式养殖要求在 3.5 毫克/升以上，在 pH 值 5.5 ~ 8.5 范围内均可正常生长。苗种经三年培育饲养，体重达 1 000 克，可达性成熟，水温达 20℃ 以上，经人工注射催产剂，如鲤鲫鱼脑垂体、释放激素类似物或绒毛膜促性腺激素，即可产卵。孵化中要求水中溶氧不低于 6 毫克/升。长期在工厂化室内养殖的宝石鲈，刚移到室外池塘养殖时，忌强光照射，要进行必要的遮阴。宝石鲈对硫酸铜、硫酸亚铁十分敏感，因此在用药时要注意。

凡有工厂余热、地下热水和温泉水等资源的地区均可用来生产和育苗保种，特别是现有养殖罗非鱼的水资源及设施条件的鱼场，可以不加改造或稍加改造，用来养殖宝石鲈。在室外，当水温上升至 20℃ 时，投放尾重 100 克左右的鱼种，放养密度合理，精心投喂配方合理的颗粒饵料，一般经 4 ~ 5 个月的饲养，至 10 月上旬就可达到 500 克/尾的商品鱼标准，其养殖效益是常规鱼类的 3 ~ 5 倍。

17. 意外收获——澎湖渔民捞获百万年前脊椎动物化石

台湾澎湖湖西村龙门一渔民最近在附近海域作业时，意外捞起许多鹿、水牛等脊椎动物化石。据澎湖群岛动物化石专集记载，脊椎动物部分属于晚更新世，距今约百万年，但详细种类与年代仍需专家进一步鉴定。

根据地质学家考证，澎湖群岛至少经过五次火山活动期：第一期为望安玄武岩喷出期，距今约 1 600 多万年前；第二期为西屿与桶盘玄武岩喷出期，距今约 1 400 多万年前；第三期为马公、目斗、鸟屿、虎井及东吉玄武岩喷出期，约为 1 200 万年 ~ 1 300 万年前；第四期为西屿、马公、桶盘屿、七美、西吉、东吉屿玄武岩喷出期，距今约 1 000 万年 ~ 1 100 万年前；第五期为西屿、西吉、七美及东屿坪玄武岩喷发期，距今约 820 万年 ~ 970 万年。

由于五次火山活动期，澎湖群岛地层分为千枚类、花屿群、渔翁岛群、赭土层、小门屿层、湖西层及现代海滨沉积层。其中脊椎动物的标本，多由渔船捞获，属于晚更新世，而无脊椎动物化石，则属于上部上新世。由于同样的脊椎动物化石大量产于澎湖海沟及邻近各海域，引起考古学家的注意，推论可能属于同时期的动物群，活跃于近代海退的极期，直至末期海进才灭亡。

另外，由于渔民出海捕鱼，对于捕捞到的遗骸或尸体依照习俗都不能任意丢弃在海上，必须携回膜拜，因此澎湖早期许多万应庙，都有大批的海底动物化石，部分则被对此感兴趣的人或古董商收购，近年澎湖一带已少见大批动物化石。这次该渔民的发现，再次印证澎湖海沟还拥有许多动物化石。

18.　"带伞杀手"——海洋水母

水母是一种非常漂亮的水生动物。它虽然没有脊椎，但身体却非常庞大，主要靠水的浮力支撑巨大的身体。

水母身体外形像一把透明伞，伞状体直径有大有小，大水母的伞状体直径可达2米。从伞状体边缘长出一些须状条带，这种条带叫触手，触手有的可长达20~30米，相当于一条大鲸的长度。浮动在水中的水母，向四周伸出长长的触手，有些水母的伞状体还带有各色花纹。在蓝色的海洋里，这些游动着的色彩各异的水母显得十分美丽。

水母的出现比恐龙还早，可追溯到6.5亿年前。目前世界上已发现的水母约200种，我国常见的约有8种，即海月水母、白色霞水母、海蜇、口冠海蜇等。

水母的触手上布满刺细胞，像粘在触手上的一颗颗小豆。这种刺细胞能射出有毒的丝，当遇到"敌人"或猎物时，就会射出毒丝，把"敌人"吓跑或将其毒死。水母触手中间的细柄上有一个小球，里面有一粒小小的"听石"，这是水母的"耳朵"。科学家们曾经模拟水母的声波发送器官做实验，结果发现能在海洋风暴到来15小时之前测知它的信息。

别看水母在水里非常美丽、自在，可是没有水它就无法生存。水母身体含水量达98%，它进食、消化、排泄都必须在水中才能完成。没有水，水母的身体就会变小和变得很难看。水母比眼镜蛇更危险。几年前，美国《世界野生生物》杂志综合各国学者的意见，列举了全球最毒的10种动物，名列榜首的是生活在海洋中的箱水母。箱水母又叫海黄蜂，属腔肠动物，主要生活在澳大利亚东北沿海水域。成年的箱水母，有足球那么大，蘑菇状，近乎透明。一个成年的箱水母，触须上有几十亿个毒囊和毒针，足够用来杀死20个人，毒性之大可见一斑。它的毒液主要损害的是心脏，当箱水母的毒液侵入人的心脏时，会破坏肌体细胞跳动节奏的一致性，从而使心脏不能正常供血，导致人迅速死亡。

最大的水母是分布在大西洋西北部海域的北极大水母。1870年，一只北极大水母被冲进美国马萨诸塞海湾，它的伞状体直径为2.28米，触手长达36.5米。而最小的水母全长只有12毫米。

栉水母在海中游动时，会发出蓝色的光，发光时栉水母就变成了一个光彩夺目的彩球；当它游动的时候，光带随波摇曳，非常优美。目前新加坡的生物学家正在进行一种实验，把水母身上的发光基因移植到其他鱼类的体内。

威猛而致命的水母也有天敌。一种海龟就可以在水母的群体中自由穿梭，并且能轻而易举地用嘴扯断它们的触手，使它们只能上下翻滚，最后失去抵抗能力，成为海龟的一顿"美餐"。

19. 定位追踪——破译红海龟迁徙之谜

看似慢吞吞的红海龟，在海洋中却能每月遨游上万米，堪称动物王国的马拉松冠军。然而，红海龟的惊人之举一直以来都是个谜。直到本月 23 日，英国科学家发表了一份最新研究报告，才揭开了谜底。

一个国际研究小组历时两年一直在利用卫星定位系统对 10 只红海龟进行跟踪调查。研究人员将卫星信号装置绑在海龟龟壳上，这样每当它们浮出海面，卫星便能确定它们所在方位。迄今为止，这些海龟的活动范围已覆盖 51.8 万平方公里之广的海域。

以前的研究认为，新孵化出的海龟去大海深处觅食。直到 30 岁左右成年后，红海龟才会从海洋深处迁回海岸出生地。研究小组却发现，许多海龟成年后仍在外海逗留。

"这意味着外海繁衍的海龟数量比我们之前预料的多得多，它们因此也更容易受到附近海域大型捕鱼活动的威胁。"研究小组负责人布伦丹·戈德利解释说。

20. 鲨鱼克星——红海豹鳎

鲨鱼是海洋里的"魔王"。当它追逐鱼群时，能一下子吞掉几十条小鱼，就连鲸这类海洋中的庞然大物也难以逃生。特别是臭名昭著的噬人鲨，不仅捕食头足类动物、较大的鱼类、海豚和海豹，而且还有袭击渔船和吃人的记录，因而得了一个"噬人鲨"的恶名，令人不寒而栗。然而，这个海洋里的"凶神恶煞"，却不得不屈服于比目鱼中的豹鳎。

美国著名生物学家、人称"鲨鱼女士"的尤金妮娅·克拉克，在 1964—1975 年间，对红海进行了一系列考察，详细研究了这种令鲨鱼望而生畏的红海鱼。这种鱼学名叫豹鳎。身上长满像豹子一样的斑点，是比目鱼家族的一种，以色列人称之为"摩西鳎"。

克拉克女士说，当一条鲨鱼游近一条被拴住的比目鱼时，它张大长满利齿的大嘴，一口咬住战利品。谁知，鲨鱼却痉挛般地闪到了一边，双眼紧闭，下巴张得很大，像冻僵了似的，再也合不拢了。紧接着，这条鲨鱼疯狂地摇摆着头，在水中痛苦地跳跃着，转着圈，不顾一切地四处狂奔，直到合上嘴巴，才安静下来。

据传说，当年的先知摩西把红海海水分开，让以色列人逃脱了埃及人的追赶。恰巧有一条小鱼正在其中，一下子把这条鱼分为两半，变为两条比目鱼。这种身体扁平的鱼，生活在红海东北部的亚喀巴湾，平时总是悠闲地躺在海底，用身上那沙岩一样的颜色和黑点隐藏起来，而谁会料到它竟然是鲨鱼的"克星"呢？

经过解剖发现，豹鳎共有 240 个毒腺，这些毒腺分布在它的背鳍和臀鳍基部，每个腺体都有一个小开口，乳状的毒液就从这里分泌出来。一旦受到威胁，豹鳎能在敌人咬它之前，迅速分泌出致命的毒液来。这种乳状毒液四处散发，形成 10 多厘米厚的防护圈，环绕于身体周围，毒液的效果可以维持 28 小时以上。科学家还发现，这种毒液即使稀释 5 000 倍，也足以使软体动物、海胆、海星和小鱼在几分钟内死亡。把 0.2 毫升的毒液注射到老鼠体内，老鼠先是痛苦地抽搐着，两分钟后，就会一命呜呼。

美国生物学家曾把一条豹鳎，放进养有两条长鳍真鲨的水池中，试验豹鳎的防鲨性能。一条鲨鱼立即猛冲过来，张开血盆大口去咬豹鳎。突然，它使劲地摇着头，扭动着身体，样子痛苦万分。原来，鲨鱼被豹鳎分泌的乳白色毒液麻痹了，张着大嘴无法闭上。

尽管鲨鱼凶猛无比，但对这种红海豹鳎也只能望而却步。

1953 年夏季，一个名叫琼斯的澳大利亚潜水员，去测试一种新式潜水服性能。当他潜入大海深处时，一条 5 米多长的大鲨鱼发现了他，并在离他 5 米左右的地方不停地游动。

为摆脱大鲨鱼的跟踪，琼斯决定向深海潜去，那条鲨鱼也跟了过来。就在这危急时刻，从一条黑暗的海沟里，突然钻出来一个巨型灰黑色圆形动物。琼斯借助潜水灯光看见，那是一个身体扁平的庞大怪物。鳍、眼、嘴一应俱全，就像一块光滑的平板，摇摇晃晃地从海底浮上来。它大得出奇，看上去比世界上最大的蓝鲸还要大得多。琼斯从未见过如此巨大的动物，吓得目瞪口呆，不敢动弹。而素有"海中恶魔"之称的大鲨鱼一见到它，也立刻吓呆了，停在水中一动也不敢动，似乎全身都变得麻木起来。那个大怪物游过来，轻轻一蹭大鲨鱼的表皮，大鲨鱼就立刻痉挛起来，完全失去抵抗能力，被大怪物一口吞掉。吃掉鲨鱼后，大怪物又若无其事地摇晃着肥大的身躯，沉到海底深渊去了。

幸运的琼斯没有被那巨大的圆形动物吃掉，他赶快浮出水面，登船逃离了这片海域。海洋科学家闻讯后曾多方考察，均无所获。这个吞吃鲨鱼的深海怪物究竟是何物，至今仍是一个谜。

21. 颇有渊源——鲨鱼和人类拥有共同祖先之谜

新加坡科学家发现，大约 4.5 亿年前，鲨鱼和人类拥有共同的祖先，这也使得鲨鱼成为我们的远方亲戚。研究人员称，这种亲属关系在人类 DNA 上找到了证据，至少一种鲨鱼拥有多个几乎与人类基因完全相同的基因。象鲨的基因组同人类的非常相似，从遗传学上讲，我们同象鲨比其他物种（如多骨鱼）拥有更多共同点。多骨鱼在进化树上距离人类的位置较近。研究人员说，这无疑是令人吃惊的发现，因为多骨鱼和人类的关系要比象鲨同人类的关系更为紧密。

研究小组发现，象鲨和人类基因组上的多套染色体基因和真实的基因序列非常相似。研究人员不仅分析了象鲨的基因组，还分析了包括小鸡、老鼠和狗等动物的基因。他们在人体上发现了同老鼠、狗和象鲨基因很相像的 154 个基因。科学家早已料到人类同老鼠和狗的基因相似性，因为它们都是哺乳动物。但鲨鱼属于软骨鱼纲类动物，这种鱼类似乎同哺乳动物在生理上并不存在相似之处。研究人员经过更为细致的检查，发现鲨鱼和人类确实拥有某些生理和生物化学共同点，其中就包括性。

研究人员说："象鲨、其他种类的鲨鱼及人类的共同特点是，受精过程均在体内完成，而硬骨鱼的受精过程则在体外进行。"象鲨和人类之间许多相似基因都涉及精子生成。象鲨和人类所产生的精子似乎在末端拥有能够与雌性卵子结合的感受器，多骨鱼则没有这样的感受器。它们的精子通过一个称为卵膜孔的小孔进入卵子，鲨鱼和人类没有卵膜孔。

研究人员同时发现，由于鲨鱼身上具有所有四种存在于哺乳动物身上的白细胞，二者的免疫系统非常相似。他们认为，未来有关象鲨基因组的研究，也许能揭示诸如免疫系统如何发育等涉及人类基因的信息。象鲨基因组相对而言不大，研究起来也相对容易。由于鲨鱼是现存最古老的有颚脊椎动物，针对鲨鱼的研究甚至可能揭开人类和其他哺乳动物进化之谜。

22. 结构独特——贝加尔湖深水鱼的视觉奥秘

动物大脑感受视觉的一个前提，就是必须有光源直射或物体反射的光线作用于眼球的视网膜。俄罗斯专家发现，终日生活在昏暗的深水鱼之所以能保持一定的视觉，得益于其独特的视网膜结构。

俄罗斯科学家说，普通鱼类的视网膜中含有视锥细胞和视杆细胞。视锥细胞适于感受正常强度的可见光和分辨颜色，视杆细胞对弱光反应敏感。研究所的科研人员对贝加尔湖的深水鱼进行了长期考察。贝加尔湖位于俄东西伯利亚南部，水深可达 1 620 米。

科研人员发现，生活在不同深度水域的贝加尔湖鱼类，其视网膜结构各不相同。生活在距水面 100 米以内的鱼类，其视网膜中含有很多视锥细胞。因而，它们能够敏锐地感受射入水中的可见光。

水深在 100～1 000 米之间的鱼类，其视网膜结构会向两种不同方向发展。随着水深的增加，一类鱼的视锥细胞会逐渐减少，而视杆细胞则相应地增生。这样，它们就能在水深 400 米以下的昏暗水域中，辨别物体的轮廓和方向。另一类鱼则有选择地舍弃了部分视锥细胞，保留下了能感受波长较短、穿透性较强的蓝光的视锥细胞，而且其体积比正常的视锥细胞大 1～2 倍。这样的视网膜结构可使鱼最大限度地分辨色彩。

生活在水深 1 600 米上下的鱼类完全没有视锥细胞，其整个视网膜都充满了视杆细胞。白天，它们潜伏在深水里。夜晚，它们便游到表层湖水中，尽可能地利用微弱光线捕食浮游生物。这样，它们也能使自己保持一定的视觉。

俄罗斯专家认为，上述发现使科研人员进一步了解了深水鱼的生理特点和生活习性。这些收获对于研究深海鱼类的海洋生物学家，具有十分重要的参考价值。

23. 耐寒耐饿——神奇的极地冰虫之谜

据报道，美国生物学家将联合美国宇航局和《国家地理杂志》投入巨资研究极地冰虫，希望据此在探索外星生命的旅程上迈出一大步。

耐寒又耐饿的小黑线

极地冰虫是少数活跃在极地低温下的生物之一，它们被生物学家称为：最小的无脊椎动物，冰封大地中最活跃的生物。极地冰虫生活在终年积雪的冰川地带。如在美国的阿拉斯加靠近极地的冰川区都可以发现它们的身影。它们个头非常小，在雪地里就像一丝细细的小黑线。

科学家认为，它们可能是世界上最不怕冷的动物。在冰川地区刺骨的寒温下，其他动物几乎被冻成冰棒，甚至连细胞都冻得"咯咯"作响。然而，这种低温对于极地冰虫来说却是最舒适的生活环境。科学家发现，冰虫的细胞膜和细胞酶在低温下可以正常新陈代谢，细胞膜保持固有的弹性。

冰虫不仅抗冻还耐饿。科学家曾把几只冰虫放在冰箱里研究。两年过去了，不吃不喝的冰虫在冷藏室里依然顽强地生存着。

但冰虫也有致命的缺点——怕热。冰虫抵御高温的能力异常脆弱，只要温度高于4℃，冰虫细胞膜就溶化，细胞内的酶也化成一堆干草模样的黏稠物。

穿冰之谜

围绕冰虫的众多难解之谜中，最令人匪夷所思的是冰虫可以在固体冰块中自由穿行。谁也不知道它们是怎么破冰而出的。有的科学家说，冰虫可能顺着冰中的缝隙钻出冰面；还有的人猜测冰虫有破冰术。

一些生物学家猜想，冰虫体内可能含有化冰物质。每当它们穿冰而行时，体内细胞释放出能量，把周围的冰块融化，形成一条通道，就像是"滚烫的刀子切化了黄油"。

一名研究雪地动物的专家说，在众多雪地跳蚤、雪地线虫和雪地蜘蛛等动物中，冰虫是最神奇的动物。北极熊厚厚的皮毛使它与外界低温隔绝，自身又可以储存能量。南极鳕血液内有防冻剂，使它在冰天雪地中照常生活。然而浑身赤裸、微小的冰虫靠什么来保暖，甚至穿冰？有的生物学家认为，当温度下降时，冰虫体内马上制造能量，就像往油箱里加汽油。

藏身之谜

冰虫的生活方式也充满奥秘，它们总是生活在终年积雪的冰川地带，行踪隐秘。一到夏天，冰虫就大规模地破冰而出，出来搜寻食物。据寻找冰虫的研究者说，稍不留神就可能踩死上万只缠绕在一起的冰虫。

冰虫日落而出，日出而息。夏天太阳升起之前，冰虫纷纷躲回冰层，太阳落山后冰虫从洞穴中出来，搜寻海藻、花粉和其他可以消化的残渣作食物。所以它们的学名叫"solifugus"，即躲避太阳。

到了冬天，冰虫的聚集地大都大雪封山，没有海藻或者其他食物，它们就躲在地下，但至今为止，没有人知道冰虫是如何在地底下过冬的。一到冬天冰虫似乎绝迹，科学家怀疑它们躲在雪底冬眠。不过最近研究者发现，如果挖得足够深，在冬天也可能看见冰虫。美国两名生物学家曾多次到终年积雪的雷尼克山中挖冰虫，他们至今找到的冰虫都藏身在3米以下的地洞中。

揭开谜底就可能找到外星生命

冰虫被称为地球上唯一冻不死的生物，具有科学家理想中外星生命的特质。

科学家认为冰虫这种罕见的耐寒体质可以证明在外星球上也可能存在像冰虫一样的耐寒生物。

2005年，美国宇航局出资20万美元资助冰虫的研究项目。它认为冰虫能够在如此恶劣的环境中生活自若，本身就证明木星的冰球或者其他星球上可能也存在类似的外星生物。

美国《国家地理杂志》也注意到了冰虫，并资助研究者寻找冰虫。《国家地理杂志》认为，冰虫在器官移植方面的价值远比它所代表的外星生命更有现实意义。冰虫细胞能够在低温下保持正常新陈代谢，而移植的器官在冷藏过程中却消耗能量，快速萎缩。如果冰虫新陈代谢的秘密能够揭开，医生就可以用化学和药物使器官保存更长久。

1887年，美国西雅图著名摄影家柯蒂斯首次发现了冰虫，为它取名"雪鳗"，但那时很少有人关注。近年来全球变暖使极地动物濒临灭绝，冰虫才慢慢进入研究者的视线。研究人员说，冰虫现在是炙手可热，对于它的研究几乎空白，然而它却是如此奇妙。

24. "潜水高手"——探索海兽不患潜水病的秘密

不借助任何装置的潜水员，一般只能下潜到五六十米的深度，而且在水下逗留的时间，最多也就几十分钟。然而海兽就不同了，海兽的潜水本领比人类要高超许多。

生活在海洋中的各种海兽，因为其摄取食物不同，潜水深度是不同的。海豚以各种鱼类为食，它可下潜到100～300米的深度，时间可达4～5分钟。抹香鲸有食深海大王乌贼的习性，所以每当它发现爱吃的猎物，总是穷追不舍，最深能下潜到千米水深。

常识告诉我们，潜水越深，潜水者所受的水压就越大。如果海兽下潜到千米以下的海水深处，它所承受的压力达数百个大气压。那么，人们有理由提出这样的疑问，海兽为什么有如此之高的耐压性？海兽的身体组织究竟是如何适应水下的压力变化？这些问题是科学家多年来一直研究讨论的课题，因为这项研究有助于帮助人类潜入更深的水中。

生命离不开氧，海兽和鱼类一样，在海水中也不能离开氧气。但是，海兽和鱼不同，海兽因没有鳃，不能直接从海水中摄取氧。因此，为了潜水的需要，海兽下潜时体内必须储备所需的氧。这样海兽的体内储氧能力要比陆生兽类大得多。人们观察发现，斑海豹在潜水时，有时是呼气后潜水，有时又是吸气后潜水，这说明海豹在下潜中，肺内的储氧并不是主要的，而是通过血液来进行的。

因此，海兽的血液是它的"氧气仓库"。海兽除血液储氧外，肌肉也有较强的储氧作用。海兽肌肉中所含呼吸色素要比陆生兽类高出许多倍，储氧可占全身储气量的50%。由于海兽长时间潜水生活的需要，其身体结构已发生许多变化。例如，它们的胸部等处有许多特殊的血管网，静脉管里有许多活瓣，在短时间内积蓄大量血液。当需要潜水时，全身血管收缩，产生大量过剩血液。通过这种储存方式，减轻了心脏负担，填补了因肺气被压缩而形成的胸腔空间，提高其潜水适应性。

不仅如此，海兽既能迅速下潜，也能骤然上浮，在千米水深范围内，上上下下，而不会患潜水病。这是为什么呢？人们发现，鲸在潜水时，胸部会随外界压力的增加而收缩，肺也随之缩小，肺泡自然变厚，气体交换停止。这样氧气就不会溶解于血液中，鲸自然不会患潜水病了。人则不然，人在潜水时，仍需要不断补充空气，肺泡也不收缩，氧气必然会溶解到血液中去。

揭开海兽潜水之谜，对于人类开发海洋非常有益。但是，这方面的理论很不完善，特别是将海兽不患潜水病的生理机制，完全用于人类的潜水活动，则有较大的差距。人们期望着在不远的将来，也能和海兽一样随时潜入海水深处，不再为潜水病所困扰。

25. 深海浮游—— 探索海洋生物"雪"的奥秘

1973年的夏天，执行"美法联合大西洋中脊水下考察计划"的海洋科学家们，乘船来到大西洋维纳斯海山海域。科学家们准备利用"阿基米德"号深潜器，潜入海底，实地考察洋底断裂缝的实际情况。

"阿基米德"号深潜器在海洋学家们的操纵下，缓缓地潜入洋底。当深潜器下潜到2 500多米的深海时，科学家们透过观察窗，看到探照灯所照亮的水体中，有无数像陆地上雪花一样的东西，纷纷扬扬漂个不停。不时还有成串成串的雪片，从观察窗前掠过。有位海洋科学家虽然多次下潜，考察过不少大洋，但从来没想到大洋深处会有如此壮观的"雪"景。当时，潜水器中的科学家们并不了解这些"雪"片是什么，也弄不清楚为什么深海有如此美丽的"雪景"。于是开动机械臂，把海水中的"雪"收进取样器中。考察结束之后，人们把收集到的标本送到实验室进行分析研究。原来这些絮状物，并不是什么"雪"，而是浮游生物。科学家们把这种絮状漂浮物命名为浮游生物雪。

大西洋深处的浮游生物雪，引起许多海洋科学家的关注。之后，又有人下潜到深海中，考察研究浮游生物雪。通过对大量深海浮游生物雪的研究，发现形成"海雪"的物质，除浮游生物外，还有各种各样的悬浮着的颗粒，如生物尸体经过化学作用被分解成的碎屑，还有一些生物排泄的粪便等。同时，科学家们还发现，"海雪"奇景并不是到处都会发生的，它只发生在探照灯光照亮的区域内。也就是说，深海浮游生物如果没有灯光的作用，是无法产生深海"雪景"的美景的。

由于浮游生物雪多由浮游生物的絮状物、生物尸体碎屑及其粪便物组成，含有大量的养分，因此，它是深海鱼类及其他生物的理想食物。但是，要搞清深海浮游生物雪的形成机理，以及它在大洋深处的变化并不是一件容易的事情。因为海洋深处太黑暗了，海洋深处巨大的压力，阻碍了人们对它进一步的研究。可以这么说，人们对大洋深处的这一奇观，至今还只了解其现象，而它形成的奥秘，它在深海生态环境的奇特作用等，这些都还有待于进一步的探索和研究。

26. 物以类聚——探索深海生物种群生存的秘密

过去，人们普遍认为，在 200 米以下的海水中，阳光照射不到，漆黑一片，因此，不会有任何生物存在。但是，到了 20 世纪 60 年代，人们在对深海进行调查时，在 1 000 多米的水下，发现一些小型软体动物和甲壳动物。那时，人们对此并没有引起足够重视。到 70 年代后期，美国科学家在太平洋的东部加拉帕戈斯群岛附近海域进行水下考察时，意外地发现一些过去从未见过的动物。比如，发现了管栖蠕虫，这条蠕虫长 1.5 米，它无肠，无肚，也无口。他们还发现约 25 厘米长的蛤贝，以及不知名的形似蒲公英的管状水母等。

这些新发现，引起海洋生物学家和动物分类学家的兴趣，纷纷前去考察。研究人员发现，由于高温、高压的特殊环境，这些生物不仅不同于一般陆生动物，而且也不同于浅海动物。例如，一种被称为白蛤的动物，生活在海底裂缝和枕状溶岩之间的洼地中，完全是靠过滤细菌及其他微生物和有机物而生活。这与浅海中的双壳类软体动物是靠其黏液捕获食物有类似之处。不过，白蛤只生活在喷发高温海水的海底裂缝处，而在已停止活动的海底裂缝处，则堆满着白蛤的尸骸。在白蛤生活区的周围，还生活着属于须腕动物门的管栖蠕虫。这种动物是伴生在由自身分泌物所形成的管子里，它依靠伸出管外的血红色触须摄取食物，呼吸氧气。

那么，深海裂缝处大量生物群的食物是从哪里来的？人们提出这样的假设，大洋水面上的浮游植物在光合作用下，产生一种初级生产力。初级生产力的生物死亡和分解时，沉降到侮底，构成深海食物链的一部分。另外，海底断裂带裂缝口的热水带来部分食物，又构成一部分食物来源。第三部分食物来源，则是海底细菌利用硫化氢一类的化学物质合成的有机部分。这三部分的食物来源就构成了深海热液裂缝口动物群落的巨大食物链。这可能是深海生物新种得以大量繁殖的基本条件。这仅仅是一种推测，但是否真是如此，还需继续做深入的探索研究工作。实际上，科学家的工作并没到此为止。他们认为，深海生物新种的发现意义，远非这几点。它在探索生命起源方面可能具有更大的意义。因为这些菌落能在250℃的高温下生存繁殖，而且在几个小时内能增殖上百倍，真是令人吃惊。那么，在地球和宇宙之中，凡是具备了与深海断裂处相似的环境条件下都应该有生命存在？今天的海底裂缝处的生态环境，和地球形成之初古海洋的条件是否差不多呢？

27. 恐龙"乡邻"——寻访深海矛尾鱼

1987 年 1 月，著名的德国生态学家汉斯·弗里克深入科摩罗群岛，揭开了他一生研究中的精彩一幕。这是一片多活火山爆发区，奇妙而险峻，就像许许多多探索美国尼斯湖的怪物、热带丛林的恐龙或喜马拉雅山的雪人的英雄们那样，弗里克要在这里找到恐龙时代的"乡邻"——矛尾鱼。

矛尾鱼何物？它是空棘鱼类仅存的古生物鱼种，为现今地球上所有陆生动物群的祖先。弗里克历经艰险，终于如愿以偿，发现了这个"老祖宗"的老巢，借助于现代化小型潜水艇和海底望远境，一睹了活的矛尾鱼的风姿——圆乎乎的生灵，安静地躺在海底洞穴里。这就是矛尾鱼的家，一洞接一洞，蔚为壮观。弗里克一发不可收拾，每年都要多次光顾，拜访"老祖宗"。在 1991 年的探险中，他花费足够的时间进行了详细的探险观察，发现每个海底洞穴里足有 20 条矛尾鱼，亲密无间地生活着。到 1995 年他再次光顾时，惊奇地发现每个海底洞穴中仅有 14 条左右了。他随后考察了科摩罗群岛主岛——大科摩罗岛沿岸总共仅有 200 条左右。罪魁是谁呢？是当地渔民。渔民们为了在沿岸附近海域捕捉食用鱼类，常常误将矛尾鱼钩住。其实，矛尾鱼根本无法食用，它散发浓重的鱼油气味不仅令人倒胃，吃了还会引起胃病。迄今渔民们仅发现矛尾鱼唯一有用的东西是身上坚硬的鳞片，用以取代日常生活有用的砂纸。

矛尾鱼的鳍酷似爬虫纲肢体那样有序地移动，极善在沿海海底爬行。最有趣的是矛尾鱼的食。一是食量惊人的少，按一般鱼算，一头重量约 95 千克的鱼每昼夜至少要食几千克食料，而同样重量的矛尾鱼则每昼夜仅吃 10～20 克鱼肉就足够了。像矛尾鱼这样身体的新陈代谢如此缓慢的生物在世界上是绝无仅有的。二是矛尾鱼也是昼伏夜出的"夜猫子"。白天，它们像冻死的僵鱼一样安祥地躺在约 200 米深的海底洞穴里，据说是为了逃避鲨鱼的侵袭；一旦日落西山之时，它们便蠢蠢欲动，纷纷爬出海洞，寻找食物。矛尾鱼如何能在黑暗的海底觅食猎物的呢？弗里克研究发现，矛尾鱼可以沿着磁场灵敏地感受到磁场的微小变化。当小鱼等猎物途经鱼体附近时，周围磁场便发生变化，以迅雷不及掩耳之势冲向猎物，饱食一顿。平时，它们就出没于鱼儿经常活动的水域，停悬在海中的有利地势，守株待兔，有时也向上层海水中游动，活动一下身体。

真正捉到的第一条矛尾鱼是在东非沿海。1938年圣诞节前，渔民们乘"涅尼雷"号渔船出海，收获颇丰，尤其令他们兴奋不已的是捕捉到一条奇鱼。这条他们从未见到的怪鱼全身上的鱼鳍如穗，短脚似截，不知何物，姑且取名为"大海晰蝎"。这条怪鱼自在地躺在甲板上达4小时毫无异感，一渔民担心它会死掉，有意识地用手拉了一下，不料它愤怒地紧咬牙齿咯嚓作响，以示抗议，反而吓人一跳。"涅尼雷"号抵达南非东伦敦港，有心的船长特意将怪鱼送给博物馆研究人员马达约尼·拉蒂默女士，随后转送给鉴定鱼类专家詹姆斯·史密斯。见到这条极其珍贵的鱼种，史密斯简直不敢相信自己的眼睛，这不就是矛尾鱼吗！殊不知，这就是与恐龙同时代的幸存者，而科学界早已定论矛尾鱼在6500万年前绝种。捕获矛尾鱼的消息一经传出，全世界各大报刊纷纷报道，一时间热闹非凡。这一发现甚至引起了生物学家关于传统生物进化理论的大辩论。认为在生物界中的动物和植物会以不同的速度进化的，重要的是栖息环境，而海洋环境又比陆地环境更加稳定。因此，海洋生物进化速度缓慢。例如，海洋中的鲈鱼确证在最近500万年中无论在外观形态还是内部结构都没有任何变化。而正是在这个500万年历史长河里，地球上经历了古猿到人的划时代的进步。

令人不解的是，迄今尚未见到一条矛尾鱼的"孩子"——幼鱼。那么，矛尾鱼究竟是怎样繁衍子孙后代的呢？为了揭示这个秘密，弗里克特地将一个无线电发射机安装在一条温顺的雌性矛尾鱼身上，发现在这条雌鱼潜入700米深的海底后就无声无息地不动了。它究竟是在窝里分娩呢，还是有其他目的，尚不清楚。于是，弗里克只好再求助于造船公司，希望获得一艘超小型潜艇，以便能顺利潜入深海海底去看个究竟。此外，弗里克还有一个庞大的研究计划，深入海底现场拍摄矛尾鱼的生活片，以奉献给全球观众。如何在矛尾鱼生活的家门口——洞穴口附近恰当地安装一台海底超级电视摄像机，是当前弗里克设计的难题。

28."鱼尾神功"——海洋鱼类的神奇尾巴

靠尾巴游大海

在南海繁茂的海底藻林里，生活着一种珍奇的小动物，它利用那能弯卷的尾巴，紧紧地缠绕在海藻的茎枝上。从外貌上看，它的头部像马，肚皮向外鼓起，还有一条奇特的尾巴，能屈能伸，犹如大象的鼻子，灵活自如，这就叫海马，是一种海洋里的小鱼。它的游泳姿态十分优美，在水中游泳时，总是头朝上，尾朝下，挺着肚皮，做垂直运动。好像运动员进行竞走比赛呢！由于海马没有腹鳍和尾鳍，全靠背鳍及胸鳍的摆动，才能在水中沉浮，所以速度要比一般鱼类慢得多。海马生性懒惰，游一会儿，便要用尾巴卷缠在海藻茎枝上休息片刻，然后再游。更有趣的是，海马还能用弯钩般的尾巴倒挂在漂动着的海藻上，漫游大海哩！

没有尾巴也不能"飞翔"

在鱼类的花样表演中，最吸引人的节目，大概要数飞鱼的飞行表演了。

飞鱼所以能在海面上"飞翔"，全凭一双特别发达的胸鳍。但你可知道，如果没有尾巴的密切配合，它也是飞不起来的。请看飞鱼的起飞过程：准备"起飞"时，它首先将身体贴近水面，然后用宽大而坚硬的尾巴左右急剧摆动，使之产生一种强大的推动力，加速鱼体飞速前进，直到冲出水面，随着胸鳍像双翅一样张开，鱼体便自由地在海面上"滑翔"。同时，飞鱼的尾巴还能控制方向，它只要把身体的后半部浸入水中，并用尾巴竭力击水，即可向左或向右改变方向了。

像"魔棍"般的尾巴

长尾鲨是海洋里臭名昭著的"鱼老虎"。它性情凶猛、贪食，喜食各种鱼类，甚至攻击落水人体。它有一条长得出奇的尾巴，约为体长的一半，因而得名。它的吃鱼方法别出心裁，当发现鱼群的时候，先是像"拉磨式"地快速围绕鱼群转一圈，然后来个突然袭击，冲进鱼群，利用"魔棍"般的尾巴，东击西打，经过一场大血战之后，再回过头来慢慢享用这顿丰盛的"美餐"。怎奈肠胃容积毕竟有限，肚子填饱后便扬长而去，在它所经过的海面上，到处都是鲜血和残留的鱼体。这真是条罪恶之尾呀！

能呼吸的尾巴

我国有句"缘木求鱼"的成语，意思是说，爬到树上去找鱼，是件徒劳的事。这种比喻是从"鱼儿离不开水"这句话引出的，而他们并不知道，在丰富多彩的自然界，还真能找到爬到树上的鱼呢。

生活在海边红树林中的弹涂鱼就是这样的一种鱼。它为了寻找食物，常常集结成群，离水登陆，利用发达的胸鳍抓住树干，不慌不忙，攀援而上。在树干上爬行跳跃，活泼得像森林里的猴子，难怪人们给它起了个"泥猴"的绰号。

弹涂鱼离开水，它在陆地上是怎样进行呼吸的呢？经过科学家的多次研究，证实它的皮肤内分布着许多微血管，能够直接与外界进行气体交换；同时，它尾巴的皮肤也能起到辅助呼吸作用，所以在海边看到弹涂鱼时，常见它身体的大部分露出水面，而尾巴总是留在水中，原来它在呼吸新鲜空气呢！

更有趣的是：当弹涂鱼突然受惊时，便纷纷跳进海滩上的洞穴中，并用"扫帚"般的尾巴在涂面上使劲一刮，连泥带水一起"扫"进穴中，眨眼间涂面变得光光滑滑、不留一点痕迹，形迹无踪了。

尾巴一甩半天高

裸鲣是鱼类中的跳高"冠军"。它所以获得这个光荣称号，全仗着一条得力的尾巴。那条弯弯呈月牙形的尾巴，易于屈曲，而又坚硬如铁。如果你见到一条静止在海面上的裸鲣，只要用东西轻轻击它的尾部，它好像从睡梦中醒来立即将尾巴一甩，鱼体就像发射的火箭一样，一下子便窜出百米来高。瞧，多神奇的尾巴！

29. 逆流而上——鳗鱼的奥秘

鳗鱼是一种奇特而且神秘的鱼。它半辈子生长在海洋里，半辈子生活在江河中。在我国，每年入冬后鳗鱼从珠江漫游到西、南沙群岛附近四五百米深处的海底产卵；孵化后的鳗苗，又成群结队游回珠江口的内河发育生长。鳗鱼的这一古怪生活习性，几个世纪来笼罩着一种神秘的色彩。过去有人认为，鳗鱼是"地球内部"生出来的；还有人认为，鳗苗是由马的鞭毛落入泥水中获得生命而变出来的。一直到本世纪初，人们才揭开了鳗鱼生长之谜，确认它是一种热带性的海水鱼类。

鳗鱼有一套竞相逆流而上的本领。鳗鱼的这种本领，使它能攀登瀑布及水坝，甚至爬过潮湿的巨石。因此，在四面为土地包围的池塘中，亦时常会意外地钓到鳗鱼。鳗鱼的这套非凡的本领，实在令人诧异！

鳗鱼是肉食性鱼类中最贪食者。它们无所不食，无时不食。然而奇怪的是，一旦到了产卵洄游期，它们竟开始绝食，以后在整个长途旅程中，它们粒食不进。许多鳗鱼因受不住饥饿的折磨而死于途中，即使能坚持到底的，也瘦得皮包骨似的，加上体型、生理上的一系列变化，已面貌全非，难以辨认。从未有人见过一条大鳗重返河流，所以人们估计成鳗在产卵后死于海中。然而几个世纪来，成千上万的鳗鱼尸体却从未被发现过一具，这些鳗尸到哪儿去了呢？科学家们正在探索这一奥秘。

由于人们尚未全面了解和掌握鳗鱼的生活习性，因此鳗鱼的人工孵化试验，至今尚未取得成功。日本学者曾预言如果有人能将鳗鱼人工孵化并育成幼鳗饲养，他将可以获得诺贝尔奖金。

30. 美其名曰——遮目鱼的传说

在我国遮目鱼有许多称呼，台湾民众叫它们为"国圣鱼"、"麻虱鱼"等；而海南岛渔民一般称它作"细鳞仔"、"包鳃鱼"。不过，过去很长一段时间内我国水产界均称它为"虱目鱼"。有关这种鱼的名称有一些有趣的传说。

相传迄今大约300多年前，郑成功将占领台湾的荷兰人驱逐出境，平定台湾，在台南国圣港鹿耳门（即今日的安平）附近筑建鱼盆，放养虱目鱼，因此，当地人就把虱目鱼称为"国圣鱼"或"安平鱼"，以感谢郑成功收复台湾之功绩。又传说，当时郑成功攻打台湾时所用的粮食是胡麻，在安平海岸登陆时，落在海边的胡麻粒变成虱目鱼苗，郑成功依据此情况，命名为"麻虱鱼"。更有趣的传说是，明朝末年，郑成功率军收复台湾时，曾在海边见到此鱼，他问当地人，这鱼叫"什么鱼"？由于语言不通，当地人误以为这条鱼就是"什么鱼"？一传十，十传百，从此，"什么鱼"就成为当时台湾官方对这种鱼的称呼。后来，又不知是哪一位好心的学者，谐其音为"虱目鱼"，从此，它便成为正式的学名。

现在，我们不去追究这种传说是否真实，但就"虱目鱼"这一名称来说，是毫无意义的。因为它与这种鱼的本身实际情况不相符，更谈不到用鱼的特征作为鱼的命名依据。因此，可以说是完全不科学的。

由于这个原因，解放初在南海水产研究所工作的著名水产专家费鸿年先生亲自深入渔港，访问渔民群众，终于在海南岛沿海采集到许多虱目鱼标本。他进行了细致观察研究后，发现这种鱼具有极发达的脂眼睑，几乎把鱼的一双大眼完全遮盖起来。据此情况，费老决定把"虱目鱼"改为"遮目鱼"。这一字之"改"，妙不可言，它既语音近似，通俗易懂，群众容易接受，又能说明鱼的主要特征，具有科学性，"遮目鱼"这名称一出现，立即得到了公认，从此统一了对它的称呼。

31. 与树为命——食种子鱼

在南美洲亚马逊盆地，每年6～11月期间由于亚马逊河和其他支流水位暴涨而大部地区受淹，面积达12万平方千米。在洪水期间，有许多鱼类游到被洪水淹没的森林地带，专门啃食落到水中的果子和种子。这些鱼被叫做"食种子鱼"。

食种子鱼大都长有一副非常坚硬的牙齿，以便嗑碎坚果。在洪水期间食物非常丰富，食种子鱼终日饱食，这样在洪水退去之后，这些鱼早已积存了厚厚的一层脂肪，足够它们度过每年的低水位期。

说来也怪，这些鱼并不食用尚能发芽的种子，还会有意识地将这种种子选出来加以传播，成为树种的天然播种者，可见这些鱼与树的友情之深！它们之间深厚的情意，使当地居民受益匪浅，因为鱼是亚马逊河流域居民的蛋白质主要来源，在他们捕获的鱼中，有 3/4 是食种子鱼。

在亚马逊河，鱼和树多少年来就是如此相依为命，共存共荣。可是最近一些年来在洪水期间，水中的鱼大为减少，从而引起人们的关注。

经调查研究，证明了这完全是由于原始森林被大量砍伐，减少了鱼的食物来源所致，人们对鱼的解剖检查也证实了这一点。因而有人断定，森林如再继续被砍伐下去，鱼与树必将由共存变为共亡。

32. 奇光异彩——鱼光奇观

海洋里的鱼类，有很多能发出亮光。一般来说，能发光的鱼类多居于深海，浅海里的鱼类能发光的比较少。

鱼类是依靠身体上的发光器官发光的。这些发光器官的构造很巧妙，有的具有透镜、反射镜和滤光镜的作用，会折射光线；有的器官内的腺细胞，会分泌出发光的物质。

还有些鱼是因为鱼体上附有共栖性的发光细菌，这些发光细菌在新陈代谢过程中会发出亮光。鱼体上发光器官的大小、数目、形状和位置，因鱼的种类而各有不同。大多数鱼类的发光器官是分布在腹部两侧，但也有生长在眼缘下方、背侧、尾部或触须末端的。

有"探照灯"的鱼

一支在加勒比海从事科研工作的考察队，发现了一种极为罕见的鱼，在它的两只眼睛之间有一种能发光的特殊器官。至今，这种鱼只在 1907 年时在牙买加沿岸附近被捕获过，那时当地的渔民把它叫做"有探照灯的鱼"。

科学家已查明，这种奇特的鱼生活在海洋 170 多米的深处，它的光源是一种特殊的能发光的细菌，借助其"探照灯"这种鱼能照亮其前方近 15 米远。

灿烂美丽的月亮鱼

如果你有机会站在南美洲沿海岸遥望夜海，那么将会看到海面有许许多多圆圆的月亮般的鱼，这就是月亮鱼。

月亮鱼个体不太大，每条约重 500 克左右，其肉肥厚，它的身体几乎呈圆形，较为丰满，鱼体的一边，体色银亮，并能放射出灿烂的珍珠光彩。由于它的头部隆起，眼睛很大，很像一只俯视的马头，因此也有"马头鱼"别称。

迷惑对方的闪光鱼

闪光鱼只有几厘米长，它在水里发光时，你可以凭借其光亮看清手表上的时间。鱼类专家们发现，它们是用"头灯"发光的，在它们的两眼下有一粒发出青光的肉粒，这是闪光鱼用头探测异物、捕食食物，并与同类沟通的器官。一群闪光鱼聚在一起时，人们从老远就能看见它们。

闪光鱼主要生活在红海西部和印度尼西亚东海岸。它们白天住在礁洞深海处，晚上就沿着海床觅食嬉戏。它们头上的闪光灯平均每分钟可闪光 75 次，遇到同类时闪光频率会发生变化，受到追逐时，也有特定的闪动频率，用以迷惑对方。

光怪陆离的五彩鱼光

不同的鱼会发出不同颜色的亮光，同一类的鱼也会发出不同颜色的光。生活在深海里的鱼安鱼康鱼，背鳍第一条鳍的末端有一个发光器官，能发出红、蓝、白三种颜色的光，像一盏小灯笼。它的腹部有两列发光器，上列发出红色、蓝色和紫色的光，下列发出红色和橘黄色的光。

生活在深海里的角鲨，能够发出一种灿烂的浅绿色光亮。太平洋西岸的浅海里，有一种属于蟾鱼科的集群性小鱼，它的身体两侧各生有大约 300 个发光器能发出奇异的光彩。

在昂琉群岛和新加坡岛附近的海里，有一种小宝钰鱼，它的发光器官分布在消化道周围，由于鱼鳔的反射，这种鱼就像看不到钨丝的乳白电灯。

马来亚浅海有一种灯鲈鱼，能发出白中带绿的亮光，很像月光反射在波浪上；此处的另一种灯眼鱼，能发出星状的光亮，看起来好像落在水里的星星。

鱼类所发出的光是没有热量的，是冷光，也叫动物光。它们发光的目的各不相同。鱼安鱼康鱼发光是为了招引异性；松球鱼遇敌侵扰时，会发出"光幕"，用来迷惑敌人，吓唬敌人，警告同类。更多鱼类的发光，是为了照明，以便在漆黑的海水深处寻觅食物。

33. 千娇百媚——鱼类的"个性"

人们一般认为，生来乖巧的鱼儿肯定没有什么"个性"。然而，据英国生物学家的最新研究表明，不同种类的鲑鱼不仅拥有不同的个性，而且根据各自生活经历的差异，它们的个性也会随之发生变化。

研究人员对实验室中的虹鳟鱼研究发现，它们无论在对抗中是输是赢，甚至只是看到同伴在遭遇新物体时的危险和坎坷，这些经历都会影响它们未来的行为。也就是说，鱼儿遭遇的成功或失败，会改变它们未来的行为。由英国利物浦大学教授林恩·斯尼顿领导的研究小组对一些胆怯或勇敢的虹鳟进行了仔细观察，发现了它们身上所具有的不同"个性"。

同人类一样，有些鱼儿对遇到新事物或进入新环境充满自信，而与此同时，也有些鱼儿生性沉默寡言，对遭遇新事物充满恐惧。斯尼顿的研究小组专门挑选了一些行为大胆和生性害羞的虹鳟，测试它们的未来行为是否会根据生活经历的不同而有所改变。研究人员在虹鳟中间制造矛盾，引发冲突，然后观测参与者和旁观者对胜利与失利者的反应，最终得出了这一结论。

动物个性（研究人员称之为"行为症状"）的概念已存在了一段时间。这一概念旨在解释一些动物的行为为何并不总能与它们所处的环境达到理想的契合。例如，天生就具有进攻欲望的雄性动物也许可以轻而易举将竞争对手制服，但却从来无法实现同雌性交配的愿望，原因就是它们虽勇猛无比，但笨拙、鲁莽的引诱手段往往会把雌性吓跑。

这项最新研究表明，动物的上述特点并非一成不变，同时也表明动物可以随着环境的变化逐渐改变自身的个性。斯尼顿说："人们的传统观点是，动物的个性始终如一。不过，事实是从来没有人用心观察过它们的个性。"斯尼顿及同事故意让虹鳟同体形大得多或小得多的对手进行竞争，以确定它们在即将上演的大战中输赢归属。那些最终胜出的勇敢虹鳟在随后接触到新奇的食物时同样更为勇猛，而在战场上失利的虹鳟则变得更为谨慎。

斯尼顿认为，胆怯和勇敢行为同诸如应激激素水平等生理因素有关。在争斗中落败的事实也许能促进同压力相关的化学物质（如皮质醇）分泌，这会使鱼儿日后变得更加谨慎。研究人员发现，虹鳟还能够通过观察其他同伴的行为吸取教训。胆大的虹鳟在观看胆怯的虹鳟探索神秘物体之后，自己在遭遇新物体时也会变得更为紧张。

据研究人员推测，在决斗中获胜的羞怯鲑鱼同时也收获了更多自信。不过令人吃惊的是，在战场上失利的胆怯虹鳟在探察陌生的食物时也变得更为勇敢。斯尼顿表示，这种现象也许就是她所称为的"亡命徒效应"。她说，如果不想饿肚子的话，明知自己在战场上无法获胜的羞答答的鱼儿也必须争夺食物。鱼儿肯定也在思考获胜或失利的后果。

这一研究结果如同生活经历对一个人所产生的重大影响的道理是一样的。成为生活强者的影响使得许多摇滚歌星时常听到别人说"哎呀，你的变化可真大"之类的话。另一方面，压力太大的遭遇也会令一个人的前途陷入低谷。斯尼顿说："失去至爱的人会令我们遭受前所未有的打击。越南战争结束之后，创伤后压力心理障碍症使得许多人同战前比起来几乎像变了一个人。"

34. 遥远时代——远古海洋东方恐头龙的长颈之谜

远古时代的长颈恐龙的长脖子有什么用？这是多年来困惑科学家的一个难题。2003 年底，我国科学家李春发现了世界上第一具完整的海洋原龙化石，这是一种长颈龙的化石。经过几个月的研究，李春与美国费尔德博物馆的奥里维尔·里玻耳以及芝加哥大学的动物学家米歇尔·拉巴贝拉一起揭示了海洋长颈龙长颈的奥秘，这个研究成果发表在近期出版的美国《科学》杂志上。

2002 年秋天，中国科学院古脊椎动物和古人类研究所的研究人员李春在贵州省盘县挖掘出一个远古海洋里的长颈龙的头骨，后来在头骨的上颚方找到了它尚存的 3 颗尖牙。

2003 年底，李春在同一海洋石灰岩层中又挖掘出了我国第一个原龙（最原始的爬行动物的总称）的完整化石，也是世界上发现的首具完整的海洋原龙化石，他把这种恐龙命名为"东方恐头龙"。

此次发现的东方恐头龙曾经生活在 2.3 亿年前的浅海中，当时贵州省所在的云贵高原还是一片汪洋大海。东方恐头龙的颈部长度超过 1.7 米，躯干部分还不到 1 米。李春在贵州省的原始地层中发现的新标本虽然具有与欧洲某些原龙类动物相似的长脖子，但是二者之间并不存在直接的亲缘关系，是不同的演化机制塑造了类似的怪异器官。由于长颈龙的颈部长得几乎与身体不成比例，因此长颈龙在欧洲被发现后的 100 多年时间里，它的脖子到底如何运动就成为古生物学领域争论的热点，也是一个著名的难题，被称为"生物机械学的噩梦"，至今没有定论。

长颈龙为何要长出长长的颈项呢？东方恐头龙的颈椎有 25 节椎骨，它的长脖子长久以来被认为可以像蛇一样灵活扭曲。但化石研究结果表明，它的颈椎骨上长有细长、类似肋骨的骨头，使脖子呈僵直状、根本无法灵活运动。也曾经有人认为东方恐头龙的长脖子便于它伸出海面来吸气，可是科学家指出，东方恐头龙的喉咙太长了，如果它把头部伸出水面，水下和水面上的压力差会把它的肺部压扁。

中美科学家最后认为，东方恐头龙的长脖子就像吸尘器的长管子，能把猎物吸入口中。东方恐头龙的脖子虽然不能像蛇那样灵活地上下左右运动，却可以伸缩，颈椎两侧细长的肋骨与肌肉巧妙的配合使它可以突然而迅速地伸长脖子，将鱼类、乌贼等猎物吸入口中。因为它的脖子很长，能够产生足够的吸力。

事实上，把嘴张大后吞吸猎物，是许多水生动物捕食的方式。东方恐头龙脑袋相对较小，嘴里长有可怕的利齿。鱼或乌贼一旦被吸进去后，就会被恐头龙的牙齿挡住而无法逃离，而被吸进的水却可以方便地吐出。

35. 庞然大物——"北极海怪"大如公交车

据国外媒体报道，古生物研究人员宣称，在北极地区偏远的斯瓦尔巴特群岛挖掘的史前"海怪"骨骼应该是一种新物种，之前尚未对此物种进行分类，这种远古海洋掠食性爬行动物体形庞大，有40英尺长，像一辆公共汽车一样。

挪威奥斯陆大学乔恩·哈拉德称，考古学家在斯瓦尔巴特群岛挖掘一些远古海洋爬行动物的骨骼，其中包括牙齿、头骨碎片和椎骨等。他在接受美联社记者采访时表示，这个"北极海怪"应该是一种远古海洋新物种。

据了解，去年考古学家在斯瓦尔巴特群岛也发现了与海怪相同种类的骨骼化石，当时考古小组描述称，这是1.5亿年前海洋生物，其体长超过30英尺，就像公共汽车那样，它可能属于短颈蛇颈龙，其每颗牙齿比黄瓜大一些。

目前，英国莱斯特城博物馆蛇颈龙专家马克·埃文斯说："我不能对挪威这项最新的考古发现进行特殊评论，但是从考古研究常规来看，这应该是一种远古海洋新物种。"在接受电话采访中埃文斯称，在某种程度上，我们一直努力寻找新的蛇颈龙物种，这是因为在过去10～15年里是蛇颈龙研究的复兴时期。

36. 善于乔装——章鱼"变脸"的秘密

澳大利亚海洋生物学家，在印尼海域发现一种特殊的章鱼，它在遇险时可乔装成其他海洋生物躲避祸害，这种章鱼是目前唯一被人们发现的能乔装其他生物的海洋动物。

这种章鱼能将其他生物模仿得惟妙惟肖，例如当它被小丑鱼袭击时，便会将它的八条腕足卷成一条，扮成海蛇吓退敌人；或者收起腕足，模仿成一条全身长满含有剧毒腺的鱼，降低袭击者的胃口，从而脱身；再就是伸展腕足，扮成有斑纹和毒鳍刺的狮子鱼，使敌人望而生畏。

那么，章鱼的伪装技术是如何完成呢？科学家发现，章鱼有8条腕足，每一条都具有发达的神经系统，可不受大脑约束，并且控制腕足末梢的伸缩流程。章鱼大脑的作用在某种程度上类似公司的首席执行官，只作重大决定，细节问题的处理权则交给下属。这是科学家首次在动物王国里发现的异常特性，也就是章鱼脑力关系多元神经的科学特征。6年来，科学家一直在研究章鱼，以求了解如何制造具有章鱼腕足那样无限运动程度的机器手臂，以便通过更好、更柔软的机器手臂来完成医学和军事的高难度技巧。

37. 不知所然——鱼耳揭密

人们知道，大马哈鱼、鳟鱼和其他许多鱼类一生总是游弋在淡水和海洋之间，而且总是要完成从河流到海洋再到河流或者从海洋到河流再到海洋的游弋。但是美国的科学家通过对不同地区的鱼类耳骨的仔细研究发现，欧洲的灰鳟并不是总是以这一模式游弋，它们的行为要复杂得多。

这种灰鳟一出生就开始在欧洲和亚洲的河流里游弋。以前，生态学家一直认为这种鱼首先在淡水里生活一年，然后再游弋到大海中去发育成熟，最后再游回到出生地繁殖后代。

为了证明这种观点是否正确，纽约州立大学的鱼类生态学家赖姆博格和她的同事们对这种鱼的耳石进行了研究。耳石是其大脑下部的一块小骨，是鱼类听力和平衡器官的重要构件。由于耳石在鱼类的一生中都在不断地成长，而且在海水中成长的耳石与淡水中成长的比较起来，前者锶与钙的比例要高。根据这一发现，我们就可以从鱼耳的化学结构中分析成鱼类的游弋路程。

赖姆博格和她的同事们检测了从瑞典哥特兰岛捕获的成年灰鳟的耳石。他们发现，大多数鳟鱼终生都在淡水中生存，而有些一出生就游入大海之中。这些游入大海的鱼一部分随后会回到出生地，而另一部分却一直生活在海洋中。赖姆博格在美国生态学会年会上公布了这一发现。在另外一项研究中，赖姆博格还发现哈德逊河里的鳗鱼和蓝背鲱鱼也有同样的游弋方式。她说："它们的耳石告诉我们它们正在做着这些事情——尽管我们还不清楚题目为什么这么做。"

赖姆博格认为了解鱼类一生中所处的不同位置对于保护鱼类意义重大。弗吉尼亚海洋科学院的海洋脊椎动物学家认为，鱼类的游弋是一种非常复杂的过程，"其复杂程度远远超出了我们的想象。"

38. 智慧惊人——聪明的鱼类

自然界中，有一些让人们感到比较聪明的动物，比如海豚、黑猩猩、狗、乌鸦等。但很多人对鱼类的"聪明智慧"并不认同，认为鱼缺乏思维能力，是仅靠本能驱使的"低能儿"。

动物学家劳伦茨的观察发现，鱼中其实不乏机敏者。他曾对一种叫"跛脚鱼"的非洲雄鱼把离群的小鱼用嘴衔回巢里的情形进行了栩栩如生的描绘。事情是这样的：有一天，已经很晚了，大部分小鱼都已回到巢里，雌鱼在巢的周围巡视看护着。这时，劳伦茨往鱼缸里放了一些蚯蚓碎块，雌鱼对此不屑一顾，但是正在收集晚归小鱼的雄鱼却擅离岗位，咬住一块蚯蚓就嚼了起来。忽然，雄鱼看到旁边有一条小鱼离巢而去，于是马上冲过去将那条小鱼衔进已经塞得满满的嘴里。这时候，这条雄鱼就面临着一个不同寻常的难题：它是应该把蚯蚓咽下去，还是应该把小鱼弄回巢里。劳伦茨认为："假设鱼也有思维的话，那么就应该是在这一刻。"有几秒钟，这条雄鱼一动不动，但可以看出当时它所有的感觉器官都处于紧张状态。终于，雄鱼使出了一个巧妙而简便的解决办法：把嘴里的东西全部吐到鱼缸底上，然后不慌不忙地吃掉蚯蚓，一边吃一边盯着那条小鱼。吃完以后，雄鱼带上小鱼一起回家了。

科学家奎杰所经历的一个事例，也说明鱼具有思考能力。他在一座大桥上钓到一条鱼，这条鱼一边挣扎，一边把渔线拖到 200 米之外，直到把渔线拉直为止。然后，这条鱼朝桥墩方向游回来，绕着桥墩上的木桩游了几圈，突然用力一拉，渔线被拉断了，如果就此结束，你可能会说这条鱼解救自己只是一种偶然。奎杰继续观察，他看到这条逃脱的鱼 20 分钟后，又咬住了渔钩上的鱼饵，可这次它并没有游到远处去，而是绕着桥下的木桩游了几圈，又一次拉断了渔线。不少人曾遇到过钓到的鱼又逃走和鱼吃掉了鱼饵而不上钩的事，似乎都说明鱼能在与人的较量中不断积累经验。

鱼类识别颜色的能力已被科学家的多次测试所证实。一个贴着某种颜色标记的小瓶放到鱼池中，此时鱼游过来时给它一些食物。再将贴着其他颜色标记的小瓶放入鱼池里，如果鱼靠近时，用一根带电的金属丝在鱼的尾部轻轻一击，作为对它的惩罚。通过 5~10 次的反复之后，大多数鱼就能够识别红、棕、黄和绿色了。鱼类还能区别不同的形状，科学家利用特定的图案和喂食试验证实了这一点。在试验中，使用一个圆环和一个正方形物体，如果鱼游向圆环，就给它食物作为鼓励；如果鱼游向正方形，则什么也得不到。这样，鱼马上就选择了游向圆环而不游向正方形物体。

据报道，在一个搭着活动小平台的鱼塘里，某段时间在小平台上放上许多蚁卵，平台下系着一条绳子，绳子的末端挂到水里。鱼塘里的金鱼很快就学会了通过拉动绳子使小平台翻转，从而让蚁卵如阵雨般地落到水中成为自己的食物。

鱼儿如此聪明，怎不令人大感惊奇？

39. 节制饮食——远古蛤蜊长寿之谜新解

美国科学家最近发现，一种 4 500 万年前生活在南极洲的蛤蜊，寿命可长达120 年，并在研究其长寿成因后发现，节制饮食可能是长寿主因。

有科学家此前已经发现，生活在高原地区寒冷水域中的蛤蜊，寿命可比生活在暖水中的同类长 10 倍。对此现象的一种解释是，冷水环境里的蛤蜊新陈代谢较慢，因此寿命更长。但也有科学家认为还存在别的原因。

美国锡拉丘兹大学的科学家说，他们研究的长寿蛤蜊化石，是在南极洲一个岛屿的沉积物里发现的。这些沉积物形成于几千万年前的始新世，当时南极洲海域水温比现在高 10℃ 左右，较为温暖。

科学家切开化石后发现，壳上有一些黑色条纹，这是蛤蜊生长的标记，就像树的年轮一样。条纹显示，这些蛤蜊最多可活到 120 岁左右，这在动物中是极为少见的高寿。由于它们生活在暖水里，无法用新陈代谢缓慢来解释其长寿的原因。

研究人员接下来分析了蛤蜊壳中碳元素和氧元素同位素的含量，发现这些蛤蜊是在冬季生长，在食物丰富的夏季反而不生长。科学家说，这种让人意外的现象显示，这些蛤蜊可能在夏天忙于繁殖而停止进食，到冬天才进食、生长。而冬天食物匮乏，限制了蛤蜊摄入的热量，可能正是这个原因导致了它们长寿。

近年来许多科学研究发现，严格限制实验鼠等动物的饮食，有助于它们活得更久。上述新发现再次印证了这一点，为寻找影响生物寿命的因素提供了新线索。

40. 榜上有名——2006 年发现的最新海洋生物

美国《国家地理杂志》评出了 2006 年度最新海洋生物，并对其中 6 种奇异的海洋生物进行了介绍。由来自 16 个不同国家、超过 110 名科学家共同参与的这个海洋生物研究小组，是首次进行大西洋中脊样本收集和深度分析的一支大型科学探险队。

达磨鱿鱼

这只红色的鱿鱼是从大西洋中脊北部 8 万多种深海生物中被发现的。海洋生物研究小组将渔网投到深达 3 公里的海底，共捕获了 50 多种类型不同的鱿鱼。这种新型生物个头非常小，眼睛半透明，触须处有大量吸管，嘴部形状表明它是一种咀嚼能力极强的生物。研究人员将其称为达磨鱿鱼。

南极水母

这是海洋生物研究小组在南极水域拍摄到的水母照片。南极水母生活在极厚的冰层下面，数千年不见天日。为了拍摄这种水母，研究人员在冰面上打了一个 700 米的深洞，将水下摄像机悬挂其中才能够清楚地观察到这种极小的生物。

侏罗纪虾

海洋生物研究小组在澳大利亚东北部的珊瑚海意外地发现了侏罗纪虾。当捕捉到这种虾时，研究人员感到很惊讶，因为它们属于本应在 5 000 万年前就灭绝的生物种类。这种虾生活在海底 400 米深处，研究人员将其称为"活化石"。

片脚类生物

这种像明虾样子的甲壳类生物，研究人员将其称为"片脚类生物"，被发现于北大西洋的马尾藻海水下 5 公里的地方。这种深海生物靠捕食同类或吃死鱼尸体生存。

等足类甲壳生物

等足类甲壳生物分为稀有和普通种类。此次海洋生物研究小组就是想大海捞针，找出稀有的甲壳等足虫。他们在南极洲周围发现的新甲壳等足虫只有针尖大小。

雪人蟹

这种蟹被称为"雪人蟹"，它完全没有视觉功能，身上布满了黄色的细菌群落。它不属于此前任何生物分类，是研究人员在太平洋河床发现的。这种蟹生活在距南太平洋复活节岛 1 500 公里附近的深海。一些研究人员认为，细菌群落可以帮助"雪人蟹"对付那些来自火山喷发口的有毒液体。

41. 母贝生辉——珍珠的诞生

珍珠是人类钟爱的珍宝，然而对生产它的贝类来说却是难受的折磨。珍珠的形成是因为一些外来小东西，或砂粒或寄生虫卵掉入贝壳内部，停留在外套膜和外壳之间，外套膜于是不断地分泌出珍珠质把入侵的小东西层层包裹。几年之后，一颗颗珍珠便诞生了。

说起来，几乎所有软体动物都有能力制造珍珠，然而事情远非如此简单，在天然的情况下，能够产生一粒好珍珠是极为困难的。一粒珍珠从它的母体出生（幼虫）开始到最后珍珠育成，至少需要 5 年时间。在这期间，寒暑易季、食物短缺等情况都会随时对贝的生长产生不利影响，进而对珍珠产主不利影响。早期的采珠人能在一千个贝壳里面找到一颗珍珠，那就很不错了，要是有一颗完美的珍珠出现，那简直就是一个奇迹。真正的好珍珠，是可遇而不可求的。

人们平常看到的珍珠，通常是由珍珠母贝产生的。珍珠母贝壳内有彩虹般的光泽，所以造出的珍珠也有同样美丽的光泽。天然珍珠稀有而名贵，皇爵、贵妇等上流社会人士无不用珍珠作为装饰品来炫耀自己。但自从日本人在 20 世纪初成功改良了养殖珍珠的技术后，人工养珠已成为较便宜、能普遍被拥有的珠宝。养珠的方法是把人造珠核植入活的珠母贝体内，三五年后就可以采收形状完美的珍珠了。近年来，养珠业盛行，估计世界每年可以生产5亿颗珍珠。

珍珠的种类、形状、色泽和大小多种多样，目前世界上最大的珍珠名叫"真主之珠"，也称"老子珠"，为天然海水珍珠，长 241 毫米，宽 139 毫米，重达 6 350克，已被列入《吉尼斯世界之最大全》，它于 1934 年 5 月 7 日在菲律宾的巴拉旺湾被发现，现存于美国旧金山银行。就形状而言，圆形的珍珠最受欢迎，另外还有梨形和各种不规则形状的珍珠。珍珠的颜色丰富多彩，有白色、奶白色、奶黄色、粉红色、玫瑰色、古铜色、深蓝色、黑色等。一般浅色珍珠具有特殊的珍珠光泽，这是珍珠的表面和内层多界面经过光的反射、折射和干涉混合作用产生的光泽。而深色珍珠具有金属光泽。有色的珍珠由于数量较少，价格要比白色的贵。

珍珠不仅美丽还很娇贵。组成珍珠的主要矿物文石，它的化学成分是碳酸钙，与汉白玉、大理石相同。碳酸钙的化学性质是很不稳定的，它极容易溶于酸，甚至连醋酸也会腐蚀它。我们日常生活中常用的化妆品、油脂、酒精、酱油、醋、有色颜料，甚至汗水，都可以腐蚀浊珍珠的表面，而使珍珠失去迷人的光泽。

文石是一种不稳定的矿物，它会自动变成另一种矿物方解石，当珍珠内部发生这种变化时，珍珠会发黄，同时失去美丽的珍珠光泽，而且，这个过程是不可逆转的，因此有句成语叫"人老珠黄"。几千年前的玉器、宝石，经常能完整地保留到现在，可珍珠却很难见到千年以上的古董，与文石转变成方解石不无关系。

42. 言为心声——鲸类王国里的"方言"之谜

人类由于居住的地域不同，会形成各种各样不同的方言。那么，海洋动物有没有方言呢？科学家们发现，海洋动物尤其是鲸类不仅像人类一样有"语言"，而且也有不同的"方言"。

在鲸类王国里，要数海豚家族的种类最多了，全世界共有 30 多种。海洋科学家发现，海豚发出的叫声共有 32 种，其中太平洋海豚经常使用的有 16 种，大西洋海豚经常使用的有 17 种，两者通用的有 9 种，但有一半语言却互相听不懂，这就是海豚的"方言"。因此海洋学家认为，海豚不仅可以利用声波信号在同种海豚间进行通信联络，也可以在不同种类的海豚间进行"对话"。虽然它们不能做到完全理解，不过也能达到似懂非懂的程度。现在还没有人能听懂海豚的"哨音"，无法理解它们的通信内容。有人推测，这种聪明的动物也可能具有类似于人类语言的表达能力。

体长 11~15 米、平均体重 25 吨的座头鲸非常善于"交谈"，不仅能"唱"出使人萦绕于心头的优美歌声，而且能连续歌唱 22 个小时。虽说渔民们早就知道座头鲸会"唱歌"，但人们对其歌声的研究却起步较晚。

1952 年，美国学者舒莱伯在夏威夷首次录下了座头鲸发出的声音，后经电子计算机分析，发现它们的歌声不仅交替反复有规律，而且抑扬顿挫，美妙动听，因而生物学家称赞它为海洋世界里最杰出的"歌星"。座头鲸的鼾声、呻吟声和发出的歌声，都可用来表示性别并保持群落中的联系。一个"家族"即使散布在几十平方公里的海面上，仍能凭借歌声了解每一个成员所在的位置。座头鲸的嗓门很大，音量可达 150 分贝，有些鲸的声音甚至能传出 5 公里以外。

如果说座头鲸是鲸类世界里的"歌唱家"，那么虎鲸就是鲸类王国中的"语言大师"了。科学家的最新研究表明，虎鲸能发出 62 种不同的声音，而且这些声音有着不同的含义。更奇妙的是，虎鲸能"讲"不同"方言"和多种语言，其"方言"之间的差异既可能像英国各地区的方言一样略有不同，也可能如英语和日语一样有天壤之别。这一发现使虎鲸成为哺乳动物中语言上的佼佼者，足以和人类或某些灵长类动物相媲美。

十多年来，加拿大海洋哺乳动物学家约翰·福特一直从事虎鲸的联系方式的研究。他对终年生活在北太平洋的大约 350 头虎鲸进行了追踪研究。这些虎鲸属于在两个相邻海域里巡游的不同群体，其中北方群体由 16 个家庭小组构成。由于虎鲸所发出的声音大部分处于人类的听觉范围内，所以，利用水听器结合潜水观察，能比较容易地录下它们的交谈。

福特认为，虎鲸的"方言"是由它们在水下时常用的哨声及呼叫声组成，这些声音和虎鲸在水中巡游时为进行回波定位而发出的声音完全不同。科学家对每一个虎鲸家庭小组的呼叫，即所谓的方言进行分类后发现，一个典型的家庭小组通常能发出 12 种不同的呼叫，大多数呼叫都只在一个家庭小组内通用。而且在每一个家庭小组内，"方言"都代代相传，但有时家庭小组之间也有一个或几个共同的呼叫。虎鲸还能将各种呼叫组合起来，形成一种复杂的家庭"确认编码"，它们可以借此编码确认其家庭成员。尤其是当多个家庭小组构成的超大群虎鲸在一起游弋时，"编码"就显得特别重要。由于虎鲸方言变化的速度极慢，因而形成某种"方言"所需的时间可能需要几个世纪。

当然，动物界的语言不可能像人类语言那样内涵丰富，但不能由此否定它们的语言的存在。由于人们传统地认为语言是人类的特点，因而对客观存在的动物语言研究极少，所知甚微。目前，科学家已发现鲸类的语言和方言，可见方言并不是人类所特有的。科学家们正致力于研究和理解动物界的独特语言，充当动物语言的合格译员，这对于探索动物世界的生活方式和社会奥秘，无疑有着重要的意义。

43. 新奇有趣——南海狮的"后宫"生活

世界上约有 14 种海狮，其中南海狮是人们知道的最少，也是最离奇的一种。关于南海狮有许多新奇有趣的知识，尤其是它们的"家庭婚姻"生活。

皇式婚配

每年一到繁殖季节，年富力强的雄南海狮首先纷纷登上岸来，它们的第一件大事是先选择地盘，科学家把这比作建立南海狮宫廷。一般情况下，强者占据较好的地方，弱者只能在强者选剩的地方确定自己的地盘。"宫廷"地盘选好后，大约过一个星期，雌南海狮也陆续上岸。几头雌南海狮进入一头雄南海狮占据宫廷，"成亲婚配"，通常，个头大的雄南海狮占有较多的雌南海狮，所以它的交配次数多，产下的后代也多。

在南海狮宫廷里，雄狮长得特别壮大、威武，体重可达 450 千克，比雌狮要大 3 至 5 倍，因而自然为主，所有雌南海狮都服从统一指挥，如果妻妾之间发现争吵，只要它一声吼叫，吵闹声就立即停止。当然，南海狮王和古代的皇帝一样，对妻妾们也有偏爱之心，对心爱的特别亲热；对一般的表示冷淡；对失宠的则常加训斥，甚至用自己强有力的头部把它凌空抛起，就像扔一只羊皮袋那样轻松自如。

对每一宫廷中的南海狮王来说，也绝不是个个都属于太平王，可以永久保持"艳福"，一些找不到对象的"单身汉"会采用各种手段前来干扰。

暴风雨中的绑架

阿根廷沿海天气多变，时好时坏，常有不测风雨。有时候一天之内可能出现两次暴风雨。致使一些南海狮宫廷成员顶不住而溃散四离，一些没能找到配偶的单身雄南海狮似乎很懂得这种天气变化对自己有利，便聚集一伙，结成"单身汉帮"偷偷摸摸地进入南海狮宫廷的边缘，待在那里窥觅，等待着暴风雨的到来。

一场暴风雨果然降临，把阿根廷沿海的许多南海狮宫廷冲垮了，那些伺待已久的单身汉眼看时机已到，就纷纷溜入残破的宫廷，准备下手绑架个"老婆"。一只名叫"海盗"的单身雄南海狮，眼睛充血，头上长毛蓬松，动作特别敏捷，它很快就绑架了一只雌狮，并竭力驱使它离开正在发狂的"丈夫"，这时，南海狮王既要面对暴风雨的袭击，又眼见自己的妻妾有的被绑架，有的离开宫廷出逃，真是又气又恼，连续发出大声吼叫，希望能够召回自己的妻妾。可平素一直从命的雌南海狮，此刻也显得不听指挥，情愿或不情愿地被单身汉们绑去成了亲。至此，南海狮王知道自己要做"乌龟"，成了孤家寡人，又难以挽回这一惨局，只好哀号。

抢子诱母

通常，每个南海狮宫廷的南海狮王，不论从个头、力气到勇猛都可以几倍胜于一头单身的雄南海狮，因此，当单身雄南海狮企图闯进宫廷绑架雌狮之前，如果没有足够以及迅速的行动，一般是不敢轻举妄动的。

在单身闯宫绑架事件中，作为宫廷主人的南海狮王狠下毒手反击入侵者的也大有人在。科学家在实地考察中，就目击南海狮王对付偷绑自己妻妾的两次反击。一次是用自己锐利的牙齿，把偷绑者咬得头破血流，半死不活；另一次是用自己的巨大头部，将偷绑者高高顶起，然后抛向海岸的岩石堆上，使偷绑者跌得骨折身亡。

南海狮王狠击偷绑者这一血的教训，似乎对一些个头小、胆子小、力气小的单身汉来说已经记取了。它们在暴风雨来临的时候，虽然也跟随着参加绑架活动，但它们绝不绑架雌南海狮，而是抢夺仔狮。因为抢夺仔狮可达到与雌南海狮成亲交配的目的。

那么，南海狮王何以不保护自己的孩子。任凭这帮单身汉抢夺呢？原来，一个南海狮宫廷中，只有一头南海狮王，妻妾却有好多个，生下的仔狮也就更多了，仔狮一多，当父亲的就不是那么疼爱自己的孩子，抢去一两个它感到无关紧要。可是对每头雌南海狮来说，只有一个亲骨肉，因而仔狮也就成了吸引雌南海狮的"宝贝"。这就给投机取巧者钻了空子。

一场来犯与反来犯的恶战

单身雄南海狮，除了偷偷地绑架雌南海狮和抢夺仔狮以外，还会结成团伙大打出手，企图霸占他人的宫廷。一次，科学家发现一帮共14头单身雄南海狮，瞪着凶恶的眼神，张开大嘴发出阵阵的刺耳的叫声，爬上海滩向一座南海狮宫廷冲去。奇怪的是宫廷的主人却不动声色。只是盯着来犯者。是被侵犯的南海狮王见了这帮来势汹汹的匪徒害怕了，还是在思考如何对待它们的策略？真是令人琢磨不透。很快，这帮匪徒冲进了宫廷，即该要发动攻击。不料南海狮王一声吼叫，临近几个宫廷中的南海狮王闻声前来援助。一场恶战开始了。来犯者和反来犯者各摆开架势，它们的叫声融汇在一起，压倒了奔腾的海浪声。"你死我活"的凶狠撕打，使地面沙石飞扬，一些年幼的南海狮因来不及避开而被压踏在地上，有的重伤，有的死亡，这群匪徒的阴谋是企图把南海狮王赶出宫廷，各自享受留下的妻妾，可是，不料附近的几头南海狮王前来助战，眼看预期目的是达不到了，于是急中生智，有的托着一头雌南海狮扔向远处，有的用头部推着一头雌南海狮急急离开宫廷，好象在说明，它们既来了就多少要有点收获。

大约10分钟以后，这场恶战结束了，除死了几头仔狮外，雌南海狮们虽然都有不同程度受伤，但没有一头死亡，宫廷的主人一面向赶来援助的南海狮王们致谢，一面召唤自己不齐全的眷属，准备重振家园。

44. 生性古怪——脾气不同的鱼类

变色皇帝鱼

在海洋鱼类中，有这么一种鱼，它身上长满了美丽的花纹，绮丽多彩，使人眼花缭乱，犹如衣冠漂亮的古代帝王，它就是举世闻名的皇帝鱼。其实这种鱼的学名叫"竖纹囊鲷"，它不仅体纹漂亮，而且还会经常发生变化。

皇帝鱼的稚鱼，全身呈青色，生有白色的漩涡花纹，所以也称为漩涡鱼。随着身体的发育成长，稚鱼身体上的漩涡状花纹逐渐变成大约 15 条美丽夺目的黄色竖纹，并且一反稚鱼时期顽皮爱游玩的习性变得举止端庄起来。

由于皇帝鱼的稚鱼与成鱼的体纹截然不同，鱼类学家们过去曾经认为它们是两种不同的鱼，在文献上也是分别记载的。

那么，为什么它们的体纹会发生这样的变化呢？有些学者认为，这是因为皇帝鱼稚鱼栖息环境与成鱼有所不同。这种鱼生活在暖海珊瑚礁水域，它们身上的花纹，是适应环境，躲避敌害的一种保护性色彩。

弄巧成拙的鱼

南海有一种针河豚，一般俗称针鸡泡。它的身体与普通的河豚差不多，也能吞进空气，使气体胀得像个气球，它的整个皮肤外面，长满很多直立的刺，同刺猬一样。针河豚这些针状的刺，是它唯一的防御武器，使敌害望而生畏。传说古人曾用针河豚的皮做成整套战装，在当时的战场上发挥了很大的威力。这类鱼的内脏含有毒素，尤以生殖腺和肝、脏为最，食后会中毒，严重者会死亡。

有趣的是，这种鱼有一套逗弄敌害的本领，如有敌害胆敢冒犯，针河豚便急吞几口空气或水，将肚子鼓得大大的，使全身的刺根根竖起。这种自卫方式的确吓住了不少敌害。可是，它万万没有想到，就在它得意忘形之时，却往往被有经验的渔民从海面轻易捞获，成了"俘虏"，故有人把针河豚称为"弄巧成拙的鱼"是有一定道理的。

目前，对于针河豚的肚子膨胀的原因，鱼类学家还没有得到一致的解释。有些人的意见是，当针河豚受到敌害攻击时，它会突然鼓起肚皮，目的是威胁对方，主要起御敌作用；也有些人认为，针河豚吸足空气后，它的体重大大减轻，腹部便能向上浮起，可以任凭风吹浪打，到处漂泊，周游觅食；还有些人解释为，当退潮针河豚来不及撤退时，偶被遗留在沙滩上，为了解决呼吸的困难，便吸进大量空气，补充氧气的不足，以求生存。

总之，说法不一，各有各的道理。不过，看来以针河豚膨胀出于自卫的说法，比较令人信服。因为它膨胀肚皮，竖起针刺，即使最凶恶的敌害也难于将它吞下。

针河豚的皮性咸、平。若将鱼皮剥下晒干，用水煮软后去刺，然后再加水煮食，能治尿毒症。

懒惰成性的鱼

在鱼类中哪些鱼属大型鱼呢？鲨类是大家所熟悉的，除了鲨鱼类外就要算翻车鱼了。翻车鱼体长 2～3 米，重 1 000 千克，是热带、亚热带与温带的海洋性鱼类。

翻车鱼的体形很特殊，侧扁而近于卵形，看起来好像被切去了尾部而只剩下一个头似的，所以国外有人称为"头鱼"。翻车鱼的背鳍与臀鳍遥遥相对，与尾鳍连在一起。尾鳍亦很古怪，像一条薄片状的波浪式花边，镶在体的末端。胸鳍位高，缺腹鳍。

翻车鱼平时总是懒洋洋地躺在海面上漂泊晒太阳，所以西欧人给它取名"太阳鱼"。有趣的是，在苏联则称它为"月亮鱼"。这是怎么回事呢？据说由于翻车鱼在夜间身体上会放射一种类似月光的光彩（因身体表面附有夜光虫之故），故得此名。

翻车鱼口小，喜吃浮游动物、甲壳类与软体动物的头足类，但亦曾在其胃中发现过小鱼。饱腹后它便平卧海面一动不动地随波逐流，不知道的人还误以为它已死了。渔民就是利用它的这个特性，不声不响地将船靠近，用鱼叉捕获它的。

翻车鱼不但以体大与性懒著称，而且又是产卵最多的鱼类之一，一次能产 3 亿粒浮性卵。这种鱼在各个不同的发育阶段，身体有所变化。孵化后的小鱼过海底生活，以后转为漂泊生活；成为小鱼后曾长出长刺，而随后又消失；小时失去了正常的叉形尾鳍，而后重新长出古怪的花边尾鳍。

翻车鱼的肉可食，但味不佳。体内有软骨，可食，也可作为制明膏的原料。此外，肝与脂肪可制油。由肝油制成的药，外涂专治刀伤，效果良好。

由于翻车鱼的生态情况人们还不清楚，故在养殖池中不易饲养，极易死亡。据报道，日本一家水族馆，将捕自海中的翻车鱼饲养了 427 天，打破了有史以来人工饲养翻车鱼的最长纪录。

自私的隐鱼

在海洋里，我们可以发现不少动物多种多样的借宿趣事。有一种生活在海里的隐鱼，它有钻入海参体腔内的奇特习性。当隐鱼想钻进海参体内时，它总是先用头部探索海参的肛门，接着把尾巴弯曲地从肛门插入，然后伸直鱼体，慢慢地向后倒退，一直到完全进入海参的体内为止。

海洋生物学者在进行海参资源调查时，曾发现在西沙群岛的个体肥大的梅花参的体腔内寄居着一种候木潜鱼，绿刺参体内寄居着一种潜鱼。这些小鱼日间隐居在海参体腔里安然地睡大觉，到了夜间才钻出来找小虾等甲壳类动物充饥，捕食后又返回安乐窝，慢慢地细嚼缓咽，所以人们叫它隐鱼。而可怜的海参，不但得不到一点好处，而且内脏器官还有遭到损伤的危险。人们在研究这个稀奇古怪的现象时发现，自私的隐鱼为了贪图自己的舒服，丝毫不顾海参的死活，有时一只海参体腔里钻进六七条隐鱼，把海参的肚子胀得鼓鼓的。

45. 鱼头无鳞——原始鱼类化石之谜

鱼（确切的说指硬骨鱼）全身有鳞。这个"鱼头无鳞之谜"与人类的头骨出现的秘密有关。头骨和牙齿实际上是"外骨"。最初的鱼身上披着厉害的骨板，但经过 5 亿年的进化，骨板变成鳞及头骨和牙齿等。

从所发现的"阿兰达斯皮斯"（澳大利亚 4.7 亿年前的地层中）和"萨卡帕姆帕斯皮斯"（南美玻利维亚 4.5 亿年前的地层中）的原始鱼类化石看，其样子除无颚这一特征外，醒目的似乎就是头部、背部和腹部，均生长着大的骨板，或称为甲胄。其背甲和腹甲与鳃孔并排着。然而，体后大部分没有大骨板，而被细长的鳞片盖着。这大概是由于体的后半部可以自由左右摆动，而不妨碍游泳运动的需要吧。

在皮肤中形成的骨叫做"皮骨"。那些古代原始鱼类，依靠那种大小不同的皮骨形成的甲胄盖着身体，故称为"异甲类"属于无颚类的一个群。这样的甲胄是如何形成的呢？

美国著名古生物学 A. S. 罗马曾认为，当时因在水中生活，故以巨大的巨介壳保护身体。可是最近又认为那是体内排出的过剩的钙造成的。钙是肌肉收缩及递神经兴奋必要的元素，没有它生物是不能活的。不过，钙在细胞质中过剩而异常的沉积，就有惹来细胞死亡的危险。

因此，钙从血液中向真皮排泄，并在那里沉积而形成骨板。

从志留纪后期到泥盆纪前期，出现了有颚和齿的鱼类。这就是"盾皮鱼纲"和"棘鱼纲"。盾皮鱼纲也是体的前半部盖着骨板，其后半部有鳞，但大部同类其体表似乎大体上裸着。一方面，棘鱼纲的"棘"，就是刺的意思，而在其背中和腹部有棘状的鳍或以棘支撑着的鳍，其体盖着菱形的鳞片。盾皮鱼纲大致在泥盆纪末就灭绝了。而棘鱼纲是有鲨鱼等软骨鱼类的特征，也具有和硬骨鱼类的共同特征，故被认为是高等鱼类的祖先。

软骨鱼类和硬骨鱼类，是在泥盆纪出现的。软骨鱼类的鲨类，全身披着细小的鳞。所说的"鲨肌"，就因一个一个的鳞的形状，与西洋骑士的盾相似，故它又叫"盾鳞"。

德国动物学家赫尔维希（1849—1922 年）说过："鲨鱼牙齿是由鳞进化来的"。这大概是如何讲呢？

牙齿的最外层是坚硬的釉质（珐琅质）、最内层是象牙质，而芯是齿髓。这种构造及其发生过程和鲨鱼的盾鳞是完全相同的。蒙在颚上的口腔黏膜也曾是鳞，但因为捕食的缘故而发达变成齿。所以鲨鱼的质鳞又叫"皮齿"就是那个原因。

像盾鳞那样，具有"仿釉质"或象牙质的鳞，就连硬骨鱼类中也存在。例如，泥盆纪时的盔甲鱼及现存的空棘鱼就如此。

在现存的大部分硬骨鱼类中，鳞的仿釉质或象牙质已消失，仅成为"土台"状骨板，也叫"骨鳞"。然而，作为硬骨鱼类子孙的牙齿，的确是从鳞进化来的。

头部的鳞变成头骨

可是，揭示牙齿由来之谜，并不仅停留于鳞上。事实上更遥远的祖先，应追溯到异甲目甲胃。在甲胃的表层上整齐地排列着小颗粒，是由象牙质形成的，其上还蒙着仿釉质。

在象牙质中，伸出象牙芽细胞的突起物，这除变成种种物质的输送管道之外，还担负感受感觉的机能。牙科医生在动手术钻孔开始，穿过釉质到达象牙质时疼痛就是此原因。因这个象牙质使我们能感受到食物的软硬及性状。这就是所谓"牙齿反应"。可能异甲目的甲胃的象牙质也曾担负过重要的皮肤感觉机能吧。

作为原始的鱼、异甲目的甲胃形成的皮骨，发展成各种各样的鱼鳞，除还变成牙齿外，而是头部的皮骨潜在皮肤之下。

这在棘鱼目的阶段中，可看到棘鱼目头部的皮骨变成鳞而留在体表和潜入皮下。

在被看做是棘鱼目子孙的软骨鱼目和硬骨鱼目之中，软骨鱼目（包括现存的种）虽然头部的盾鳞还留在体表。但在硬骨鱼目中，头部的鳞潜在皮下，变成头盖骨，而且，变成眼睛的周围，颚、鳃的软骨的周围，鳃盖及其后方的骨。即，这就是硬骨鱼头没有鳞的秘密。

最古老的骨

软骨本来是以糖蛋白质为主要成分的组织。与此相反，所说的"硬骨"主要是由磷酸钙微晶组成的，但在生物学中只把硬骨称为"骨"。

在脊椎动物中，外骨骼从一开始就是骨。与此相反，内骨骼则是从软骨开始的。

软骨鱼类的内骨骼，就连现存种从前也是软骨。因为它与硬骨鱼不一样，头部的鳞没有潜在皮下。所以，软骨鱼保护脑的头盖及颚，仍是内骨骼的软骨。

但在硬骨鱼中，鳞潜入皮下，除变成像头盔那样包住软骨头盖形状的骨之外，还有包住颚的软骨。而且内骨骼还会逐渐从软骨向硬骨转换。由此，花费在承担体重而向陆上生活的可能性开始了。

硬骨鱼的头部及其附近从皮骨起源的骨，在两栖类中，继承了头骨和锁骨。就连我们哺乳类，这也没有变化。因此，鱼的头骨、锁骨和牙齿一起，被追溯为最古异甲目的甲胄，所以三者可称为最古老的骨。

像这样的外骨和内骨，在进化上的不同起源，还存在于我们的产生过程中。在外骨骼起源的头骨方面，是在组织中突然形成骨开始的。与此相反，在内骨骼的背骨及手足的骨方面，是先产生软骨，其后才换成硬骨的。

两个系统的骨骼，如今在我们体内，因此演奏着不同的历史曲调。

陆上动物皮肤也能形成外骨

且说，硬骨鱼头外的皮骨是鳞。那么，陆地上的动物的命运，又如何呢？

就连爬虫类等也有"鳞"，但这是其他东西。虽然同样是皮肤，但不是真皮。而最外层表皮的角质层能变得较厚，这就是蛋白质鳞，即"角板"，就连鸟的足或老鼠尾巴也如此。

在龟的龟板中，证实了那样的角质层是在真皮中呈现的骨板，并证实了这些动物从真皮形成皮骨的能力并未丧失。

从上述追寻的进化史来看，硬骨鱼的头为何无鳞，不是自然而然地理解了吗。

最早的鱼类，全身披着各种各样的骨板。骨板变成原始的鳞，而在口腔内侧表面凹陷部，变成大的牙齿。

另外，在硬骨鱼的进化系统中，头部的皮骨潜入皮下而发展成头骨等，而头的表面就看不到鱼鳞了。对于陆上动物，头骨越发固执的发达，后方的鳞都退化消失了。

这就是长达5亿年脊椎动物外骨的进化史。鱼的鳞现在残存在人类的头内，并保护着大脑。

46. 神出鬼没——巨型鱿鱼之谜

生活在深海世界的巨型鱿鱼是世界上最大的无脊椎动物，然而，人类还从来没有见过活的巨型鱿鱼。人们对这种动物的感性认知，都来源于神话传说，比如中世纪时，挪威人就把它们当做海中的怪兽。巨型鱿鱼神出鬼没，至今仍然是一个谜。

它，就是海下巨怪的化身，恐怖故事的素材。它体格庞大，充满神秘色彩。它是一个神话：巨型鱿鱼。

在100多年前的传说中，它非常巨大，非常凶猛，能够轻易地用有力的胳膊打坏船只，把人的身体切成两半，然后吃到肚里的可怕的半人半鱼的巨型海怪。1854年，一位丹麦教授，把各种有关海怪、水下巨妖的传说、设想和古代图片综合在一起后断定，这些海怪，就是巨大的鱿鱼，并为它起了学名"鱿鱼之王"。因此，它的中文名称有时也叫大乌贼王。

这种令人恐怖的巨怪，曾经出现在无数的小说和电影中。1861年，法国海军的船只声称遇到巨型鱿鱼。受此启发，凡尔纳在他著名的《海底两万里》中，让鹦鹉螺号和巨型鱿鱼打了一场恶战。梅尔维尔的小说《无比敌》，经侯斯顿导演，成为冒险片的经典。古希腊人就把巨鱿的亲戚——章鱼的肉看做是催情药。

然而，真正的巨型鱿鱼究竟是怎样生活的呢？迄今为止，人们只看到过死的、或者正在死去的巨鱿，还没有任何人，在巨鱿的自然生存环境中，观察到过它们的踪迹。英国鱿鱼学者克拉克毕生努力，也没有成功。

克拉克寻找巨鱿，找了几十年。他在捕鲸船和捕鲸站担任检察官时，在杀死后的鲸胃里，搜寻巨鱿的痕迹。他仔细研究了成千上百个巨鱿的角质嘴，其形状就像鹦鹉的喙。人们有关巨鱿的许多认识，就是从分析这些发现物中得来的。

巨型鱿鱼可以被分成两大类：除了真正的有八根触手的章鱼类（也就是躯干部分变成了圆球形），大部分生活在海底的章鱼之外，还有触手数目为十根的鱿鱼，学术说法是十腕类鱿鱼。后者更喜爱远洋的自由水域。虽然章鱼的体长，也可以长到一到两米，但是严格来说，神话和传说中出现的海怪，其实指的是巨型鱿鱼。

无可置疑，巨型鱿鱼属于动物界的巨人，只有少数几种鲸类，个头更大。单单是从巨型鱿鱼盘子般大的眼睛，就可窥见一斑。它的眼睛直径，可达25厘米，是动物界之最。巨型鱿鱼的身体总长度可达18米，其中，它那两只主要负责捕捉的触腕，和八只普通腕的长度，就占了10到12米。

除了向四面八方伸展的触手以外，巨型鱿鱼的身体，也是非常庞大的。它有无数个吸盘，每个上面，都环绕着一圈精细的锯齿，能够深深地切入猎物的身体，紧紧地抓住它们。为了撕裂食物，它们的嘴里，还拥有一个强大的，长度可达15厘米，形似鹦鹉喙的角质颚。

因为人们至今只研究过死巨鱿，所以，人们对它的身体结构，了解很多，但是对它的生活习性，却几乎一无所知。假如把至今的发现物和观察结果画到一张地图上的话，人们就会发现，巨型鱿鱼看来喜欢生活在南北半球较冷的水域中，300到1 000米深的海下。它们都捕捉些什么东西为食，至今还不太清楚，因为它们的胃里，假如不是空空如也的话，一般只剩下由强有力的颚嚼成的烂糊。这些暴力型怪物，是悄悄地躲在一边，在黑暗的海底深处，等着牺牲品送上门来呢，还是惯于迅速出击？它们是否也像其他大部分种类的鱿鱼一样，活命不长，三年以后就寿终正寝呢，还是这些被看做是魔怪的动物，其实是深海的长寿者呢？它们真的那么稀有，还是在海底，实际上游荡着成千上百万只巨鱿呢？

美国鱿鱼学者罗珀，1997年希望最终找到这些问题的回答。他组织了有史以来设备最为昂贵的考察活动。罗珀的科研小组驶向靠近新西兰海岸的凯口拉岛。在此之前，巨型鱿鱼在那一带多次落网。此外，这里也是抹香鲸喜欢出没的地方。然而，事与愿违，无论是降入深海的，还是装在鲸背上的照相机，都没有能够拍摄到正在游动，甚至于和鲸搏斗的巨鱿。百万美元换来的，只是一场空。

倒是不久前，人们发现了巨型鱿鱼相当奇怪的交尾行为。就像许多其他种类的鱿鱼一样，雄性巨鱿，也不具备真正的阴茎。这些动物的十只腕中，有一到两只兼任性交器官的作用，也就是所谓的茎化腕，或者也被称为是交接腕。一般雄性鱿鱼交配时，会把茎化腕伸到雌性鱿鱼的外套腔里，将小小的精荚，直接送到雌性体内卵细胞的周围。

相反，巨型鱿鱼交配时使用的显然是另一种不太温柔的方法。不久前，一只大约15米长的雌性巨鱿，落入澳大利亚塔斯马尼亚岛渔民的网中。它身上有两处小皮伤。科研人员在皮下发现了小小的精荚。看来，是一只雄性巨鱿，硬是把这两个盛满精子的精荚，注射到了这只雌性巨鱿的皮下。

其他种类的鱿鱼，往往在特殊的储藏地，比如说在外套腔里，或者是生殖器官周围，储藏几个月的精子，而巨型鱿鱼看来却喜欢有目的地直接储藏在皮下。有了这一发现之后，学者们猜测，这些深海巨物的雄性，或许是使用它们的颌骨，或者是带有锯齿的吸盘，先在雌性的皮肤上，划出小小的伤口，然而再把精荚存放进去。

因为在塔斯马尼亚落网的这只雌性巨鱿，还没有发育成熟，所以，专家们猜测，巨型鱿鱼的这种皮下交配法，是用来保障后代繁殖的。也许，在那没有一丝光线的海底深处，可能的交配对象之间打照面的机会并不很多。在这种情况下，即使雌性巨鱿还没有发育成熟，一旦偶遇佳机，还是先交配再说。在身上收留一些精子，直到哪一天，有成熟的卵时，再让它们受精。这样的做法，可以说是很有用处的。

只不过，那些精子后来究竟是怎样从皮下储藏室进入雌性的生殖系统与卵子会合的，科学家们还是不得而知。巨型鱿鱼，依然还是一团没有揭开的谜。

47. 四足动物祖先——总鳍鱼之谜

生命起源于海洋并且在那里得到了发展，这早已是被公认的事实。但是，生物界只有摆脱了水的束缚，才能为其大发展和进化开辟更为广阔的天地。因此，用四条腿走路的动物的起源问题长期以来就为科学家们所关注，而且长期以来争论不休。

在20世纪40年代，根据对一种总鳍鱼类化石吻部构造的详细研究之后，人们似乎认为四足动物源于总鳍鱼类已是毫无疑问的了，而且成了现今教科书广泛采用的观点。

最初，人们认为，如果总鳍鱼类是四足动物祖先的话，那么在它的嘴里就应该有与外鼻孔相通的内鼻孔，这才能进行呼吸。瑞典著名古生物学家雅尔维克教授用连续磨片的方法，对属于总鳍鱼类的真掌鳍鱼化石吻部作了非常详细的研究后，认为它有内鼻孔。于是他认为至少在总鳍鱼类这个大家中，有一支具有用来进行呼吸的内鼻孔，即包括真掌鳍鱼在内的扇鳍鱼类，这已是无可置疑的了。

近年来，在我国云南东部距今4亿年前所形成的岩层中，发现了总鳍鱼类化石。为了纪念我国古脊椎动物的奠基者杨钟健教授，给它起了名字叫杨氏鱼，它与扇鳍类有很多非常相同的地方。按传统的看法，它应该具有内鼻孔。我国著名古鱼类学家张弥曼教授，采用连续切片的方法，对杨氏鱼的吻部进行了详细的研究后发现：杨氏鱼的口腔没有内鼻孔。在中国发现的总鳍鱼没有内鼻孔，那么，在外国发现的总鳍鱼是否真像前人所说那样有内鼻孔呢？她带着这个问题，先后对雅尔维克教授所作的切片重新作了观察，同时对英国、德国、法国所收藏的同类化石作了详细的研究。她发现它们均与杨氏鱼相似。在雅氏所描述的真掌鳍鱼的标志上，内鼻孔所在的部位并不完全，有的甚至没有保存下来。因此，雅氏所画出来的图都是"复原"出来的，也就是说其真实性不强。于是，人们对扇鳍鱼是否有内鼻孔这个问题打上了一个大问号。

四足动物用肺进行呼吸。因此，它必须要有与外鼻孔相通的内鼻孔，这样才能使外面的空气）顺利地进入肺，保证动物对氧气的需要。张弥曼教授通过对我国云南杨氏鱼研究所取得的成果，否定了扇鳍鱼类有内鼻孔的传统看法，这样就从根本上动摇了总鳍鱼类是四足动物祖先的地位。这是20世纪以来对这一传统的四足动物起源说的一次真正挑战，在全世界地质学界和古生学界引起了很大的震动。

48. 智商超穷——海豚智力之谜

提起海豚，人们都听说它拥有超常的智慧和能力。在水族馆里，海豚能够按照训练师的指示，表演各种美妙的跳跃动作，似乎能了解人类所传递的信息，并采取行动，人们不禁惊叹这美丽的海洋动物如此聪明。那么，海豚的智慧和能力究竟高到什么程度？它们和人类之间的相互沟通有没有日益增进的可能？这里从海豚脑部的构造及生态特性入手，对它的智慧进行一番探讨。

海豚智商难以测定

海豚能作出各种难度较高的杂技动作，显然是一种相当聪明的海中动物。但是海豚实际上的智力情况如何呢？心理学上，"智力"一词大致包含三种意义：一是对于各种不同状况的适应能力；二是由过往经验获取教训的学习能力；三是利用语言或符号等象征性事物从事"抽象思考的能力"。

根据观察野生海豚的行为以及海豚表演杂技时与人类沟通的情形推测，海豚的适应及学习能力都很强；但目前尚无法证明海豚运用语言或符号进行抽象式的思考。不过即使没有科学上的确凿证据，也不能就此认为海豚没有抽象思考能力。

倘若海豚真的具有抽象思考能力，那么它究竟是如何运用这种能力？而其程度又是如何？这些都是饶有兴趣的问题。但现在，想找出这些问题的答案并不容易，因为即使是人类所拥有的智慧，也还有许多未知之处。

虽然海豚与人一样都属于哺乳动物，但因生活的环境不同，相互接触的机会不多，故人类对海豚潜在能力的了解是很有限的。那么，人类究竟是采用何种方法来研究并探索海豚的智能呢？目前，大多数都采用下列两种方法：一是根据海豚解剖学上的特征，来推算海豚的潜在能力；二是实际观察野生海豚的行为，并从行为目的与功能方面着手，推测其智慧的高低。

第二节　玄机暗藏——海洋奇异的地理现象

1. 航线"鬼门关"——好望角巨浪之谜

位于非洲西南端的好望角，是大西洋和印度洋之间的重要陆地标志。好望角的发现，是一场海上风暴送给葡萄牙探险巴塞少缪·迪亚士的意外礼物。

1487 年 7 月，32 岁的迪亚士奉葡萄牙国王之命，率 3 艘探险船沿非洲西海岸南下，踏上了驶往印度洋的未知之路。当船队到了南纬 33 度的地方时，突然遇上了风暴，在海上漂泊了 13 个昼夜。风暴停息以后，迪亚士决定向东航行，可一连行驶了好几天仍未发现非洲西海岸的影子。迪亚士凭着丰富的航海经验推断，船队已在风暴中绕过了非洲的最南端。于是船队改变航向朝正北航行，几天之后果然看见了东西走向的海岸线和一个海湾（即今南非的莫塞尔湾），但船员们都不愿继续东行冒险，迪亚士只好率船队返航。

返航途中，在接近一个伸入海中的海角时，不料风暴再次降临，海面巨浪滔天。船队在风浪中经过两天奋力拼搏，才绕过骇人的海角，驶进风平浪静的非洲西海岸。望着令人生畏的海角，迪亚士将它命名为"风暴角"。1488 年 12 月，船队回到里斯本，迪亚士向国王裘安二世描述了自己的探险经过和命名为"风暴角"的海角，国王认为，绕过这个海角就有希望进入印度洋，到达朝思暮想的黄金国印度，于是就将"风暴角"改名为"好望角"，并一直沿用至今。

此后，好望角就成为欧洲人进入印度洋的海岸指路标。但由于地理位置特殊，好望角海域几乎终年大风大浪，遇难海船难以计数，以致有"好望角，好望不好过"的说法。1500 年，"好望角之父"迪亚士正是在此走完了人生旅程，好望角成了他的绝望之角，葬身之所。自迪亚士发现好望角以来，这里就以特有的巨浪闻名于世。据海洋学家统计，这一海区 10 多米高的海浪屡见不鲜，6 ~ 7 米高的海浪每年有 110 天，其余时间的浪高一般也在 2 米以上。好望角不仅是一个"风暴角"，还是一个"多难角"，从万吨远洋货轮到数十万吨级的大型油轮都曾在此失事，其罪魁祸首就是这一海区奇特的巨浪。1968 年 6 月，一艘名叫"世界荣誉"号的巨型油轮装载着 49 000 吨原油，当它驶入好望角时遭到了波高 20 米的狂浪袭击，巨浪就像折断一根木棍一样把油轮折成两段后沉没了。据 20 世纪 70 年代以来的不完全统计，在好望角海区失事的万吨级航船已有 11 艘之多。在南部非洲的海图上，都有关于好望角异常大浪的警告。

好望角为什么有那么大的巨浪呢？水文气象学家探索了多年，终于揭开了其中的奥秘。好望角巨浪的生成除了与大气环流特征有关外，还与当地海况及地理环境有着密切关系。好望角正好处在盛行西风带上，西风带的特点是西风的风力很强，11 级大风可谓家常便饭，这样的气象条件是形成好望角巨浪的外部原因。南关半球是一个陆地小而水域辽阔的半球，自古就有"水半球"之称。好望角接近南纬 40°，而南纬 40°至南极圈是一个围绕地球一周的大水圈，广阔的海区无疑是好望角巨浪生成的另一个原因。

此外，在辽阔的海域，海流突然遇到好望角陆地的侧向阻挡作用，也是巨浪形成的重要原因。因此，西方国家常把南半球的盛行西风带称为"咆哮西风带"，而把好望角的航线比作"鬼门关"。

2. 超科想象——海洋微生物种类惊人

一个国际海洋生物学家小组在全球多个海洋研究点采样调查和分析后惊讶地发现，生活在地球海洋中的微生物种类比人类目前估计的数量多 100 倍，达到上千万种。这也就意味着，如果一名泳者不小心吞下了一口海水，他同时也会吞下

1 000 种微生物。此前只有约 5 000 种海洋微生物为人类所知，但事实上，生活在海洋里的细菌种类高达 500 ~ 1 000 万。

据介绍，海洋微生物是地球最早生命形态的后代，如果没有他们，海洋里甚至陆地上的所有生物都不可能发展到现在，因此科学家迫切地希望对这些生物了解更多。

研究人员使用一种 DNA 技术分析海水样本，这种基因分辨技术能够在很短的时间内从一杯海水中分辨出数千种微生物种类。

美国马萨诸塞州海洋生物实验室的索金及同事的研究工作是为"国际海洋微生物普查"实施的。"国际海洋微生物普查"是一个于 2000 年启动的研究项目的组成部分，参加该项目的有 70 多个国家的研究人员，对海洋生物多样性进行共同研究。他们从四大洋各个水段提取一升海水样本，用于分析其微生物种类。尽管有几种微生物数量在样本中占有绝对优势，但稀有微生物种类也为数众多。索金认为，这相当于一个罕见的生物圈。他说，随着全球气候不断变化，当前常见的微生物数量也许会骤减，而如今较为罕见的微生物则有可能越来越普遍。

3. 和平之海——太平洋的离奇身世

1513 年 9 月 26 日，西班牙人巴斯科·巴尔沃亚自称巴拿马总督，他为了视察领地，横穿巴拿马地峡，从山上看到南面是一片茫茫大海，十分惊奇。他问当地居民这大海通向哪里？当地人说，只知这海很大，不知它的边界。于是，巴尔沃亚便把他看到的大海称为"南大海"，他并没有意识到自己已经发现了世界第一大洋。

1520 年底，葡萄牙探险家麦哲伦率探险船队进行环球远航，一路狂风恶浪，终于渡过大西洋，从美洲南端的麦哲伦海峡进入新的大洋。时逢天气特别晴朗，洋面风平浪静，航行几十天都是如此，与大西洋的大浪滔天天无法相比。船员们拍手称庆，一致称赞这个"南大海"为 E1MaraPcific，意即"和平之海"，汉译为太平洋。麦哲伦的环球探险不仅为地圆说提供了有力的证据，也使人们开始知道了地球上有一个比大西洋、印度洋都要大得多的太平洋。

太平洋的总面积为 17 868 万平方公里；海水量多达 70 710 万立方公里，差不多相当于大西洋、印度洋、北冰洋的总和。而在四大洋中，太平洋不仅面积最大，它的秘密和故事也最多。

有人说，太平洋是月亮的故乡。这话听起来有点离奇，可是说这话的不是普通人，而是著名的生物进化论的创立者达尔文的儿子乔治·达尔文。1879 年，小达尔文在探寻太平洋形成之谜时，提出了这样一个假说。

　　小达尔文说，在很久很久以前，地球形成初期还处于熔融状态的时候，地球自转得非常快。地球现在自转一周是 23 小时 56 分，而那时自转一周的时间只有 4 个小时，简直就像在飞一样。太阳对地球的引潮力，使处于熔融状的地球发生了一起一伏的潮汐现象。在一段时间里，恰巧潮汐的震动和地球固有的震动频率正好相同时，就会产生一种共震现象。它使地球潮汐的起伏变得更大、更激烈，结果在地球的赤道上出现了破裂，裂口上甩出了一大块物质，它飞到了地球的外面，从此环绕地球运行，就形成了现在的月亮。而地球上从此留下了一个凹坑，这就是太平洋。

　　小达尔文假说中的故事发生在遥远的地质年代，那时地球上尚未出现人类，因此这只是一种推测。由于月球的密度（3.341 克/厘米）与地球浅部物质的平均密度（3.2 ~ 3.3 克/厘米）近似，而且地球的自转速度也确有越早越快的现象，这就使小达尔文的分出假说获得了许多人的支持。然而，有一些科学家经过缜密的计算之后指出，要使地球上的物体飞出去，地球一昼夜的时间不得大于 1 小时 25 分，地球早期有过如此快的旋转速度吗？还有地球上找到的最古老岩石仅 38 亿年，而月球岩石大多具有古老得多的年龄值（40 ~ 45.5 亿年），这也与飞出说相矛盾。显然，偌大的月球不可能是从地球上甩出去的，太平洋的形成和月亮没有任何的瓜葛。

　　20 世纪初，德国年轻的气象学家魏格纳提出了大陆漂移说。他认为地球上原来是一个泛大陆和泛大洋，后来泛大陆分离开来了，大陆之间才有了大洋。他的学说后来得到了许多科学家的赞同，但遗憾的是，用大陆漂移说来解释大西洋、印度洋和北冰洋的成因还可以，而解释太平洋的身世却不合情理。因为太平洋的形状是圆的，而且大洋两岸的地质特征又是千差万别，要说它也是远古时代大陆分裂而形成的，显然难以令人信服。

　　20 世纪 50 年代以来，由于天体地质学研究的进展，人们发现，地球的邻居——月球、火星、金星、水星上均广泛发育了陨石撞击坑，有的规模还相当大。这不能不使人联想到，地球也有可能遭受过同样的撞击。1955 年，法国人摩契尔提出了新的太平洋成因假说。他宣称：太平洋是一次重大灾变事件的产物。

　　他说：在 2.45 亿年前，有一颗直径约 200 公里的陨星猛烈地撞击在太平洋地区，在那里撞击出了一个直径 14 000 公里、深 3 ~ 4 公里的大坑，海水涌进了这个大坑，形成了太平洋。从地图上看，太平洋确实像个大坑。

　　那么，太平洋真是巨大无比的陨石坑吗？

　　地球上被陨石撞击留下的坑有不少，如美国的亚利桑那盆地就是一个陨石坑。在这个盆地的周围可以找到陨石的碎块，地质学家和天文学家共同研究了这个陨石坑，确认撞击亚利桑那盆地的那颗陨石，在坠落地球的时候发生了大爆炸，冲击波非常强大，挤压出一个陨石谷。瞧这盆地的形状，大致呈圆形，底部平坦，周围有陡峭的坡面和顺着盆地边缘分布的隆起山脉，像是给盆地镶了一条边似的。它的轮廓模样酷似太平洋，只是亚利桑那盆地很小而且没有海水充盈而已。

地球上保存完好的大陨石坑有 13 个，它们的形状都和太平洋盆地十分相似。支持陨石撞击说的学者在 2.45 亿年前的地球沉积物中，还发现了一些"天外来客"——陨石留下的微量元素异常。它告诉人们，当时地球上大多数生物种类灭绝了，地球自转有明显加快的迹象，地球的气候突然变暖，而且海水又大量地损失。这块巨大的陨石撞击地球以后，原来的太平洋古陆分崩离析，四分五裂之后与原先不相干的古陆结合在一起。

地球上原来只有联合古陆一个整体，自从陨星撞击地球以后，联合古陆就破裂了，并逐步分裂漂移开来，结果就形成了今天的欧亚、美洲、非洲、大洋洲、南极洲等大陆。与此同时，地球上的三大洋也在大陆之间横空出世。如此看来，这次陨石撞击事变不仅产生了太平洋，而且还裂变了古大陆，形成了五大洲和另外三大洋。

有的科学家研究了月球之后，也相信太平洋系撞击形成，因为月球上凹陷的月海也是小天体猛烈轰击形成的。最大的月海风暴洋的面积达 500 万平方公里左右，两者能相互对比。如月海和太平洋大致具有圆形轮廓，月海比月陆平均低 2 ~ 3 公里，太平洋比大陆平均低 3 ~ 4 公里；月海及地球海洋皆由年龄较小的玄武岩组成；地球陆壳厚 30 ~ 50 公里，洋壳一般为 5 ~ 15 公里；月球陆壳一般厚 40 ~ 60 公里，海壳小于 20 公里；月海、太平洋周围都有山链环绕……

当然，与月海相比，太平洋也有一些月海所没有的其他特征。如至今仍很活跃的岩浆构造活动，而月海的这类活动早已沉寂；再如太平洋有反映海底扩张的海底磁性条带动，而月球则没有……诸如此类的差别，可以认为是地球具有比月球大得多的质量和体积的缘故。拥有 81 个月球质量的地球，必然拥有比月球长得多的热史，这就使它不仅有可能维持较长时期的构造岩浆活动，而且也使地球物质有可能进行充分的分异，并发生月球所没有的板块运动。

也许可以这么说，太平洋是在地球早期形成的巨大撞击盆地，但在漫长的地史时期中，它经历了多次的改造，特别是后来的板块运动更使它涂上了一片新的假象。事实是否真的这样呢？

4. 血脉相连——河马与鲸曾是近亲的原因

自从河马被发现至今，它的归属就引起科学家的激烈争议。古希腊人认为它和马有最亲近的血缘，现代科学家则认为它的近亲是猪或野猪。直到 1985 年科学家首次对河马与鲸的血液蛋白进行对比，才发现河马与鲸的差别远不像看起来那么大，最近的 DNA 分析也证实了这一点。因此早就有科学家建议，鲸应该和偶蹄动物归为一目，合称为"鲸—偶蹄动物"，尽管鲸的蹄已经完全变成了鳍。

美国加利福尼亚大学伯克利分校、法国普瓦捷大学以及乍得恩贾梅纳大学组成的研究小组通过对河马与鲸各自祖先的化石系统分析后提出，它们的共同祖先约在 4 000 万年前分成两支。其中的一支进化成为鲸，并最终告别了陆地；而另一支是一种外貌有些像猪的厚皮四蹄动物，被称为石炭兽类，是所有偶蹄动物的祖先。

美国加州大学伯克利分校研究人员布瓦瑟里说，石炭兽类这种古老动物曾一度生活在除大洋洲和南美洲之外的广泛地区，直到在 250 万年前的冰期中灭绝。不过，约 1 600 万年前在非洲进化而成的河马，可以算是它的直系子遗，因此河马与鲸的亲缘关系可以比作"表兄弟"。

研究人员说，河马与鲸的共同祖先应是半水栖的动物，喜好生活在水边，新近发现鲸类祖先、河马以及其他偶蹄动物祖先石炭兽类的化石，都显示出半水栖或水栖的特征。他们也支持将鲸和偶蹄动物合并成"鲸—偶蹄动物"目。

布瓦瑟里说，要确证鲸与河马以及其他偶蹄动物的关系，还需要足够的化石证据，不过 2001 年科学家在巴基斯坦境内发现了已知鲸类最早祖先的化石，显示出它的上肢还没有完全进化成鳍，而是保留了一些偶蹄动物的特征。正是通过对这些化石的系统分析，研究人员提出了鲸与偶蹄动物的详细进化路线。

5. 腐蚀之海——火星上的巨大酸性海洋

尽管古塞夫环形山和子午线平原相距数千公里，但业已证实：来自两地的火星土壤有些成分极其相似，均富含氯和硫磺。最近，高精度的测量结果显示：地球上所有已知生命的重要能量载体——磷，同样丰富而广泛地存在于这些火星土壤中。为何在完全不同的地方却拥有如此类似的土壤？

针对这些类似土壤的各种解释，韦斯利恩大学的地质学家詹姆斯·格林伍德和耶鲁大学的地质学家鲁丝·布雷克进行了调查。土壤样品由两个火星探测器——海盗号和火星探路者号采集，采集地点包括这两个火星探测器的着陆地，每种样品都含有所谓的亮白色土壤。经证实，这种亮白色土壤的主要成分为硫磺、氯和磷，此外，还有特有的氧化铁，使火星呈现出赤红色调。研究人员检测了来自火星的陨石，确定硫磺和氯很可能来源于古代的火山爆发。但是，磷的情况则有所不同。

研究人员认为，"火星上液体中的磷酸盐最初很可能由液体对火色岩石中磷酸钙矿物的侵蚀造成"。由于被生命体吸收掉，所以地球上的磷很少溶于水；而在火星上，磷似乎有溶于水的特性，它们溶于周围的酸性海水并从岩石中分离出去。研究人员指出：只有在酸性环境下，磷和硫磺才可能达到如此高度的结合。

相似的土壤分布得如此广泛，表明一个酸性海洋曾覆盖了大范围的火星表面，或许曾存在具有同样化学特性的众多湖泊；而对土壤元素水平的全面检测也显示，火星上曾短期存在一个酸性海洋。研究人员在论文中指出："全球范围的酸性海水蒸发，可能会形成纳米级氧化铁粒子，这些粒子跟一直存在的硫磺、氯和磷结合，使火星土壤呈现出亮白色调。"

这样一个全球性的酸性海洋也有助于解释为什么火星土壤中缺少碳酸盐——一方面，短期存在的海洋不利于碳酸盐的形成与沉积；另一方面，碳酸盐也无法存在于强酸性的环境。碳酸盐是一种关键的指示剂，该物质在地球上大量地形成，能够说明地球上的海洋很久以前就长期存在。火星的酸性海洋原本不利于生命的存活，再加上其中高浓度的磷元素，就更不利于任何生命的存在。格林伍德和布雷克在论文的结论部分写道："假如火星海洋存在期间有着活跃的生物圈，就不能期望其海水中存在高浓度的磷。"

6. "死海不死"——揭开死海有生物存在之谜

死海是位于西南亚的著名大咸湖，湖面低于地中海海面392米，是世界最低洼处，因温度高、蒸发强烈、合盐度高，据称水生植物和鱼类等生物不能生存，故得死海之名。那么，死海真的就没有生物存在了吗？美国和以色列的科学家，通过研究终于揭开了这个谜底：但就在这种最咸的水中，仍有几种细菌和一种海藻生存其间。原来，死海中有一种叫做"盒状嗜盐细菌"的微生物，具备防止盐侵害的独特蛋白质。

众所周知，通常蛋白质必须置于溶液中，若离开溶液就要沉淀，形成机能失调的沉淀物。因此，高浓度的盐分，可对多数蛋白质产生脱水效应。而"盒状嗜盐细菌"具有的这种蛋白质，在高浓度盐分的情况下，不会脱水，能够继续生存。

嗜盐细菌蛋白又叫铁氧化还原蛋白。美国生物学家梅纳切姆·肖哈姆和几位以色列学者一起，运用X射线晶体学原理，找出了"盒状嗜盐细菌"的分子结构。这种特殊蛋白呈咖啡杯状，其"柄"上所含带负电的氨基酸结构单元，对一端带正电而另一端带负电的水分子具有特殊的吸引力。所以，能够从盐分很高的死海海水中夺走水分子，使蛋白质依然逗留在溶液里，这样，死海有生物存在就不足为奇了。

　　参加这项研究的几位科学家认为，揭开死海有生物存在之谜，具有很重要的意义。在未来，类似氨基酸的程序，有朝一日移植给不耐盐的蛋白质后，就可使不耐盐的其他蛋白质，在缺乏淡水的条件下，在海水中也能继续存在，因此这种工艺可望有广阔的前景。

7. "终极生物"——深海细菌"品系121"揭示生命起源

　　根据我们日常的生活经验，我们把食物煮熟，其中的细菌就可以死光了。然而，对于医生来说，100℃还不是对付细菌的最佳温度，为了防止病人受细菌感染，医生一般用121℃的高温蒸气来对医疗器械进行消毒，目前已知的各种细菌在这个温度下都可以被杀死。然而，科学家最近发现了可以耐受130℃高温的细菌。

　　不过我们不必担心我们现有的方法不能杀灭危害人类健康的病菌，因为新发现的高温细菌并不生存在常规的环境中，而是生活在深海海底的温泉里。更为奇特的是，这种新细菌呼吸的是硫而不是氧。地面上的温泉一般也就几十摄氏度的高温，而深海中的温泉是被岩浆加热的，并且由于海水对海底造成强大压强的关系，这些温泉最多可以达到400℃的高温。因此，科学家还希望找到能耐受更高温度的细菌。

　　科学家把这种细菌放入含有氧化铁的试管中时，发现这种细菌居然有还原能力，能够把铁离子还原成铁原子。据古生物学家推测，这种细菌可能是地球上最古老的生物之一，大概在地球上生活了几十亿年了。科学家把这种细菌命名为"品系121"，表明它们能忍受陆地上细菌不能忍受的121℃的高温。除了能忍受高温外，这些古老的细菌还有一些奇特的属性，它们能忍受超级低温和盐度高的环境，强酸和强碱它们也不怕，可算是能忍受恶劣环境的"终极生物"了。

　　科学家指出，这次发现不仅仅是找到了一种奇特的生物，对研究生命的起源也有重要的意义。因为地球在形成之初是个大火球，燃烧了若干亿年才慢慢冷却下来，这些古老的耐高温细菌可能就是在地球的高温时期形成的，如果这个假说正确的话，生命起源的研究将有了新的思路。

　　更为重要的是，高温细菌的发现为寻找外星生命提供了重要的证据和线索。按照传统的观点，生命只能在和地球环境类似的星球上才能进化出来，最重要的是要有像地球一样的大气圈。然而，高温细菌告诉我们，生命不仅可以忍受极端恶劣的生存环境，还可以靠呼吸硫来生存和进化，这样一来，缺少氧和其他气体的星球也可能出现生命，并可能从低级生物进化成高级生物。

8. 物竞天择——水生软体动物离水后长时间不死的原因

水生动物一般离开水后就很快死去，然而很多水生软体动物在被浪头抛上岸后或在其他脱离水的情况下仍能存活很长时间。俄罗斯生态与进化问题研究所专家最近发现了其中的奥秘，他们发现水生软体动物在脱离水之后能够很快以新的能量消耗方式和呼吸方式适应新的环境，这使得它们能继续存活很长时间。

为了继续生存，离开水的水生软体动物需要首先使身体保持湿润。为此，它们会分泌一种特殊的黏液分布在体表，防止身体变干。这些软体动物甚至会三五成群地聚集在石块下、礁石缝等背阴的地方，以使黏液更好地发挥保湿作用。

对于长有大贝壳的软体动物来说，情况会好得多。因为它们可以合上贝壳将身体密封起来，防止身体的水分蒸发以使身体保持湿润。在这种缺乏氧气和食物的封闭条件下，它们体内的化学成分会发生变化，消耗自身体内的营养和氧气。而对于贝壳小或者没有贝壳的软体动物而言，情况要相对糟糕些，它们必须钻到泥土中才行，有些甚至钻到深达 35 厘米的地下。不管有无贝壳，软体动物由于在缺水的条件下缺乏好的生存条件，它们的体重都要减轻 40% 至 80%。

俄研究人员还发现，在离开水的情况下，水生软体动物的呼吸方式也发生了变化。在水中，它们可以通过鳃或肺呼吸溶解在水中的氧气，而离开水后它们会借助靠近体表的血管网络，直接从空气中吸收氧气以满足身体需要。

9. "长画的石头"——远古化石昭示北京远古是汪洋

大量侏罗纪时期的远古化石在北京市延庆县珍珠泉乡被发现，引起了人们的极大关注。

在农民曹仲三家中，一块 30 厘米长、20 厘米宽的平展的化石上一棵像草又像树的植物清晰地印在石面上。据曹仲三妻子郝志平讲，这块石头是她丈夫去年从南山的石灰窑附近拾到的，其他村民也在那里见到过这种"长画的石头"。据石灰窑工人讲，石灰窑南侧不远处有许多这种化石。这些奇特的石头上有的是植物图案，有的则是动物图案。

经延庆县研究硅化木的工作人员初步鉴定，这些化石属于侏罗纪，也就是1.8 亿年至 1.4 亿年之间的动植物化石。化石上的动植物是早期海洋低等藻类和蕨类植物、低等无脊椎软体动物。根据这些化石，有专家推断北京曾是一片汪洋，但还有待商榷。珍珠泉乡政府已经将化石送交有关专家进行鉴定。

10. 燧石遗迹——四亿年前水蚤化石揭开鱼类饮食之谜

我们都知道大鱼吃小鱼，小鱼吃虾，这是自然界一种生物存在的法则。但是你知道4亿多年前，鱼类刚脱离海水，最早进入淡水时以什么为食吗？据报道，苏格兰国家博物馆的专家们在著名的苏格兰莱尼燧石层沉淀遗址中，发现了一些4.1亿年前保存完好的水蚤类动物化石。专家推断，水蚤就是最早期淡水鱼的美食。

苏格兰莱尼燧石层沉淀遗址在阿伯丁郡莱尼村附近，并由此得名。新发现的这些化石，与今天的蚤类很相似，属于淡水甲壳类动物，它们依靠触角摆动可以垂直游动。这种蚤类存在的时期正好是海洋鱼类向淡水鱼类转化的地质时期。专家们推断，水蚤类就是淡水鱼类不错的美食，构成了食物链中最基本的要素，也是那一时期鱼类最主要的食物来源。这样，早期的淡水生态系统就建立起来了。

莱尼燧石层沉积遗址的化石种类丰富，热泉和间歇泉活动频繁，这个地区也受到火山活动的影响。因为间歇泉喷出的水中含有极其丰富的矿物质，吸引水蚤来到这里。当水开始冷却的时候，水中所含的矿物就沉淀下来，埋葬和保存了这些来此觅食的动物。

这些新发现的化石可以追溯到4.1亿年前，而科学家们以前知道的最古老的水蚤类动物化石是1991年发现的，可以追溯到白垩纪，估计比苏格兰这些化石年轻3亿年左右。通常，这种小化石不可能成为化石标本的，科学家们过去在一些年代相近的沉积遗址中没有发现它们的踪迹。

也许这只是个巧合，这么小的生物被完整地保留了下来，为人类寻找远古的秘密做个见证。

11. 自然障碍——探秘昆虫不涉足海洋的原因

众所周知，世界上大约有六分之五的动物是由昆虫组成。昆虫家族兴旺发达，几乎可以生长于任何地方——从南极到北极，在洞穴、湖泊、沙漠、雨林，乃至温泉和石油层中。但是非常奇怪，在海洋中却很少见到昆虫的身影。

这是为什么呢？荷兰乌特勒克大学物理学家杰勒因·范德黑吉认为，在海洋中几乎无开花植物。由于开花植物和昆虫一起进化，昆虫在缺少花的海洋环境中是无法生活的。

似乎昆虫并不完全不能在水中生活。大约昆虫种类的 3%～5% 生活在湖泊和河流中，有些甚至已适应了盐滩中的咸度，然而几乎没有一种昆虫可以生活在浩淼的海水之中。

以前对缺少海洋昆虫所作的解释都不令人满意。有些理论认为，自然障碍——海浪、盐——阻止了昆虫涉足海洋？还有其他理论则提出食肉的鱼是一种障碍。然而，这些障碍却没有阻止其他像蜘蛛类的节足动物涉足海洋，至少有 400 种不同的海蜘蛛和许多种蠓自在地生活在海洋中。

虽然海蜘蛛和蠓也属昆虫类，在海洋中很发达，但它们已完全适应海洋中的自然环境，并不依赖于开花植物。海洋中绝大多数植物是由简单植物组成，如单细胞的绿色浮游植物以及缺少真正的叶、茎、根的海草。

开花植物在海洋中几乎绝迹，仅有大约 30 种海洋植物生长在海岸区域。开花植物仅在陆地进化而不能移居于海洋的原因，肯定与流体中微粒的运动有关。如果花粉粒浸入像水同样密度的流体中，那么，这种从水下花上脱落下的花粉则会被水流携带走。即使碰巧动物把花粉粒携带到花的枝头（雌蕊顶部，是接受花粉的地方）上，流水也会很容易把花粉冲走。但是在像空气这样的流体中，其密度是水的千分之一，柱头可容易捕捉到花粉。这就是为什么水下花罕见的原因。

根据传统的观点，在昆虫出现后的 2.5 亿年中，昆虫类繁衍得并不兴旺，它们在砂砾中搜寻食物仅能勉强维持生存。但是在 1 亿至 1.15 亿年前，当开花植物出现时，昆虫的命运就大为改观，其数量在地球上猛增，而且嘴得以进化且形式多样，以满足吃花粉和花蜜的需要，直到最后大多数昆虫可依靠某些花生存。而不吃花的昆虫则很可能以食昆虫为生。由于开花植物不能在海洋中生息，以花粉和花蜜为食的昆虫自然不必下海而一直是"旱鸭子"。

然而，这种观点却不能使古生物学家信服。几年前，勒班代乐提出这样一种观点：早在开花植物出现前，昆虫的种类就已很多，而且已进化成专门的嘴不是吃花而是吃蕨、铁树、针叶松和其他更原始的植物。勒班代乐解释的海洋缺少昆虫的道理很简单：海洋中无树。一棵普通的树能为昆虫提供大量的栖息地：根、皮、籽、叶和起加强作用的组织。相比之下，海草仅是由一些弹性的叶状组织。给陆地生态系统给昆虫赋予这样一种独特的栖息地，是植物结构的多样性，而海洋中这种多样性不存在。

12. 生命起源——深海微生物化石之谜

据报道，美国的地质学家宣称，他们从深海挖掘出一些 14.3 亿年前的深海微生物化石，有力地证明了生命其实起源于海底。

美国地质学家称，他们发现了14.3亿年前的深海微生物化石，这些古老的被称之为"海底黑烟囱"化石比之前确定的类似的化石早10亿年，它的发现更加有力地证明了生命起源于海底，因此是海洋科学取得的最重要的科学成就之一。"海底黑烟囱"源于地壳中的水下喷口，这里曾经喷射出高达400摄氏度富含矿物质的水，在其周围生活着特殊的深海生物群落，它们的初级生产者嗜热细菌和古细菌的生存，不依赖于进入"海底黑烟囱"的阳光和氧气，以溶化的矿物质为食。因此，现代"海底黑烟囱"周围的水热环境是探索生命起源的理想场所。

参加此次化石研究的美国圣路易斯大学的地质学家卡斯基说："这些微生物是我们星球上最古老的活的生命类型的余存物，它们'有力地表明'生命起源于深海水热环境，而非浅海或其他环境中，一些人喜欢称其为极端环境下的生命。这些细菌很可能存在于另一个星球，那里的环境不同于我们生存的环境。"这些石质的"海底黑烟囱"有15米高，由于它们非常脆弱，一碰就会崩塌，因此，进行现代海底黑烟囱的取样极其困难。科学家表示，该发现为进行地质和地理生物研究提供了一些非常有价值的陆上标本，有助于科学家了解古代水热环境下生物的生长以及海底生物的发展和相互关联。

尽管这些化石非常古老，但是，它们还不是地球上生命起源的最古老的证据。最古老的标本是有35亿年历史的圆顶形细菌块，科学家们称其为"叠层石"。这种标本是在澳大利亚西部发现的，表明生命起源于浅海。

美国地质学家因此认为，生命很可能就是起源于深海。当然，很可能还有更古老的"海底黑烟囱"等着我们去发现。迄今为止，这些化石的确为我们提供了最古老的深海生命的证明。

第三篇　千姿百态——海洋趣味百科

第一节　蓝色档案——海洋密码

1. 亘古弥久——大西洋中脊之谜

仅次于太平洋的世界第二大洋——大西洋，是古罗马人根据非洲西北部的阿特拉斯山脉命名的。大西洋也是最年轻的海洋，它是由大陆漂移引起美洲大陆与欧洲和非洲大陆分离后而形成的。虽然现在还没有足够的证据证明大西洋早在 1～1.2 亿年前就已存在，但大多数科学家都承认，美洲大陆是在近 2 亿年内随着大陆漂移才开始与欧洲和非洲大陆分离的。分离的中心点位于冰岛北部的某处，所以，这些大陆的边缘如同一把张开的大剪刀的刀刃；分离的中央是大西洋海岭，它是地球上最大的山脉——大西洋中脊的一部分。大洋中脊绵亘 4 万多海里，宽约 1 500 公里。它穿过了所有海盆，大西洋海岭又是大洋中脊中比较典型的部分。它最明显的特点就是高度变化幅度大，从深海平原开始，海岭逐渐升高，形成了崎岖不平和有大断裂的海底山峰，峰巅距水面约 1 800 米，距海底约 1 000～3 000 米，沿海岭中轴，有一条很深的裂谷，谷底比侧峰低约 1 800 米，宽约 21～48 公里，这个裂谷表示出大西洋海底两侧的分裂带。

大西洋中脊上的火山奇观很早以前，有经验的航海家横度大西洋时，就感觉到大西洋中部似乎有一条平行于子午线的水下山脊。随着深海测量技术的发展和海洋地质工作者的不断深入探索，人们已经证实了这条巨大的大西洋中脊的存在。

著名的大西洋中脊自北部的冰岛起，至南部的布维岛止，长约 15 000 公里，巍然耸立于洋底，山脉走向也与两岸轮廓一致，呈"S"形，距东西两岸几乎相等，位置居中，"中脊"之名由此而来。

大西洋中脊平均高出海底 2 000 米左右，有的地方高出 4 000 米，部分地方甚至高出海面成为岛屿，如冰岛、亚速尔群岛、圣赫勒拿岛、圣帕维尔岛、阿森岛和特里斯坦——达库尼亚群岛等，并常构成火山岛。像亚速尔群岛、加拿列群岛等都发现有活火山活动，沃兹涅先尼亚群岛和冰岛也是由火山构成的。例如，

1957 年 9 月 27 日，亚速尔群岛的法亚尔岛上的居民发现了一种奇怪的海浪，接着看到水中升起一根巨大的蒸气柱，强烈的震动开始了，震撼着整座岛屿，被称作卡皮利纽斯的水下火山就这样喷发了。这一夜之间，在原来水深 50 米的地方，由火山喷出物突出海面形成一座山丘，这块新的陆地已高出水面 115 米。火山喷发口的地壳好像在喘息，致使新形成的岛屿随之上起下落，到第 81 天，从火山口向海里流出一条条熔岩的火河。1963 年 11 月 14 日，在冰岛以南的大西洋中，渔民们发现海面上升起一团团浓烟，接着水中不断抛出石块，10 天之后，形成一座长 900 米、宽 650 米、高出海面 100 米的岛屿，这座新岛屿被命名为苏尔特塞岛。这次造岛活动持续一年半之久，到 1965 年春季才结束。据调查，仅在与大西洋中脊断裂带相联系的冰岛，就拥有 200 多座活火山。资料表明，从 17 世纪至 19 世纪，亚速尔群岛上至少已观察到 7 次火山喷发，并多数形成新的岛屿。由于火山喷发而产生的疏松物很难抵御凶猛的海浪冲击，因而人们看到的新岛屿，常常是上部已被珊瑚堆积的平顶海山。

劈开大西洋中脊的大裂谷大西洋中脊另一个引人注目的特点，是沿着中脊的轴部配置纵向的中央裂谷，它把脊岭从中间劈开，像尖刀一样插入海脊中央。由"无畏号"和"发现号"考察船证实，断裂谷深度在 3 250～4 000 米之间，宽 9 公里。大裂谷中央完全没有或者只有薄层沉积物，表明这个区域的洋底是由新形成的岩石构成的。曾两次潜入大西洋中脊裂谷的海尔茨勒说："我的印象是，海底就像一个来回游荡并捣毁着的大力士，而且很明显它是一个正在忙着制造地震和火山的可怕的地方。"科学家通过潜水器的窗孔，看到了一些人类从未见过的景象，如一些洋底基岩就像一个巨大的破鸡蛋，其流出的蛋黄，则像刚流出来就被冷凝似的（一团团岩浆从地球深处被挤上来，当它和极冷的海水接触时，很快就在它的周围凝成一层外壳。后来外壳破了，里面的熔融体就流出来形成这种外观）。潜水器里的科学家还看到裂谷底面有许多很深的裂隙，见到一块块玻璃状外壳，还有长在熔岩上面的像蘑菇盖般的岩石以及各种奇形怪状的巨大熔岩体。它们有的像一条钢管，有的像一块薄板，有的像绳子或圆锥体，有的像一卷卷棉纱或像被挤出来的牙膏。1973 年 8 月，"阿基米德"号深海潜水器曾对正在升起的一座"维纳斯"火山进行了探查，对所采的海底岩石样品进行年龄测定，发现其年龄尚不到 1 万年，这证明它是大裂谷底部最年轻的岩石。这个事实告诉我们，新涌上来的岩浆曾在这个裂谷的正中央形成新的地壳。1974 年，就在上述潜水器观察过的附近，科学家从 583 米深处的熔岩层中采取岩心样品。有意思的是，在大洋玄武岩基底上的沉积物年代，竟随它距大西洋中脊轴线距离的增加而变老，每一钻探点洋底以下的沉积物年代，又随深度的增加而增加。因此，深海钻探资料明确支持这样的观点，南大西洋洋底自 6 500 万年以来，一直以平均每年 4 厘米的速度向两侧分离开来。

　　大西洋海脊大裂谷，两边有许多很深的峡谷，这些破裂带成直角切过这条洋脊裂谷。千百万年来，大陆的漂移扩散，就是循着这些横向破裂带移动着。因此，大西洋中脊是现代地壳最活跃的地带，那里经常发生岩浆上升、地震和火山活动，水平断裂广布。它们是怎样生成的呢？科学家们认为，大西洋中脊是新地壳产生地带，洋脊高峰被一个中谷分成两排峰脊，而中谷是地壳张裂的结果，地壳以下的熔融岩浆沿着裂谷上升，凝结成新地壳，这些新地壳不断产生，把老的条带向两旁推移。这样就使得大洋底岩石的年龄离洋脊越近越年轻，越远就越老。大地磁异常条带在洋脊两侧也呈有规律的排列。但是在大洋中脊两旁海底扩张的速度不一定全部相等，甚至有时一边扩张，另一边相对不动。

　　现在，虽然再也没有人认为大西洋中脊的形成是"莫名其妙"的了，但关于它的许多问题，特别是大西洋中脊的岩石如何能沿水平方向推移开去，构成新的洋底等一系列带根本性质的问题，仍有许多争论，21 世纪在期待着更有说服力的答案。

2. 美不胜收——"堡礁鱼"色彩探秘

　　近年来，澳大利亚开展了一项特色旅游，用潜艇载着游客潜入海底的大堡礁中去，让游客通过玻璃窗一览海底景色。当然游客也可以身穿潜水衣，脚戴潜水蹼从海面上潜入海底，穿梭于珊瑚礁中，与千姿万态的鱼儿作伴，甚至让它们擦身而过。

　　奇怪的是，绝大多数浮在海面上被人们捕捉到的海鱼体色单调，可是游弋在深海珊瑚礁中的几乎所有鱼类体色却丰富多彩，非但各色俱全，并且其条纹、斑点、亮暗对比以及形状等方面各不相同，真是美不胜收。

　　这些深海鱼类的鳍也与海面上的鱼大不相同，它们不仅有白色的或黑色的，而且还有黄色、蓝色、紫色和杂色的，这些颜色有机地组合起来，勾画出鲜明的轮廓，显得特别好看。澳大利亚人把生活在深海珊瑚礁中的这些鱼称为"堡礁鱼"。

　　澳大利亚墨尔本大学生物研究所的一些鱼类学家对"堡礁鱼"这种奇特的皮肤色彩感到十分好奇。他们在长期研究中发现鱼类皮肤上的彩色图案是为了自身的生存，当然不是为了取悦于人类。生物学家把这些彩色图案称之为"广告色"，也就是说"堡礁鱼"把图案当做广告那样传播信息。

　　研究人员发现，鱼类的皮肤颜色和图案传递着许多特殊信息，这些特殊的信息传递着警告、准备战斗及屈服等信息。以鳍鱼为例，如果看到有敌人侵入自己的势力范围，它身上的颜色就会逐渐变红；如果是进入临战状态，颜色就成了鲜红色；如果看到入侵的敌人远比自己强大，那么颜色就会暗淡下来，表明自己已经屈服了：你来吧，我打不过你。

为了生存，鱼类尽量把自己隐蔽起来，而五彩斑斓的颜色则太容易暴露自己。研究人员发现，错踪复杂的蜂窝状彩色珊瑚礁为在它的周围栖息和生活的鱼类提供了数不清的藏匿之地，而聪明的鱼类总是想方设法找到与自己身体颜色相仿的珊瑚礁作为栖身之所。

绝大多数食鱼动物都是在清晨和黄昏时捕食的，而那些与珊瑚礁混然一体的堡礁鱼此时却"闭目养神"，似乎成了珊瑚礁的一部分，它们很明白此时出来捕食有危险，这恐怕也是鱼类的一种本能吧。

第二节 风云莫测——海洋气候探秘

1. 反复无常——大洋中尺度涡之谜

1958年，英国海洋学家斯罗华为了研究海流，研制了一种自由漂俘监侧系统——"中性浮子"，利用这套系统对大西洋百慕大海域的底层海流进行测量。按照平常观测到的资料分析，湾流区域内的海流，应该是一支比较稳定而且是流速较为缓慢的海流。可是利用这套新系统获得的资料令科学家们大吃一惊，这里的海流比预想的快了10多倍，而且发现有的海流出现反向流动。同时，在一个多月的时间里，海流还显示出相当大的时间变化。这一发现，震惊了海洋科学界。苏联和美国的学者对此大惑不解，先后派出考察队进行调查，结果完全一样。显然，用传统的风海流理论无法解释这种反常现象。到了1973年，美国成功地发射了载人"天空实验室"航天器。利用这座航天器，宇航员们拍摄到了大西洋西部热带海域内的大涡旋。这个大涡旋纵横60~80公里。同时还发现，在大涡流海域，有较强的上升流，冷的海水从百米深处不断向上涌升。由于海底的营养物质被上升流带到海面，使得大涡流海域形成一个绝好的渔场。"天空实验室"还在其他大洋中发现类似的中尺度涡流。例如，在南美洲的西海岸、澳大利亚东部和新西兰一带海域、非洲东海岸、印度洋西北海域和南中国海海域等，都能看到这种涡流存在。这许多涡流，小的直径仅几十千米，大的直径达数百千米；存在的时间有长有短，时间短的十几天，长的达千年之久。这些涡流与大洋中的环流相比，虽然只是个局部，并不显著，但它与人们在近每能见到的小旋涡相比，就非常之大了。所从，海洋科学家们称这种涡流为"中尺度涡"。大洋中尺度涡流的发现，改变了人们对海流形成机理的传统看法。它是近二三十年来人们对大洋环境的突破性认识。

千姿百态——海洋趣味百科

大洋中尺度涡的旋转速度一般都很大，而且一面旋转，一面向前移动。它的移动方式，很像台风（气旋或反气旋）。科学家估计，中尺度涡有巨大的动能，约占整个海洋流动能的80%以上。这个数字实在大得惊人。台风带来的气候变化和灾难，尽人皆知，那么，大洋中尺度涡的出现，将给海洋带来哪些变化呢？它对海洋中的动物、植物是福是祸？这些问题有待于科学家们去继续研究。

中尺度涡的发现，使传统的大洋海流理论受到挑战。由于海洋中中尺度涡的出现，大洋环流的动力结构完全改变了。假如中尺度涡也像大气中的气旋或反气旋那样，是由气压不稳定的因素所引起的，那么，大洋环流的动力有可能是由中尺度涡来维持的。这就从根本上修正了风生环流的观点。

2. 浊浪排空——地震海啸的类型

海啸可分为四种类型。即由气象变化引起的风暴潮、火山爆发引起的火山海啸、海底滑坡引起的滑坡海啸和海底地震引起的地震海啸。中国地震局提供的材料说，地震海啸是海底发生地震时，海底地形急剧升降变动引起海水强烈扰动。其机制有两种形式："下降型"海啸和"隆起型"海啸。

"下降型"海啸：某些构造地震引起海底地壳大范围的急剧下降，海水首先向突然错动下陷的空间涌去，并在其上方出现海水大规模积聚，当涌进的海水在海底遇到阻力后，即翻回海面产生压缩波，形成长波大浪，并向四周传播与扩散，这种下降型的海底地壳运动形成的海啸在海岸首先表现为异常的退潮现象。1960年智利地震海啸就属于此种类型。

"隆起型"海啸：某些构造地震引起海底地壳大范围的急剧上升，海水也随着隆起区一起抬升，并在隆起区域上方出现大规模的海水积聚，在重力作用下，海水必须保持一个等势面以达到相对平衡，于是海水从波源区向四周扩散，形成汹涌巨浪。这种隆起型的海底地壳运动形成的海啸波在海岸首先表现为异常的涨潮现象。1983年5月26日，中日本海7.7级地震引起的海啸属于此种类型。

3. "圣婴"之祸——厄尔尼诺之谜

很早以前，厄瓜多尔和秘鲁沿岸的居民发现，每到圣诞节的前后，随着东南信风的暂时减弱和南美沿岸海水涌升现象的减退，太平洋赤道逆流的一个分支海流，沿着厄瓜多尔海岸南下。随之，南美西海岸附近海域的海水温度增高。起初，人们只知道这种自然现象出现在圣诞节前后。而且每当发生这种情况时，在这一海域里生活的适应冷水环境的浮游生物和鱼类，因水温上升而大量死亡，使得世界著名的秘鲁渔场的鱼产量大幅度减产。于是，沿岸居民对海面水温升高的自然现象感到迷惑不懈，称这是"圣婴"降临了。"圣婴"在西班牙语中的发音为厄尔尼诺。这样，厄尔尼诺就成了秘鲁沿岸海水温度异常变化的代用名词了。在近几十年里，人们还发现，世界各地的灾异现象多与厄尔尼诺现象有着某种联系。有人甚至认为，世界各地大的自然灾害都是由于厄尔尼诺的发生而引起的。因此，海洋学家、气象学家都在研究厄尔尼诺现象的发生规律。

直到今天，人们对太平洋中出现的厄尔尼诺现象，仍有许多迷惑不解之处：发生厄尔尼诺现象时，那巨大的暖水流是从何处来的？它的热源在哪里？过去人们提出过种种假说，如：其热源来自地心，或是因为海底火山爆发等。但是，往往在没有发生大的火山爆发时，也曾发生过厄尔尼诺现象，因此这种假说不能令人信服：这是其一。

其二，太平洋发生厄尔尼诺现象有没有自身发生的规律？例如，它的发生周期长短受什么制约？它的发生与消衰，以及强度变化，是否有代表性的信号。如果有征兆，反映在哪里？

其三，无论是厄尔尼诺现象，或是反厄尔尼诺现象的发生，都是大洋暖水团大范围运动的结果。那么，这种暖流水团运动和北太平洋发生的顺时针大洋环流，以及南太平洋中发生的逆时针方向的大洋环流是否有某种关系？特别引起中国海洋气象专家关注的是，厄尔尼诺与发生在西太平洋上的黑潮暖流又有什么关系？因为黑潮对中国、日本等东亚国家的气候有较大影响。

其四，厄尔尼诺一旦发生，范围大，时间长，引起的自然灾害对人类社会破坏性极大。因此，能否利用海洋中各种要素的变化规律来预报它的发生呢？

其五，发生在太平洋的南方涛动与厄尔尼诺之间有必然联系吗？如果有联系，其内在的机理又是什么？

总之，厄尔尼诺现象的出现，不是单一因素所能解释的，它的形成机理也许是大自然中海洋水体—大气—天文等诸多因素作用的结果，相信在不久的将来，厄尔尼诺之谜一定能解开。

3. 疑云密布——佛罗里达海怪之谜

1896 年的晚秋，在美国佛罗里达州大西洋沿岸城市圣·奥加斯廷，有两个骑自行车的人在海滨浴场发现一头大海怪。该物形似一庞大的章鱼，其肥厚的中间部分长约 7 米，并由这里分出细长的腕足状物。人们请来当地的一位医生，科协主席杰维特·乌埃布。乌埃布找来几个人帮忙从沙中挖出这个怪物的尸体，又用几匹马把它拖到离水远些的地方（该物重 5 ~ 7 吨）。此事一并通报给了著名的动物学家、头足纲专家，耶鲁大学的 A. 维里尔教授。维里尔教授因证明斯堪的纳维亚传说中一离奇的"怪物"存在的真实性并认为其本是一只巨大的鱿鱼而出名。

乌埃布在致维里尔教授的短信中说：该物呈白色，外观似肥皂，整体为均匀结实的结蒂组织纤维，有弹性，且粗硬，在试图用刀片从它身上割下一小块时把刀片都弄断了。收到乌埃布的信后，维里尔教授推断："弗罗里达海怪"是一只巨鱿。他在一科学杂志上还发表了一篇有关的短文。稍退，乌埃布给维里尔寄去了第二封信，信中还附有几张照片。看后，维里尔立即改变了原来的看法：不是鱿鱼，是章鱼！不多久，他甚至用拉丁文给它命名为：巨型章鱼。后来，乌埃布又给维里尔寄过几幅照片，并对检验结果作了详细的叙述，还送来了几块经福尔马林溶液浸泡过的该海怪组织的样品。维里尔于是又有了新的说法：不是鱿鱼，也不是章鱼，它不属头足纲，而是一种脊椎动物，多半是被海浪或猛兽撕碎后腐烂了的鲸。

并非所有的学者都同意这位资望很高的教授的看法。华盛顿美国国家自然史博物馆著名的软体动物专家威廉·道尔仍然认为"弗罗里达海怪"是大章鱼，为此他一直同乌埃布和维里尔保持着通信联系。1897 年，动物学家 F. 鲁卡斯宣称："这个东西外观看来像是鲸的脂肪，闻起来也像，它无疑应该是鲸油。"不过，高层次争论各方没有谁肯到弗罗里达去亲自目睹一下那个"东曲"维里尔和鲁卡斯的见解占了上风。这个怪物的残骸就这么悄无声息地在海岸上烂掉了。

此后，科学界对不再争论，诸多有关章鱼的科学著作中没有一部再提起过它。然而，在科普书籍中它却从来没有销声匿迹，科普作家们写的有关海怪的书和文章谈到"弗罗里达海怪"的可说是数不胜数，其中，包括 1994－1995 年间美国新出版的 R. 埃里斯的《海怪》和 D. 米伦的《海洋生命与海洋》。

1988 年夏季，另一头海怪被抛到百慕大岛海岸上，这更为科普作家们的创作之火上加了油。发现海怪的是当地的一位渔夫和一个叫塔克尔的摄影师。这个怪物虽不及弗罗里达海怪体态庞大，但也相当可观。它长 2.5 米，厚 1.25 米，确实像个"怪物"。国家自然史博物馆的头足纲专家克莱德·罗贝尔接到了通报，他也曾同巨型鱿鱼类打过交道。

异常动物学专家们发表了许多评论，他们甚至对佛罗里达海怪及百慕大海怪的组织样品进行了生物化学研究。不过，他们没有找到任何证据证明该海怪属于科学迄今未知的动物。

不久前，马里兰大学动物学部的西得民·比尔斯、季莫季·莫惹尔和尤任尼亚·克拉克以及印地安那大学医学院的杰拉德·施密特等一批严肃的专家们试图最后搞出一个明确的头绪，他们弄到两个海怪浸过福尔马林的组织样品并用组织学的方法研究了它们，他们还对在美国东北海岸捕获的幼鱿鱼和抛到海岸上的 9 米长的座头鲸的皮下脂肪块以及白鼠的尾巴作了比较协同研究。在两个海怪的组织切片上可以看到的只是胶原纤维，没有活的细胞。相反，鱿鱼褶皮切片上看到的是结实的肌肉纤维；鲸的组织切片上虽然也是胶原，但带有大量的细胞并夹杂着脂肪；它们同鼠尾巴更相似。胶原是纤维蛋白，是结蒂组织纤维的基本成分，它广泛地存在于所有脊椎动物及大多数无脊椎动物身上。骨的基本成分是胶原维纤，软骨、韧带、腱等都是由胶原纤维组成的。正是胶原使它们具有韧性和弹性。胶原纤维也存在于皮肤和肌肉。胶原是十分坚韧的蛋白质，它不易嚼烂和消化，故而食用价值不大。鱿鱼的褶皮里胶原很少，而鼠尾巴里却很多，因此，烧好的鱿鱼比鼠尾巴要好吃得多。

总之，巨型鱿鱼说是站不住脚的。很清楚，被研究的样品是某种大型动物皮肤的切块，而且显然是脊椎动物的。由于摆放在岸上这段时间已经完全腐烂，自然就不会有活着的细胞了。

各种动物的胶原结构几乎都是一样的，不同之处仅在于氨基酸的组成及胶原纤维所特有的条纹的变化周期稍有差异。研究人员抓住这些细微的不同之处试图弄清楚，这类怪物如果不是鱿鱼它们又会是什么？要准确地断定看来是不可能的，可以弄清楚的是：两怪物分属不同类的脊椎动物。"佛罗里达海怪"是温血动物最可能是鲸的残体；"百慕大海怪"是冷血动物，显然是鲨鱼。死鲸或鲨鱼被抛到海岸上来是极为平常的事情。

巨型鱿鱼说虽再度被否定，但是，"佛罗里达海怪"在科普作品中会沉寂吗？要知道，某些科学新闻在科学把它沉入忘川几十年之后还会从一本书传抄到另一本书中，所以，很难说"佛罗里达海怪"在出现后的第二个世纪里不会使爱好者们再认为它是科学迄今未知的怪物。

4. 来去无踪——45 亿年前的海水

科学家们普遍认为：海洋是古老的，而洋壳是年轻的。那么，随之而来的问题就是，海洋里应该有 45 亿年以前的海水才对。

然而，这么古老的海水至今还没有找到。迄今为止，确定海水年龄的最有效的方法是碳－14 放射性元素衰变测定法。在世界海洋的许多区域，由于温度下降或含盐量增加，形成表面水的密度不断增加并向深处下沉。所以，一定的水体在海面上存留的时间应该反映海水的实际年龄。结果侧得的各种水体年龄并没有像想象的那么古老。北大西洋中层水为 600 年，北大西洋底层水为 900 年，北大西洋深层水为 700 年，测量到的南太平洋深层水所得到的年龄范围在 650～900 年之间。这里就产生一个疑问了：与地球年龄差不多一样古老的海水到哪里去了？从理论上说，海水应该是古老的，起码要比洋壳老得多，然而测得的结果却令人迷惑不解。难道说古老的海水真的在海洋中消失了吗？

5. "海水开花"——红色海洋之谜

航行在大洋上的人们，常常可以看到一种非常奇异的景色。在大洋浅海区，海水有时绿一块、黄一块、红一块，错杂在一起，形成了一幅美丽的彩色图案，好像海水开了"花"似的。经过多年的观察研究，"海水开花"的真相终于弄清楚了。原来，这些水里大量繁殖着各种浮游藻类植物。不同种类的浮游藻类植物含有不同的色素，随着季节的交替，颜色也随着不断地变换，于是海水也就开放出不同的"花朵"。

浮游藻类是海洋植物的重要成分之一，遍布各大洋近海区的表层海水中。在几百种浮游藻类中，大多数浮游藻类喜欢生活在热带和温带海水里，所以热带海面上经常可以看到"海水开花"的奇景。而在温带和寒带海面上以及远离海岸的深水区，"海水开花"的现象就少得多了。你听说过"红海"这个海名吗？它为什么叫做"红海"？那里的水是红色的吗？为什么那里的海水又是红色的呢？一提起红海，人们的脑海中不免总要想到这一系列的问题。而这些问题在一般地理书中往往是找不到答案的，因为这些问题已经不属于地理学范围，而是植物学问题了。为什么呢？

因为红海的水所以发红确是由于一些特殊植物在那里作怪呀！

究竟是什么植物在作怪呢？是一种叫做红色毛状带藻的植物，把那里的海水染成了红色。这种植物的个体并不大，有点像丝带的样子，平常生长在较深的海水中，但要周期性地浮到水面上来。它细胞中含有的红色色素较多，所以整个植物体呈现红色。无数的红色毛状带藻密集成片地浮在海水里，于是就把蔚蓝色的海水染成了红色，这就是"红海"的由来。

那么，红色毛状带藻是不是属于红藻这一家族呢？不是，它属于一种叫做蓝藻的家族。

蓝藻都含有一种特殊的蓝色色素。但蓝藻也不全是蓝色的，因为它们体内含有多种色素，由于各种色素的比例不同，所以不同的蓝藻就有不同的色彩。红色毛状带藻含有的红色色素较多，所以呈现红色了。

在这里，还想顺便告诉你们一件稀奇事：有一次一艘轮船驶过格陵兰时，海员们发现海岸上的雪是鲜红的，大家感到很奇怪，于是上岸去看看，一检查才知道那里的雪还是普通的白雪，只是在白雪上覆盖着薄薄的一层鲜红颜色。这层颜色是怎么来的呢？那是由一种极简单极微小的雪生衣藻、雪生黏球藻造成的。它们小得连肉眼都看不清楚，但颜色鲜红，不怕冷，而且繁殖很快，只要几个小时就能把一大片白雪覆盖起来。

另外，还有一些黄色藻类，如勃氏原皮藻、雪生斜壁藻等，它们细胞中含有大量溶有黄色素的固体脂肪，能把白雪变成黄雪。

在阿尔卑斯山和北极地区，常会遇到绿雪，那是由于绿藻类中的雪生针联藻等大量繁生的结果。1902 年，有人在瑞士高山上发现了一种褐雪，据研究，主要是针线藻造成的。至于黑雪，不过是深色的褐雪罢了。

在雪中生长的藻类叫做冰雪藻或雪生藻类。它们常常出现在南北两极和高山地区，在雪地里大量繁生以后就把积雪"染"成各色彩雪。如果暴风把这些藻类从地面上刮到高空中去，和雪片黏在一起，这就是一场从天而降的彩雪了。

异乎寻常的休眠期

人们都知道，陆上的有些动物如蛇、蝙蝠、青蛙、刺猬熊等都有冬眠的习性。在寒冷的冬季里，水冷草枯，觅食困难，它们只好躲藏在各自的巢穴，靠体内的养分维持生存。海参却反其道而行之，偏偏选择在食物丰盛的夏季休眠。就拿刺参来说，当水温调至 20℃时，它便不声不响地转移到深海的岩礁暗处，潜藏石底，背面朝下。一睡就是三四个月，这期间不吃不动，整个身子萎缩变硬，待到秋后才苏醒过来恢复活动。

奇怪，海参为什么要在夏季休眠呢？

海洋学家解释说，平日里，海参靠捕食小生物为生，而这些小生物对海水温度很敏感，海面水暖，它们则往上游，水冷则潜回海底。入夏之后，海面暖和，这时生活在海里的小生物，纷纷到上层水域进行一年一度的繁殖，而栖身海底的海参没本事追随。迫于食物中断，只好藏匿石下休息保养。

特殊奇妙的护身术

面对危机四伏的海底环境和凶残狡诈的各种敌害，海参以特殊的斗争形式保护自己。

风起浪涌，会把附着不力的海参卷入危险境地。但海参能预测天气，当风暴即将来临之际，它就躲到石缝里藏匿起来，当渔民发觉海底不见海参时，就知道风暴即将来临便赶紧收网返航。

海参能像对虾一样，随着居处环境而变化体色。生活在岩礁附近的海参，为棕色或淡蓝色；而随居在海带、海草中的海参则为绿色。海参这种变化的体色，能有效地躲过天敌的伤害。

尽管如此，海参总免不了一些特殊的侵害，于是它形成了一套特殊的求生存护身妙术。当阴险狡猾的海盘车，贪婪凶恶的大鲨鱼垂涎欲滴地偷袭过来时，警觉的海参迅速地把体腔内又黏又长的肠子、树枝一样的水肺一古脑儿地喷射出来，让强敌饱餐一顿，而自身借助排脏的反冲力，逃得无影无踪。当然，没有内脏的空躯壳海参并不会死掉，大约经过 50 天时间，又会生出一副新内脏，以原有丑陋模样出现在海洋生物大家族之中。

海参除了有排脏迷敌的绝招外，还有像海星一样的"分身"功能。将海参断为数段，投放海里，经过 3 ~ 8 个月，每截又会长成完整的活参。有的海参还有自切本领，当海参感到外界环境不适宜时，能将自身切成数段，以后每段又会长成新的个体。当渔民捕到海参时，若不及时加盐、矾加工，它便自溶成为一滩水。

耐人寻味的怪现象

海参适应生态环境变化趋利避害的本领令人惊叹不已，但在它体内出现两种奇异现象又令人困惑不解。

海参与光鱼和谐共生。这种光鱼又称潜鱼，体型小而光滑，时常钻进海参的体腔内寻找食物或躲避敌害。光鱼出入参体的动作既麻利又滑稽：先是用小脑袋探寻海参的肛门，接着把尾卷曲先插入，然后伸直身躯，再向后蠕动，一直到完全钻入寄生的体内为止。有人发现，在一只海参的体内竟栖居 7 尾以上的光鱼。光鱼白天把参体当做舒适的寓所，夜里出来寻找一些小甲壳之类的动物充饥。不幸的海参做了受寄主，非但得不到一点好处，反而可能会使其内脏器官遭到损毁。尽管如此，彼此和睦共处，从不分离。凡是比较接近海岸的海参，几乎没有光鱼潜伏寄生，而栖息深海的海参，一般都有一尾或多尾光鱼隐伏体中。

几年前，人们惊奇地发现，海参的皮下贮存着一个小的纯铁球，小铁球的直径只有 0.002 毫米。至今也无法解释这个小铁球对海参有什么用处。据猜测这个小铁球可能是作为食物困难时的贮备，以备可以用其体内的纯铁球与贫铁食物进行组合。

弄清海参贮存铁球以及与光鱼共生关系，对于揭开海参长生的奥秘无疑是有极其重要作用。

6. 地学奇迹——海底古磁性条带之谜

19 世纪末，著名物理家居里在自己的实验室里发现磁石的一个物理特性，就是当磁石加热到一定温度时，原来的磁性就会消失。后来，人们把这个温度叫"居里点"。在地球上，岩石在成岩过程中受到地磁场的磁化作用，获得微弱磁性，并且被磁化的岩石的磁场与地磁场是一致的。这就是说，无论地磁场怎样改换方向，只要它的温度不高于"居里点"，岩石的磁性是不会改变的。根据这个道理，只要测出岩石的磁性，自然能推测出当时的地磁方向。这就是在地学研究中人们常说的化石磁性。在此基础之上，科学家利用化石磁性的原理，研究地球演化历史的地磁场变化规律，这就是古地磁说。

为了寻找大陆漂移说的新证据，科学家把古地磁学引入海洋地质领域，并取得令人鼓舞的成绩。

第二次世界大战之后，科学家使用高灵敏度的磁力探测仪，在大西洋洋中脊上的海面进行古地磁调查。之后，人们又使用磁力仪等仪器，以密集测线方式对太平洋进行古地磁测量。两次调查的资料使人们惊奇地发现，在大洋底部存在着等磁力线条带，而且呈南北向平行于大洋洋中脊中轴线的两侧，磁性正负相间。每条磁力线条带长约数百千米，宽度在数十千米至上百千米之间不等。海底磁性条带的发现，成为本世纪地学研究的一大奇迹。1963 年，英国剑桥大学的一位年轻学者 F. J. 瓦因和他的老师 D. H. 马修斯提出，如果"海底扩张"曾经发生过，那么，大洋中脊上涌的熔岩，当它凝固后应当保留当时地球磁场的磁化方向。就是说在洋脊两侧的海底应该有磁化情况相同的磁性条带存在。当地球磁场发生反转时，磁性条带的极性也应该发生反转，磁性条带的宽度可以作为两次反转时间的度量标准。这个大胆的假说，很快被证实了，人们在太平洋、大西洋、印度洋都找到了同样对称的磁性条带。不仅如此，科学家还计算出在 7 600 万年中，地球曾发生过 171 次反转现象。

研究还发现，地球磁场两次反转之间的时间最长周期约为 300 万年，最短的周期约为 5 万年，两次反转的平均周期约为 42～48 万年。目前，地球的磁场方向已保留 70 万年了，所以，人们预感到一个新的磁场变化可能正在向我们靠近。

对于海底磁性条带的研究仍在继续之中，许多问题仍找不到令人满意的答案。例如，对于地球磁场为什么要来回反转这个最基本的问题，就无法解释清楚。尽管科学家们提出过种种假说，但其真正的原因还是不清楚的。也就是说，地球发生磁场转向的内在规律之谜，有待于科学家们去继续探索。

7. 眼见为实——海底的淡水

科学家们在海底发现有甘甜的淡水，而且数量惊人。例如，在希腊东南面的爱琴海，海底有一处涌泉，一昼夜能流出 100 万立方米淡水。

海底的淡水是从何处来的呢？各国科学家经过艰辛探索，提出了不少理论，主要有渗透理论、凝聚理论、岩浆理论、沉降理论等。

渗透理论认为，海底的淡水来自陆地。海洋每年有 33 万立方公里的海水被蒸腾，化为雨雪降到陆地上之后，一部分渗入地下，遇到不透水的岩层，便形成蓄水层。如果这蓄水层靠近大海，淡水就有可能透过海岸流入海底的岩层中。凝聚理论认为，地面上的淡水渗入海底只能达到一定界限，但实际上在这一界限以下仍有淡水，显然这些淡水不是来自陆地。海底的有些海水是那里的空气中的水蒸气凝聚而成的。岩浆理论认为，地球深处存在着放气带，那里释放出数量惊人的气体，其中有大量的氧气和氢气，它们相互结合便形成了岩浆水。沉降理论则认为，地下水的起源与海底沉积物的沉积过程相联系。海水中携带的大量泥沙，一层层地沉积在海底，下层的沉积物在重力的作用下，把水分挤出来；被挤压的水又随沉积物的下降，被带入地层深处形成地下水。

不管哪一种理论更符合实际，但在海底有藏量丰富的淡水，这是不争的事实。科学家们设想，有朝一日在海上建成淡水厂，用钻机像钻石油一样钻淡水。人们期待这一日尽快到来。

8. 景致奇异——海底黑烟囱成因探秘

20世纪70年代以来工业化生产一直保持迅猛发展势头，能源消耗连年递增，高耸入云的大烟囱日以继夜地喷涌着浓重的烟尘。对陆地有限的自然资源连续多年大规模机械化采掘和源源不断地燃烧已使其贮量日趋枯竭，为此，世界各国纷纷将人类未来资源的希望倾注于海洋，并开始了海底探矿寻宝的热潮。

自1977年10月美国伍兹霍尔海洋研究所所属深海潜艇"阿尔文"号在加拉帕戈斯群岛海域率先发现海底热泉生态区以来，海洋学家又先后在墨西哥西部沿海以北的北纬10°海底和北纬21°的胡安·德富卡海隆下勘察到大规模热泉区并分别进行过数次综合考察。胡安·德富卡海底热泉区中拥有多处喷涌升腾矿物质的黑烟囱。这些奇异的自然景观引起了科学家极大的兴趣和关注，他们近期的科学考察又获得新的收获和重要的发现。

地质构造活动的产物距西雅图以西300英里处太平洋海下，胡安·德富卡板块不断与太平洋板块碰撞，因此造成沿胡安·德富卡海隆海底地层出现坼裂和扩张，地球内部源源不绝喷涌而出的熔岩冷却固着成新的海底地壳并将古老的海床置于其下并取而代之。海水在地心引力作用下倾泻深入地裂中，同时形成海底环流将熔岩中大量的热能和矿物质携带和释放出来。当炽热的海水再度喷射到裂缝上冰冷的海水中，其中的矿物质被溶解并形成一缕缕漆黑的烟雾。矿物质遇冷收缩最终沉积成烟囱状堆积物，地裂中热液顺烟道喷涌而出形成景致奇异、妙趣横生的海底热泉。

加利福尼亚州蒙特雷水族生物研究所海洋地质学家德布拉·斯特克斯确悉，海底黑烟囱的构筑绝非仅仅是地质构造活动的结果。其中神奇莫测的热泉生物建筑师的艰辛劳作也功不可没，不容忽视在热泉口周围拥聚生息着种类繁多的蠕虫，其中管足蠕虫可长到 18 英寸，它们独具特色的生存行为特别引人注目。斯特克斯和助手特里·库克发现这些底栖生物在营造烟囱中起着至关重要的作用。

奇妙的海底建筑师为查明黑烟囱矿物成分，斯特克斯从 3 座黑烟囱内采集了 18 英寸长的岩心，经潜心研究后才揭示了其中奥秘。他们发现岩心上布满了含有硫酸钡亦称重晶石的凹陷管状深孔，研究人员确认这些管状孔穴系蠕虫长期生存行为的结果。鉴于热泉口旁蠕虫遍布，因此尚难断定究竟哪些蠕虫擅长打洞筑巢。

从管洞外形来看极有可能是活跃喜迁居的管足蠕虫长期挖掘作业的产物。解剖分析表明，管足蠕虫内脏中的细菌可从热液所含亚硫酸氢盐中获取氢原子维持生命，细菌还可把海水中的氢、氧和碳有机地转化生成碳水化合物，为蠕虫提供生存所需的食物。这种化学反应的结果遗留下硫元素，蠕虫排泄的硫又促使海水中的钡和硫酸发生催化反应。常此以往蠕虫死后便在熔岩中遗留下管状重晶石穴坑。

斯特克斯推测一座海底烟囱演化生成过程可能在蠕虫聚集热泉口周围就早已开始了，胡安·德富卡海隆下蠕虫建筑师精心创造的自然奇观令人叹为观止。它们开凿的洞穴息息相通犹如礁岩迷宫，从而使热液将矿物质源源不断地输送上来并堆集烟道。当黑烟囱在热泉周围落成后，熔岩上深邃的管状洞口穴就成为矿物热液外流的通道从而形成海底黑烟热泉奇观，直到通道自身被矿物结晶体堵塞才告停息。从多处海底热泉采样分析来看，矿产资源丰饶种类繁多品位极高。据悉美国科学家正加紧研制大型深海考察潜艇并准备对深海热泉进行全面研究，同时向国际社会发出呼吁：要求设立深海热泉自然保护区。

9. 恍然大悟——揭秘海底火山与平顶山之谜

赫斯发现海底平顶山之后，当时非常纳闷，他苦苦思索着：山顶为什么会那么平坦？滚圆的山头到哪儿去了？后来，经过科学家门潜心地研究，终于解开了这个谜。原来海底火山喷发之后形成的山体，山头当时的确是完整的，如果海山的山头高出海面很多，任凭海浪怎样拍打冲刷，都无法动摇它，因为海山站稳了脚跟，变成了真正的海岛，夏威夷岛就是一例。倘若海底火山一开始就比较小，处于海面以下很多，海浪的力量达不到，山头也安然无恙。只有那些不高不矮、山头略高于海面的，海浪乘它立足不稳，拼命地进行拍打冲刷，经历年深日久的工夫，就把山头削平了，成了略低于海面、顶部平坦的平顶山。

海底火山喷发

1963 年 11 月 15 日，在北大西洋冰岛以南 32 公里处，海面下 130 米的海底火山突然爆发，喷出的火山灰和水汽柱高达数百米，在喷发高潮时，火山灰烟尘被冲到几千米的高空。

经过一天一夜，到 11 月 16 日，人们突然发现从海里长出一个小岛。人们目测了小岛的大小，高约 40 米，长约 550 米。海面的波浪不能容忍新出现的小岛，拍打冲走了许多堆积在小岛附近的火山灰和多孔的泡沫石，人们担心年轻的小岛会被海浪吞掉。但火山在不停地喷发，熔岩如注般地涌出，小岛不但没有消失，反而在不断地扩大长高，经过 1 年的时间，到 1964 年 11 月底，新生的火山岛已经长到海拔 170 米高，1 700 米长了，这就是苏尔特塞岛。经过海浪和大自然的洗礼，小岛经受了严峻的考验，巍然屹立于万顷波涛的洋面上，而且岛上居然长出了一些小树和青草。

两年之后，1966 年 8 月 19 日，这座火山再度喷发，水汽柱、熔岩沿火山口冲出，高达数百米，喷发断断续续，直到 1967 年 5 月 5 日才告一段落。这期间，小岛也趁机发育成长，快时每昼夜竟增加面积 0.4 公顷，火山每小时喷出熔岩约 18 万吨。

海底火山的分布相当广泛，大洋底散布的许多圆锥山都是它们的杰作，火山喷发后留下的山体都是圆锥形状。据统计，全世界共有海底火山约 2 万多座，太平洋就拥有一半以上。这些火山中有的已经衰老死亡，有的正处在年轻活跃时期，有的则在休眠，不定什么时候苏醒又"东山再起"。现有的活火山，除少量零散在大洋盆外，绝大部分在岛弧、中央海岭的断裂带上，呈带状分布，统称海底火山带。太平洋周围的地震火山，释放的能量约占全球的 80%。海底火山，死的也好，活的也好，统称为海山。海山的个头有大有小，一二公里高的小海山最多，超过 5 公里高的海山就少得多了，露出海面的海山（海岛）更是屈指可数了。美国的夏威夷岛就是海底火山的功劳。它拥有面积 1 万多平方公里，上有居民 10 万余众，气候湿润，森林茂密，土地肥沃，盛产甘蔗与咖啡，山青水秀，有良港与机场，是旅游的胜地。夏威夷岛上至今还留有 5 个盾状火山，其中冒纳罗亚火山海拔 4 170 米，它的大喷火口直径达 5 000 米，常有红色熔岩流出。1950 年曾经大规模地喷发过，是世界上著名的活火山。

海底平顶山

海底山有圆顶，也有平顶。平顶山的山头好像是被什么力量削去的。以前，人们也不知道海底还有这种平顶的山。第二次世界大战期间，为了适应海战的要求，需要摸清海底的情况，便于军舰潜艇活动。美国科学家普林顿大学教授 H. H. 赫斯当时在"约翰逊"号任船长，接受了美国军方的命令，负责调查太平洋洋底的情况。他带领全舰官兵，利用回声测深仪，对太平洋海底进行了普遍的调查，发现了数量众多的海底山，它们或是孤立的山峰，或是山峰群，大多数成队列式排列着。这是由于裂谷缝隙中喷溢而出的火山熔岩形成的。这是人类首次发现海底平顶山。这种奇特的平顶山有高有矮，大都在 200 米以下，有的甚至在 2 000 米水深，凡水深小于 200 米的平顶山，赫斯称它为"海滩"。1946 年，赫斯正式命名位于 200 以深的平顶山为"盖约特"。

10. 云深不知处——海底世界的未解之谜

地球有 71% 的表面是海洋，辽阔的海洋与人类活动息息相关；海洋是水循环的起始点，又是归宿点，它对于调节气候有巨大的作用；海洋为人类提供了丰富的生物、矿产资源和廉价的运输，是人类的一个巨大的能源宝库。

随着科技的进步，人类对海洋的了解正日益深入，但神秘的海洋总以其博大幽深，吸引着人们对它的思索。在此，仅就海底地貌及其地质活动，谈谈几个未解之谜。

太平洋洋脊偏侧之谜

从全球海底地貌图中可以看到，海底地貌最显著的特点是连绵不断的洋脊纵横贯通四大洋。根据海底扩张假说，洋脊两侧的扩张应是平衡的，大洋洋脊应位于大洋中央，但太平洋洋脊亦不在太平洋中央，而偏侧于太平洋的东南部，并在加利福尼亚半岛伸入北美大陆西侧。显然，从加利福尼亚半岛至阿拉斯加这一段的火山、地震、山系等，难以用海底扩张假说解释其成因。那么，太平洋洋脊为什么偏侧一方？北美西部沿岸的山系、火山、地震等又是怎样形成的？这是有待进一步探索的问题。

西太平洋洋底地貌复杂之谜

由于太平洋洋脊偏侧于东南方，在太平洋东部形成扩张性的海底地壳：东太平洋海隆。但在太平洋中西部广阔的洋底，地貌复杂，存在着一系列的岛弧、海沟、洋底火山山脉和被海底山脉、岛弧分隔成的较小的洋盆等，看来并不完全像是由海底扩张所产生的洋底地貌，而更像是古泛大洋洋底的一部分。因为海底扩张所形成的地貌，除了海沟、岛弧、沿岸山脉外，大部分应是较为平坦的、从洋脊到海沟一定倾斜的海隆地貌。虽然有人试图对此作出解释，但未有较公认、一致的看法。

北冰洋的海底扩张是否仍在继续

北冰洋是四大洋中最小的，又存在广阔的大陆架，有人把它看成是大西洋的一部分，即大西洋北部的一个巨大的"地中海"。虽然北冰洋也存在大洋中脊：

北冰洋中脊（南森海岭），但在整个北冰洋地区，火山、地震活动是很微弱的。有人曾作过统计：从1900—1980年间，北纬70°以北只发生了40次6级以上的地震，一般认为是北极厚厚的冰盖阻止了地震的发生，但有人认为至少还有一个原因不能忽视，地球自转产生的偏向赤道的离心力会使地球内部的能量向中、低纬度转移，从而削弱了两极地区的活动。而在南纬70°以南的地区，从1900—1980年也只记录到一次6级以上的地震。

一般地说，任何快速自转的天体，其两极地区的活动均会受到削弱，太阳黑子活动主要发生在南北纬35°之间，亦可能与其快速自转有关。地球作为一个快速自转的天体，北冰洋的地震和海底扩张活动就不能不受到影响，从其地震、面积、无深海沟等情况判断，北冰洋的海底扩张即使没有停止，也是非常微弱的。

阿留申岛弧之谜

阿留申岛弧是地震频繁的地区之一，令人感兴趣的是：阿留申岛弧向南弯曲，这种形状似乎显示有一种自北向南的力推动形成的，如史前冰川的推动等，另外，阿留申岛弧南侧的深海沟表明，太平洋的海底扩张对其他的作用是向北推进的，但从太平洋洋脊位置来看，太平洋洋脊伸入北美大陆，南北向偏东分布，其扩张方向应是向西偏北，而不应向北，那么，阿留申海沟是如何形成的呢？

无震海岭与大陆平静山系的形成

一般认为大洋中脊是大洋地壳的诞生处，大陆边缘的山脉是海底扩张运动的结果，它们的成因可得到较完美的解释。但在各大洋中，还存在着许多无震海岭，它们与大陆内部的一些平静、古老的山系一样，仍未得到较为公认的解释。美国有人提出所谓"热点说"，试图解释无震海岭的形成，他们认为热点处火山活动的源地固定于板块之下的地幔深处，当板块移过热点上面时，随着热点处岩浆不断喷发形成火山，就可以形成一列沿着板块运动方向的火山脊或火山链，即无震海岭。

南北半球地震不均衡

有关学者曾对南北半球发生在1900年至1980年间6级及6级以上共7 936次的地震作过统计，结果发现南北半球发生地震的次数是不均衡的：北半球共发生了4 634次，南半球只发生了3 277次，赤道发生了25次，北半球比南半球多四成以上。纵观世界火山、温泉分布图，亦可发现，北半球要比南半球多，这是什么原因？

由于南北半球海陆分布的不均衡特征，很容易使人联想到，海陆分布情况可能影响到地球内能的释放。我们知道，温泉、火山、地震都是地球释放内能的方式，来自地热流的研究给我们这样的启示：地热流是地球内能释放的最基本的形式，地球的内能通过地热流连续不断地经由地壳释放出来，地壳是地球内能释放的最主要障碍，由地壳均衡假说可知，大陆地壳远厚于大洋地壳，又据有关资料显示，大陆地壳的平均厚度为 35 千米，海洋地壳厚度仅为 6 千米。不难想象，地球的内能通过大陆地壳要比通过海洋地壳困难得多。

由于北半球大陆板块面积比南半球要大，而南半球的大洋板块面积比北半球的要大，因此，北半球的内能更多地受阻于大陆板块，通过地热流释放出来的内能就要比南半球少一些，这些受阻的内能在大陆板块下面积聚，并在地球自转的作用下向中低纬转移，当这些能量积聚到一定的程度，就可能冲破地壳，在一些地壳较薄弱的地带（如板块边缘）以火山、地震等形式释放出来。

在一个较长的时期内，南北半球各自释放的总内能应趋于均衡，即北半球通过地热流、温泉、火山、地震等形式释放出来的内能近似等于南半球通过地热流、温泉、火山、地震等形式释放出来的内能。由于北半球通过地热流释放的内能要比南半球少，其累积的能量就通过火山、地震、地热活动释放出来。这就是北半球为什么比南半球多火山、地震的原因，人们也把这个推论称为南北半球内能释放均衡假说。

11. "世外桃源"——海底温泉

现在的海底有无温泉？海底的温泉是什么样子？近 20 年来，经过科学家反复调查，发现现在的大洋底也有温泉，可惜一般人无法看到。只有等到有朝一日，具备了到大洋底旅游的条件时，大家才可能去一饱眼福。

1977 年 10 月，美国科学家乘"阿尔文"号深潜器，来到东太平洋海隆的加拉帕格斯深海底，在大断裂谷地进行考察时惊奇地发现：这里的海底上，耸立着一个个黑色烟囱状的怪物，它的高度一般为 2 ~ 5 米，呈上细下粗的圆筒状。从"烟囱"口冒出与周围海水不一样的液体，这里的温度高达 350℃。在"烟囱"区附近，水温常年在 30℃以上，而一般洋底的水温只有 4℃，可见，这些海底"烟囱"就是海底的温泉。

在如此高温的大洋底，有活着的生物吗？科学家进一步考察，发现在海底温泉口周围，不仅有生物，而且形成了一个新奇的生物乐园：有血红色的管状蠕虫，像一根根黄色塑料管，最长的达 3 米，横七竖八地排列着，它用血红色肉芽般的触手捕捉、滤食水中的食物。这些管状蠕虫既无口，也无肛门，更无肠道，就靠一根管子在海底蠕动生活。但它的体内有血红蛋白，触手中充满血液。有大得出奇的蟹，没有眼睛，却无处不能爬到；又大又肥的蛤，体内竟有红色的血液，它们长得很快，一般有碗口大。还有一种状如蒲公英花的生物，常常几十个连在一起，有的负责捕食，有的管着消化，各有分工，忙而不乱。这里的生物很有特色，其乐融融，成了真正的"世外桃园"。科学家称这里为"深海绿洲"。这里处在水下几千米的海底，没有阳光，不能进行光合作用，没有海藻类植物，这里的动物靠什么生活呢？

科学家们研究认为：这里水中的营养盐极为丰富，是一般海底的 300 倍，比生物丰富的水域也高 3~4 倍。这里的海洋细菌，靠吞食温泉中丰富的硫化物而大量迅速地蔓延滋生，然后，海洋细菌又成了蠕虫、虾蟹与蛤的美味。在这个特殊的深海环境里，孕育出一个黑暗、高压下生存的生物群落。看来，"万物生长靠太阳"的说法，在这里不适用了。这是科学家们意外的发现。但是，实验表明，这个深海底特殊的生物乐园，生命力是脆弱的，一旦把它们移到海面，在常压情况下，它们一个个都命不久长，死的死，烂的烂，顷刻间土崩瓦解。

海底温泉，不但养育了一批奇特的海洋生物，还能在短时间内，生成人们所需要的宝贵矿物。那些"黑烟囱"冒出来的炽热的溶液，含有丰富的铜、铁、硫、锌，还有少量的铅、银、金、钴等金属和其他一些微量元素。当这些热液与 4℃ 的海水混合后，原来无色透明的溶液立刻变成了黑色的"烟柱"。

经过化验，这些烟柱都是金属硫化物的微粒。这些微粒往上跑不了多高，就像天女散花从烟柱顶端四散落下，沉积在烟囱的周围，形成了含量很高的矿物堆。人们过去知道的天然成矿历史，是以百万年来计算的。现在开采的石油、煤、铁等矿，都是经历了若干万年后才形成的。而在深海底的温泉中，通过黑烟囱的化学作用来造矿，大大地缩短了成矿的时间。

一个黑烟囱从开始喷发，到最终"死亡"，一般只要十几年到几十年。在短短几十年的时间里，一个黑烟囱，可以累积造矿近百吨。而且这种矿，基本没有土、石等杂质，都是些含量很高的各种金属的化合物，稍加分解处理，就可以利用。这是科学家在海底温泉的重大发现。

这种海底温泉多在海洋地壳扩张的中心区，即在大洋中脊及其断裂谷中。仅在东太平洋海隆一个长 6 公里、宽 0.5 公里的断裂谷地，就发现十多个温泉口。在大西洋、印度洋和红海都发现了这样的海底温泉。初步估算，这些海底温泉，每年注入海洋的热水，相当于世界河流水量的三分之一。它抛在海底的矿物，每年达十几万吨。在陆地矿产接近枯竭的时候，这一新发现的价值之重大，就不言而喻了。

12. 真伪难辨——海怪之谜

在 19 世纪的西方游记故事中，经常能读到有关海怪的描述。

20 世纪以来，关于海怪的报导仍然不断传来。

从有关海怪的材料看，各处传来的消息差异很大。比如，有的消息说，海怪的脖颈上长着鬃毛似的东西，个头很大。又有的消息说，海怪的头像蜥蜴一样，个头并不很大。还有的说，怪物的身体呈圆柱形，外皮暗褐色。更为离奇的是，1966 年美国的一位目击者称，他见到的海怪头部像牛一样，有长长的脖颈，没有角，也没有耳朵，两眼放射着令人恐惧的绿光等等。

有人综合研究了一个时期发现海怪的材料，得出这样的结论：对照古代生物资料看，海怪有可能是 1.6 亿年前的蛇颈龙，或是其他的古生物种。人们不禁要问：1.6 亿年前的动物，怎么可能保存到现在呢？事实上，考虑到海洋有着稳定的环境，某些古代生物生存下来也是有可能的。这方面的例子也是可以找到的。1964 年，科学家从 540 米深处的海洋里，获得了海百合。又过了几年，又获得了鲜红色的海胆。这些都是 1.5 亿年前的动物，在化石中曾见到过，而今竟然还见到它们的活种。如果这一理论成立的话，那么是否可以这样认为，过去人们所传的海怪，或许正是古代保存下来的 15 米长的蛇颈龙的一种。当然，这种古生物的数量非常之少，它们生活在稳定的深海环境里。因此，人们很难见到它的踪影。

不过，这仍然只是人们对海怪的一种比较合乎逻辑的解释，并不意味着海怪之谜已完全解开。

13. 江枫渔火——海火之谜

1975 年 9 月 12 日傍晚，江苏省近海朗家沙一带海面上发出微微的光亮，随着波浪的起伏跳跃，像燃烧的火焰那样翻腾不息，一直到天亮才逐渐消失。第二天傍晚，亮光再现，亮度更强。到第七天，海面上涌现出很多泡沫，当渔船驶过时，激起的水流明亮异常，水中还有珍珠般闪闪发光的颗粒。几小时以后，这里发生了一次地震。

这种海水发光现象被人们称为"海火"。海火常常出现在地震或海啸前后。1976 年 7 月 28 日唐山大地震的前一天晚上，秦皇岛、北戴河一带的海面上也有这种发光现象。

早在 1933 年 3 月 3 日凌晨，日本三陆海啸发生时，人们看到了更奇异的海火。波浪涌进时，浪头底下出现三四个像草帽般的圆形发光物，横排着前进，色泽青紫，光亮可以使人看到随波逐流的破船碎块。

海火是怎样产生的呢？一般认为是水里会发光的生物受到扰动而发光所致。如拉丁美洲大巴哈马岛的"火湖"由于繁殖着大量会发光的甲藻，每当夜晚，便会看到随着船浆的摆动，激起万点"火光"。现在已知会发光的生物种类还有许多细菌和放射性虫、水螅、水母、鞭毛虫，以及一些甲壳类、多毛类等小动物。因此，人们推测，当海水受到地震或海啸的剧烈震荡时，便会刺激这些生物，使其发出异常的光亮。

然而，另一些研究者对此持有异议。他们提出，在狂风大浪的夜晚，海水也同样受到激烈的扰动，为什么却没有刺激这些发光生物，使之产生海火？他们认为海火是一种与地面上的"地光"相类似的发光现象。

不久前，美国学者对圆柱形的花岗岩、玄武岩、煤、大理岩等多种岩石试样进行破裂试验。结果发现，当压力足够大时，这些试样便会爆炸性地碎裂，并在几毫秒内释放出一股电子流，激发周围的气体分子发出微弱的光亮。在实验中，他们还注意到，如果把样品放在水中，则碎裂时产生的电子流，也能使水面发出亮光。

不过，在海啸发生时，不像地震那样会发生大量的岩石爆裂（当然地震海啸除外）。那么，海火又是怎样产生的呢？

一些人认为，海火作为一种复杂的自然现象，很可能有着多种的成因机制，生物发光和岩石爆裂发光只是其中的两种可能机制，由不同机制产生的海火，有着什么不同的特征，目前尚是谜题。

在人类历史的传说中，有一块沉没、古老而神秘的大西洲。这是一个经历了数十代繁荣，创造过灿烂文化，但却不明不白地消失在历史长河中的岛国。

早在寻找新大陆的浪潮中，就曾有人把大西洲画在航海图上。如哥伦布在航海中携带的地图上就绘有大西洲。大西洲究竟在地球上的何方？又是如何毁灭的？这些问题一直困扰着人们，始终未得其解。不过，最近两次考古的新发现，又使这幽灵似的古岛在谜雾中渐现。

1967 年，在爱琴海克里特岛以北 113 公里的桑托林岛上，希腊考古学家挖掘出公元前 1 500 多年的青铜器时代文化遗址，在数米厚的火山灰堆下面，埋藏着米诺斯青铜时代的遗物。从所发掘的资料来看，与柏拉图笔下的大西国十分相似，致使不少人把它当做古岛的遗踪。柏拉图描述的古岛，是在某一天或某一个不幸的夜里突然消失的，难道米诺斯文化也有着同样的厄运？

地质学家已经查明，爱琴海自古至今就一直是火山和地震活动频繁的地区，强烈的火山和地震很可能在极短时间里把岛屿摧毁，如今爱琴海见到的不计其数的零乱散布着的岛屿，正是历史上强烈火山和地震所致。

根据探测资料，桑托林群岛中各岛完全像一个个破火山口。据火山学家们估计，这里原来有一个很大的火山岛。在火山的休眠期，岛上风化的溶岩变成了一个适宜于生活的良好环境。大约在公元前 3000 年以前，史前的居民便在这里定居下来，繁衍、发展，形成爱琴海昌盛的米诺斯文明。

大约在公元前15世纪，耸立在桑托林岛中部的高达1 500米的火山喷出了千百万吨岩浆，使岛屿破裂。火山之后，又爆发了可怕的海啸，已被埋藏的岛屿又再遭海啸巨浪的席卷。繁荣的米诺斯文明毁于一旦。这一过程，与大西国遭受的灾难如出一辙。《圣经·旧约》中不止一次对那次火山喷发作了叙述，这更增加了上述判断的可靠性。希腊考古学家马利纳托斯测定了轻石层下面出土的文物，证明了使米诺斯文明毁灭的桑托林火山喷发是发生在公元前15世纪初期。

在时间上，大西洲毁灭和桑托林岛毁灭相差近8 000~9 000年；在面积上，两者相差近100倍。如果认为桑托林岛就是大西洲，如何解释这些问题呢？为此，一部分学者断然否认了上述说法，认为《圣经》的记载不能作为科学的凭证，他们热衷于在马尾藻海追寻大西国的踪迹。

马尾藻海位于北大西洋中部，远离大陆，是一个洋中之海。海中长满密密麻麻的马尾藻，藻间生活着几十种奇妙的鱼类和动物，构成一个奇妙的水中世界。为什么远离大陆的大洋中心，竟会出现一个长满藻类的海域？这些藻类又是从哪里来的呢？

苏联生物学家热尔曼指出，马尾藻海一带原来有一块大陆与欧、非相互连接，柏拉图笔下的大西国就位于这块大陆上。后来，陆地下沉，大陆西部成为今天的马尾藻海，东部则残存着加那利群岛等岛屿。陆地下沉后，大部分生物毁灭了，少数能适应海中生活的被保存下来。

最近，人们在马尾藻海西部海底发现了一座边长约300米，高约200米，尖顶距海面100米的金字塔，比埃及金字塔的文化还要早。塔中有两个巨大的洞穴，水流以惊人的速度流过，使这一带云雾腾腾，狂涛汹涌，见者惊心动魄。这一发现，进一步支持了热尔曼的观点，说明大西国就在马尾藻海，海底金字塔是陆地下沉后遗留的见证。

20世纪60年代以来，大量的海底调查表明，至少在最近几百万年间，大西洋洋底并没有下沉过。相反，马尾藻海一带，是一个巨大的海底抬升地区，因此不可能有古岛沉沦。而且，调查资料中也没有发现一点有关大西国沉没的大陆残骸。70年代中期，法国海洋学家在桑托林群岛一带海底也进行过详细调查，并没有发现大陆沉降的痕迹。这无疑给寻找大西国的人们浇了一盆冷水。

但是，大西国古址问题仍悬而未决，因为如果假定大西文明古国本是子虚乌有，那么如何解释大西洋两岸在文化上的相似性呢？如何解释大西洋两岸语言学、民族学和神话领域中的许多一致性呢？如果不是大西古国先进文化的流传，还有什么别的方式可解释呢？难道在古时候就有一队非洲人乘坐芦苇船，漂流到美洲大陆上去吗？难道是他们把旧大陆的文明带到新大陆去的吗？诸如此类谜团至今无解。

14. 冷却效应——海水冷藏二氧化碳的秘密

留存在深层海水中的二氧化碳可能会影响全球气候的变化。洞察海洋在过去气候变迁扮演的角色，有助于我们预测未来气候的变化以及对其带来的冲击做万全的准备。

美国科学家在《自然》期刊上提出报告显示，他们发现了古气候的证据：当全球气温下降，可能造成高纬度的海水分层现象，并且将二氧化碳留存在深层海水中，使得大气中的二氧化碳含量减少，增强全球冷却效应。

在大约3000万年前（第三纪中期），冰期再次出现。过去的研究指出，造成这次地表降温的因素，除了地球的轨道变化，减少地表接收的太阳辐射量之外，大气中二氧化碳浓度下降可能带来加成的效果，一般认为高纬度的海洋在此时扮演着举足轻重的角色。

海洋中的浮游植物吸收溶解在水中的二氧化碳进行光合作用，借着生物呼吸作用以及当生物死亡分解后，二氧化碳会被重新释放到水层中，只有少部分的生物粪粒或残骸会沉入深海，使得二氧化碳转化为其他形式的碳留存在深海中，增加海洋的总碳量。因此，海洋生物如同泵一样，将碳从表层海水传送到深海，再借着海水的垂直混合作用，将二氧化碳（也包含一些营养盐）往上传送并重返大气。

科学家认为海水的密度分层会阻断二氧化碳往上传送的过程；海水的分层现象主要受温度与盐度控制，低纬度的海洋因表层温暖的海水而产生分层作用，使密度随深度增加，造成海水垂直对流不明显。至于高纬度的海洋由于表层温度低、海水对流混合，使得现今高纬度海洋成为向上输送二氧化碳的主要管道。

普林斯顿大学的科学家找到了支持在270万年前高纬度海水分层的证据，他们分析取自北太平洋副极区与南极海的钻井岩芯，比较两处蛋白石质的微体生物化石累积量及沉积物的氮同位素含量变化（代表营养盐的多寡）。结合两项观测，科学家认为生物化石累积量的减少，来自营养盐的供应量下降，而营养盐则受制于海水的分层。科学家认为造成冰河时期高纬度海水分层的原因，主要受到盐度的控制：当温度逼近冰点时，海水密度受到盐度变化的影响会大于温度变化。因此，在冰河时期容易因降水、蒸发多寡及海冰的消长，导致盐度改变而造成海水分层，结果将使水层中二氧化碳无法重回大气，造成大气中的二氧化碳浓度下降。

伍兹豪尔海洋研究所的瑞格福兰克斯表示，这个研究其实过度简化了造成全球冷却的因素。然而它的确提供了一个简单的机制，并贴切地说明过去的一段气候变迁。哲学家齐克果说："表象如浮标，本质如鱼钩"。我们期待科学家在复杂的古气候研究中，洞察海洋在过去气候变迁扮演的角色，这将有助于预测未来气候的变化，好让我们为气候变化可能带来的冲击做万全的准备。

15. 巨大漏斗——海洋大漩涡现象未解之谜

水量超过 250 条亚马孙河

在埃德加·爱伦·坡的短篇小说《卷入大漩涡》中，描述了挪威海岸一个悬崖边的强大的漩涡。书中是这样说的：漩涡的边缘是一个巨大的发出微光的飞沫带，但是并没有一个飞沫滑入令人恐怖的巨大漏斗的口中，这个巨大漏斗的内部，在目力所及的范围内，是一个光滑的、闪光的黑玉色水墙，这个巨大的水墙以大约45°角向地平线倾斜。它在飞速地旋转，速度快得使人感到目眩，并不停地摇摆，在空气中发出一种令人惊骇的声响，这种声响半是尖叫，半是咆哮。

澳大利亚的海洋学家 3 月 14 日宣布，他们发现了一个如同爱伦·坡在小说中所描写的那样的一个巨大冷水漩涡，只是没有书中描写的那样陡峭或移动得那么快。除此之外，几乎没有什么两样。这个旋风位于距悉尼 96 公里处，直径长达 200 公里，深 1 公里。它正在剧烈旋转，产生的巨大能量将海平面几乎削低了1 米，改变了这个地区主要的洋流结构。它携带的水量超过了 250 条世界第一大河——亚马孙河的水量。

澳大利亚联邦科学与工业研究组织称，这个漩涡的力量非常大，它所携带的能量将时常出现的主要洋流推向更远的海域，但到目前为止这个剧烈的漩涡还没有影响到船运。

紊乱现象至今无人能解

暴风不太可能产生这样的影响，但科学家需要迫切地知道接下来会发生什么，因为在漩涡的背后是一种洋流紊乱现象，这是当代最难以解答的科学难题之一。伟大的量子物理学家沃纳海森堡说："临终前，当躺在床榻上，我会向上帝提出两个问题：为什么会出现相对性和为什么会出现洋流紊乱？我认为上帝或许会为第一个问题给出答案。"

在全世界都会看到海洋漩涡的身影，在自然界中它们是一种正常的现象。当不同的水流相遇时便会产生漩涡，和它们的近亲空气漩涡以及太阳与风的共同作用，这些海洋漩涡在影响天气的过程中扮演了异常重要的角色。它们将一个天气系统中的能量转移到另一个天气系统中。

海洋漩涡主要受海洋的涨潮和退潮控制，此外，它们还遵从一些数学规则，但并非所有的规则。科学家对这些海洋漩涡只能进行部分预测，它们是剧烈混乱产生的现象，但也展示出具有某种结构、节奏以及其他与秩序有关的特征。海洋漩涡从不会重复自己，所以对它们的行为进行统计无法完全解决问题。

当年，美国人想通过把40年英吉利海峡的天气数据平均一下，用这种方法预测诺曼底登陆那天的天气情况，结果犯了大错。最后，还是英国和挪威的预测专家利用取样预测法拯救了他们。

"漩涡"现象无处不在

海洋漩涡虽然不能被形容为自然界中的一个反复无常的奇异现象，但像悉尼附近海域这么巨大的海洋漩涡，在不可预见的天气事件中尤其是在"厄尔尼诺"反常气候现象中，在秘鲁的大雨到堪萨斯的干旱中都扮演着非常重要的角色。

海洋漩涡是不同来源的水流交汇导致的，这些水流有各自不同的温度和流速。当不同的水流撞击在一起时会产生不可预见的后果。这种不可预知性与二氧化碳和甲烷气体的排放导致的不稳定性有关，这种不稳定性反过来导致了更加无法预测的水流的混合。收集到其中所有的变量并进行数学计算令科学家大费脑筋，他们正在努力弄清的一件事情是：如何理解海洋漩涡中一致和非一致运动之间的关系。这个关系是如何预测漩涡中的一个关键性因素。

悉尼海洋大漩涡令人困惑的是，它在不断改变。当你从一个视角或在一个特定的时间段观察时，它似乎很平静，但当从另一个地方或其他时间观察时它又会变得非常狂暴。如果在它上面航行时，水面看起来似乎很平静，但却会使巨轮发生晃动。悉尼海洋大漩涡可能很快会丧失它的能量，巨大的海洋漩涡通常会持续大约一周时间，但有一些可能会持续一个月之久。它们不会停息下来，而是通过将小漩涡吸入它们之中使能量发生转移。

科学家说，能量不断上下发生运动，就好像一个不断旋转的楼梯。水和空气中的漩涡中存在分子的混乱运动，这样的运动一直延伸到大气的边缘，在星际空间的流动中也存在这种神秘的混沌运动。科学家已经在恒星的尾迹中发现了漩涡的存在。自从卫星时代以来才真正有可能对漩涡进行全面的观察，为此所要做的就是要综合研究不同的信息。

16. "魔鬼之海"——海洋中的神秘地带

据资料表明，海洋的神秘地带并不止百慕大三角区一个，"神秘地区"至少有7个。百慕大三角区、日本海域三角区、沉没在大西洋岛附近海域、太平洋夏威夷至美国大陆间的海域、葡萄牙沿海和非洲东南部海域、哈特勒斯角。

到底是什么力量在起作用，使三角区如此神秘？迄今为止，任何一位科学家都无法解释。飞机、船只的失踪事件在年复一年神秘地发生着。日本海域三角区在日本本州的南部和夏威夷之间，日本人叫它"魔鬼海"。这个魔鬼海三角区，是从日本千叶县南端的野岛崎冲及向东 1 000 余千米再与南部关岛的 3 点连线之间的区域，在这里很多船舶和飞机也是无影无踪地消失了。最奇怪的事件是 1976 年 1 月 16 日，一艘载有 220 吨矿石的挪威运输船贝尔基·伊斯特拉号在毫无巨风骇浪的情况下，莫名其妙地在这里失踪，并失踪得毫无痕迹；另外一些失踪船只的记录，也表明它们都是奇怪消失的。1980 年，一艘从美国洛杉矶起航至我国青岛的货船，在野岛崎以东 1 220 千米处，即进入日本魔鬼海域时，突然发出"SOS"救援信号，不久，这艘挂南斯拉夫旗，载重为 14 712 吨，有船员 35 人的多瑙河号货船便消失在这片神秘的海区。而仅仅在前一天夜里，与这艘货船失踪时间相隔不到 9 个小时，另一艘巨轮也在日本魔鬼海宣告失踪，这是一艘从智利驶往日本名古屋的利比亚货船。它是航行在野岛崎以南 570 千米处遇难的。这艘名叫阿迪尼斯号载重 29 700 吨，有船员 32 人的货轮，也是在发出"SOS"信号后很快沉没的。阿迪尼斯号和多瑙河号分别失踪了 5 天和 6 天之后，即 1981 年 1 月 2 日下午 5 点 47 分，一艘希腊货轮也在野岛崎以东 1 300 千米处，连续发出呼救后，莫名其妙地失踪了，船上的 35 名船员也无一生还。短短一个星期中，3 艘巨轮连续被魔鬼海吞没，不能不使人感叹这片海域到底怎么了。

同样奇怪的是，失事后，对该海域进行搜索的飞机和舰船均找不到失踪船只的痕迹，更不见失踪船员的尸体，仿佛被大海吸进去了一样，其他一些舰船、飞机的失踪也是在罗盘、仪表莫名其妙地失灵后，就再也没有消息。所以人们也把它叫做魔鬼三角区，日本人甚至叫它"夭龙三角区"，这是日本人选用西方神话故事里的夭龙命名的。夭龙是个长着翅膀和利爪、口中吐火的巨大怪兽，象征着暴力和邪恶。由此可见人们对这一海域的恐惧。有人猜测是因为此海域海洋极其复杂，给操纵带来困难而使船只、飞机失事；也有的猜测海底一定有巨大的磁铁矿，所以罗盘飞快地旋转而找不到方位，但这并没有可靠的根据。不管怎样，此地船只失踪事件多发生在冬季，而每年冬季这里的水温和气温相差 20 度，因此海上常产生上升的强气流，从而激起海面上的三角波。据说，此海域可能有高达 20 多米的巨浪，这对船只来说当然太可怕了。

地中海三角区被陆地环绕的地中海，一直被人们视作风平浪静的内海。谁知在这里居然也有个魔鬼三角区，这个三角区位于意大利本土的南端与西西里岛和科西嘉岛 3 座岛屿之间，这里叫泰伦尼亚海。

这个三角区域里，有几十艘船只和飞机被不明不白地吞没。1980 年 6 月某日上午 8 时，一架意大利班机准时从布朗起飞，目的地是西西里岛的巴拉莫城，预计航程所需时间为 1 小时 45 分钟。当该机飞行了 37 分钟时，机长向塔台报告了自己的位置在庞沙岛上空之后，就再也没有消息了，谁也不知造这架飞机是怎么失踪的。机上 81 名乘客和机组人员踪迹全无，飞机自然也无影无踪。

更奇怪的是在风平浪静的海上，一些船只会突然失踪，甚至大船也不例外。最近一次失踪事件颇为蹊跷，两艘鱼船在相互看得见的海上捕鱼，地点在庞沙岛西南偏西大约 46 海里处，一艘名叫沙娜号的渔船上有 8 名船员在紧张作业，而另一艘名叫加萨奥比亚号的渔船则有 11 名船员，当时两艘渔船不仅通话、联系，而且灯光也相互看得见。但是拂晓时分，加萨奥比亚号发现沙娜号不见了。起初他们以为它开走了。但鱼情如此之好，没有作业完毕的沙娜号为什么要开走？为此，加萨奥比亚号船长向基地作了报告。3 小时后，一架意大利海岸巡逻直升飞机到了这一海域。令人惊奇的是，这时不仅看不见沙娜号，就连不久前刚刚汇报沙娜号失踪的加萨奥比亚号也不见踪影，深感奇怪的直升机仔细搜索了每一片海域，直到飞机油箱里的油料只够返回基地时，该直升机才在通知了在附近海域的一艘 19 000 吨的大型捕鱼船协助搜索，留意情况之后离开。这艘名叫伊安尼亚号的捕鱼船的船长说，他们的船 3 小时以内即可抵达该海域，将会注意那里失踪船只的求救信号，并在那里过夜。

第二天清晨，3 架直升机再次来到这一区域搜索，奇怪的是，不要说前两艘失踪的船只找不到，就连伊安尼亚号也不见了。从此，这 3 艘船只连同船上的 51 名乘员，就这么不明不白地在风平浪静的海上失踪了，而且事后也是一点痕迹没有留下。

17. "饼中化石"——非洲鱼类化石之谜

在非洲的马达加斯加岛西北部的一个村子附近，人们无意中发现一种包裹着鱼的石头。从外表看，这些石头利普通石头没有什么区别，扁平的样子，呈灰黄色。然而，如用锤子敲击石头的侧面，石头会分层裂开。从裂开的对称石质面上，可以清楚看到一条较为完整的鱼深深地嵌在石面上。鱼的文路清晰可辨，形状、大小和今天热带海洋中生活的一种鱼差不多。经过古生物学家辨认，这种鱼在地球上早已绝种。由于这种鱼是化石饼层内发现的，人们就给它起了个名字，叫它石鱼。经初步鉴定，这种石鱼可能生活在 1.8 亿年前的古海洋中。经过研究，人们惊奇地发现，绝大部分的化石饼中的鱼，都保存完好，放到显微镜下都能看清石鱼的眼神经和颈动脉痕迹。

在研究探讨石鱼的过程中，有关石鱼的种种疑问被一个个提出来了，一些问题至今还没有找到令人信服的解释。

第一个疑问是，这种古海洋中的热带鱼是怎么进入"石套"中的。从人们获得的化石资料看，几乎每块石饼的形状和它内部所包藏的鱼都差不多，因此完全可以确定，它们都是同一种鱼。因此，人们这样解释这些鱼的"石化"过程：大约在亿万年前，在有机体腐蚀和其他化学作用下，海水中产生大量的氧化硅结晶体。一群群的鱼突然遭到某种外力的作用，例如大规模的火山喷发或是大地震，使鱼群死亡。氧化硅结晶体把死鱼包裹起来。开始时，鱼身上的硅化物呈膜状，可能并不厚，但随着时间的推移，硅化物越结越厚，把鱼从外面用石质全部套起来了。但是，质疑也由此提出来了，假如这些鱼果真是在一次大的火山喷发中被"石化"的，那么，在这些化石中，为什么只有这一种鱼，而无其他的海洋生物？而且，鱼是非常容易腐烂的有机体，为什么这些鱼能如此完好地被保存下来？

第二个疑问是，这种鱼为什么在马达加斯加岛上能够存在，而且数量那么多？在别的什么地方也会有这种鱼吗？果然，人们又在北海、格陵兰海和斯匹次卑尔根海岸的岩石中，也发现这种石鱼。人们把这几处发现的石鱼标本比较研究，发现它们之间很相似，不仅它们石化的时间差不多，其鱼类的类别也差不多。这就是说，地球各处的石化鱼的石化过程是一致的。那么，从今天的地理环境看，北海和马达加斯加岛之间，相隔数千千米，可见这种鱼在当时的古海洋中分布是很广的。然而，事实上这种被石化的鱼是在后来的中生代才形成"化石饼"的。那么，这种古地质变化在地球上可能发生过不止一次，或者说，这可能是在不同海域中分别发生的？人们的这种判断反映地质变迁的实际吗？

18. 硬骨鱼类——棘鱼化石之谜

棘鱼是地球上出现最早的硬骨鱼类。最早的棘鱼化石发现在我国湖南西部距今大约有4.38亿年多时间了。在地球上相继生活了1.78亿年，到2.6亿年前后就绝灭了。

棘鱼的身体呈梭形，身体一般都较小，长不超过20厘米，只有极个别的可达2米长。背上有一个或两个背鳍，一个臀鳍和一个强有力的歪形尾鳍。尾鳍的下叶宽而长，表明它们是游泳能手。棘鱼的最大特征是在胸鳍和腹鳍之间有一组中间鳍，多达五对，少则一对。每个鳍的前面均有一个很硬的棒状棘，其根部深深扎入体内，后面通常有一凹槽，能折叠的鳍蹼的前部就镶嵌在此，但中间鳍棘的后面没有鳍蹼。棘鱼的鳍不仅在形状和位置与现代鱼类的相似，而且在内部结构也相似，所不同者就是在腹鳍、臀鳍和尾鳍下叶的鳍蹼上有成行排列的鳞。鳍前的棒状棘只是一个鳞片变形后而形成的。

关于鳍前面棘的功能和作用，历来就有争论，这种看法认为，它起分水作用。当它游累下沉到水底时，可以用它固定住身体稍事休息一下。也有的学者认为，它是一种防身武器，因它们身上的棘又硬又长并深深扎根在体内，这样与它们同时代生存而又贪食的鲨鱼就不敢轻易向它发起进攻，而敬而远之。就是偶尔个别被咬死，也很难吞咽下去。当然，例外的事也不是没有的，人们在生活同时代的古鳕鱼的体腔内，也曾发现过一条保存相当完好的棘鱼化石就是一例。

棘鱼身体上披有小而带尖的鳞，跟现代鲨鱼的差不多。这种鳞不是叠瓦状排列而是一个挨一个的有规律排列行。它的腹面没有空腔。鳞一开始就在身体上出现了，随着鱼体的生长鳞也生长，到了一定程度也就不长了。但是，在鱼体的一些部位在幼鱼时是没有鳞的，直到长大以后才长出鳞来。

棘鱼的头颇像现代鱼类，窄而高，头和鳃骨是分开的，嘴长在头的前端。一对非常小的鼻孔相距较近，位于嘴的上方。眼睛很大，长在头的前侧，在它的外面沿着眼眶有五块骨片，它不仅是用来保护眼睛不受损伤，而且可能有了它才不致使眼球从眼眶内掉出来。棘鱼的嘴很小，上下颌上均有很尖的牙齿。不过，它们不是长在齿槽内，而是与颌骨愈合在一起。在左右两侧下颌前端接缝处的牙齿呈环状，它是用结缔组织与下颌连在一起的。在早期种类的头上骨片数目较多，鳃部的骨片往往很大。到了晚期这种骨片数目就大大减少了，仅仅在头部侧线感觉沟附近残留一些。

棘鱼这一大的家族，虽然在地球的历史上出现较早，但它们似乎从来就没有兴旺过，这可能与它们的生活环境有关。这一个家族的所有成员从没有离开过大海到内陆的江河湖泊去闯一番，这也许就是它们没有兴旺发达的根本原因。棘鱼通常生活在水的中层和表层，过着自由自在的生活。有些种类虽然身上也有较厚的鳞，常常在水底停留，但它从没有形成背腹扁平的底栖种类。棘鱼有鳔，能帮助它在水中沉浮。它们有很大的眼睛和多尖的牙齿表明它们是以捕食其他动物的幼体为生。除个别者外，绝大多数不是贪食者。它们可能整天都张着小嘴在水中游来游去去捕捉小的食物，以填饱肚皮。

在漫长的岁月里，它们也曾发生过不少变化，首先是身上骨片的厚度和大小明显减退，位于胸腹鳍之间的中间棘退掉了，副鳃盖骨消失了。所有这些变化都是为了改善和增强它们的游泳能力，扩大活动范围和增加捕到更多食物的机会。

棘鱼化石在世界各地均有发现。在我国广大地区内均找到过它们的化石，多为分散的棘、鳞片和牙齿，没有一条完整的，但相信经过努力一定会发现的。

19. 浑身是眼——海生动物"海蛇尾"之谜

一只海星模样的动物挥舞着5条长长的手臂游过来，它看上去没有头也没有眼睛,但事实上每条手臂都遍布着"眼睛",全身就是一只巨大的复眼。科学家正在对这种精巧的构造进行研究,希望模仿它制造微型透镜,用在未来的光学计算机上。

美国贝尔实验室的科学家在报告中说,他们在研究这种被称为海蛇尾的动物时,偶然发现它身体表面由碳酸钙构成的骨板是由许多极为微小的凸透镜构成的。透镜的直径约为1/20毫米,能把光线聚焦在体表以下5微米的地方。

研究人员说,海蛇尾没有脑子,但有神经系统。微小透镜可能把光聚焦到神经束上,产生视觉信号。这样,遍布全身的微小透镜就组成一个可以看到四面八方的复眼,与昆虫的复眼相似。目前,人们还不清楚海蛇尾的这种复眼系统产生的图像质量如何,但它应该能够感知方向和光的强度,这在躲避天敌时非常有用。

科学家说,以人类目前的技术还造不出这样精巧的透镜,海蛇尾身上的这些晶体透镜应该是碳酸钙在特定化学环境中形成的。如果能仿造出微型塑料透镜,将可以用于控制光缆中。

20. 岩石奥秘——亚洲地下"大洋"之谜

科学家最近报告说,他们在亚洲东部地下数百英里的地方发现一个巨大的、面积与北冰洋一般大小的"大洋"。这个地下"大洋"是在研究人员扫描穿过地球内部的震波的过程中发现的。然而,却没有一个研究人员打算利用潜艇对这一区域进行探测,原因在于,所发现的这些水体均被禁闭在位于地表以下700~1 400公里的岩石之中。

该研究小组负责人、圣路易斯华盛顿大学的维瑟逊表示:"我已经收到各式各样的电子邮件,询问在诺亚洪水暴发时突现的是否就是这些水体。事实上它不是真正的大洋,只是含有水分的岩石,而且可能的含水量不到0.1%。"从这一区域的大小来判断,它足以满足水体数量累计到巨大的程度。

维瑟逊和其他研究人员是在观测远处地震的震波如何穿过地幔时发现这一"湿点"的。这个从印度尼西亚一直延伸至俄罗斯北端的湿点可以被视为一个相对脆弱的岩石区——与其他地区相比能够更加迅速地弱化震波的强度。水体之所以被禁闭在岩石中是由于板块运动导致的。在这一过程中,地壳板块的位置发生了变化。由于板块运动,海底最终被拉至环太平洋周围的大陆板块之下。

正常情况下,在深度达到100公里以上之前,地球内部的热量会将水体加热至气体使之"逃离"岩石的禁闭,成功"逃脱"的海水以火山气体的形式出现。但在环太平洋东部,当地的地质状况却允许岩石在被加热成气体前进入更深的区域。

地下"大洋"的发现可能帮助科学家更好地了解火山区的形成,比如那些位于冰岛、夏威夷以及黄石国家公园的火山区。一种理论认为，那些区域均属于火山性质，理由是：地球内部深处的热点使位于地下的一个类似巨大喷灯的岩石熔化，从而产生数量众多的熔岩。

维瑟逊表示，水体的存在可能允许热点熔化更多的岩石，进而产生更多的熔岩。他说："如果将水加入到岩石当中，就会带来更多数量的熔解。大多人普遍认为并非所有的热点都是相同的，有些是热点，而有些则是湿点。"

一些科学家表示，这项新的研究同样为人们揭示了有关地球长期命运的线索。当地球还很年轻的时候，其内部深处的蒸气会钻出地表形成火山气体，并最终导致今天海洋的出现。但随着地球内部的不断老化和温度的冷却，水体将会更容易返回到地下。

他们认为，对于地球的地质稳定性来说，这个逐渐将水体吸入地下的过程可能是一件好事。地下水体扮演着一种润滑剂的角色，它们允许地壳板块继续以现有的速度运动。这可以帮助保持大陆厚度和高度处在一个相对稳定的状态。

21. 所向披靡——恐怖的史前海怪之谜

一只跃出海面捕食鲨鱼的瘤龙，它在海里横冲直撞，捕食所有可以吃的东西，所向无敌。

海洋一直以来被认为是地球生命诞生的地方，早在千万年前，这片神奇的蓝色世界，被一群"海怪"所占据着。后来因为种种原因，它们灭绝了，现在很多史前动物化石在我们身边层出不穷，激发了人们对史前动物的关注。随着科学技术的发展，利用高科技将古生物学家发掘的恐龙等史前动物化石"还原"，让我们可以一睹这些史前怪物的真面目。

（1）瘤　龙

它是一种最早在北美发现的巨型沧龙，它身上长满疙瘩，体长有13米左右，光是脑袋就有1.8米长。这种怪物在海里横冲直撞，捕食所有可以吃的东西，所向无敌。古生物学家分析瘤龙胃部残余物的化石时，发现了各种各样的小动物，甚至包括小沧龙和蛇颈龙。

虽然瘤龙的生存年代比较短，在白垩纪后期（距今8 500万—7 300万年前）出现后不久又灭绝，但是，瘤龙是那个时期最重要且分布最广的食肉动物，它们的化石在世界各地均有发现。瘤龙的前齿位置有个挺大的圆形囊突，它的名字本意就是"圆鼻"，部分科学家相信这个囊是用来暂时存放食物的，又或者是像军舰鸟一样用鼓气炫耀来争取异性的芳心。

瘤龙长有巨大且结构轻巧的头颅，向后弯的牙齿位于凹窝内，下颚在中间与其他部分铰合。颈很短，仅有 7 个脊椎，它们身体的其他部分很长。

（2）晚白垩纪蛇颈龙

1824 年，19 世纪英国著名的化石收藏与发现家玛丽·安宁，在她的故乡——英国莱姆里吉斯发现了完整的蛇颈龙化石。蛇颈龙科就是以它来命名的。蛇颈龙出现在侏罗纪早期，体长 3 米左右。

它们典型特征是细小的头，宽大的喙部，头骨松果体开口很大。牙齿都是统一的细长形状，横切面是圆形的。蛇颈龙有些身体特征比较原始，比如它的内鼻腔几乎位于外鼻孔的正下方——这说明它不能像后来的菱龙或其他蛇颈龙一样利用水流过鼻腔来闻气味。蛇颈龙结构紧凑，应该是积极的捕猎者，而不是坐等猎物上门。

（3）菊 石

菊石是一种已经灭绝了的软体动物，它们最早出现在古生代泥盆纪初期，繁盛于中生代，广泛分布于世界各地的三叠纪海洋中。菊石是由鹦鹉螺（现在仍然存活在深海中）演化而来的，与鹦鹉螺的形状相似。

菊石的体外有一个硬壳，大小差别很大，壳为几厘米或者十几厘米，最小的仅有一个厘米，最大的比农村的大磨盘还要大。壳的形状也是多种多样，有三角形的、锥形的和旋转形的等等。旋转形的壳在菊石中占绝大多数。

（4）长喙龙

许多人以为上龙科在白垩纪早期就灭绝了，其实不是的。长喙龙就是上龙里的晚辈，它生活在白垩纪的晚期，它似乎是一种保存了原始面貌的上龙，椎骨居然有 19 块，嘴巴变得十分细长，活像只大鸟一样。长喙龙的身体结构和克柔龙分别挺大，倒是和早期的泥泳龙很相似，只有 3 ~ 5 米大小。这种上龙主要在北美出土，达科它州的内海就有它的身影。

（5）白垩刺甲鲨

白垩刺甲鲨是顶级海洋掠食动物，被称为"白垩纪的咽喉"，大小与现在的大白鲨相当。它长达 7.6 米以上，尾巴占身体的一半长，它同时用起伏的身躯和像鳍一样的脚游泳，敢于攻击小型沧龙，跟现生大白鲨敢于攻击小型海狮或海豹的情况相似。

（6）无齿翼龙

无齿翼龙是种会飞的爬行动物，它们不是恐龙。它们几乎没有尾巴，躯干很小。无齿翼龙也许会有皮毛，但是不会有羽毛。它们有个大脑袋，它们的视力非常好。无齿翼龙没有牙齿。无齿翼龙能够扇动它们的翅膀飞翔，而且还能飞很长的距离。

无齿翼龙是是白垩纪晚期的翼龙类，一种飞行的爬行动物，而恐龙则是陆上的动物。无齿翼龙大约如火鸡一样，体重大约 15 千克，但是它的头部大约有 1.8

米，两翼开展约 8.2 米。它或许较常滑翔而非飞行，而且有可能滑降水面觅食鱼类。某些证据显示无齿异龙体覆轻羽毛，有可能为温血动物。有些小型的无齿异龙比麻雀还要小；而最大型的两翼开展可达 12 米。它们或许需要利用热气流上升以顺势抬举离地飞翔。

（7）托斯特巨鱿

8 000 万年前的晚白垩纪已有大小相当于大王鱿的史前巨鱿出现并跟菊石类、沧龙类、古海龟及蛇颈龙类分享这一大片海洋。这些巨鱿的复原图，亦只是仅靠几块零碎的内壳化石断片推测想象。托斯特巨鱿可能是于西部内海道中作为大型掠食性鱼类及海洋爬虫类的食物，证据来自已经发现的粪便化石，内壳断片的咬痕及窒息死亡的鱼类化石。

（8）矛齿鱼

在 6 000 万年前的海洋中，恐龙时代很常见的壳体巨大的菊石消失了。许多像蛤蜊一样的软体动物和海胆替代了它们的位置。1.5 米长的银鲛和其他鲨鱼也很常见。恐龙绝灭前后，新一轮的鱼类进化产生了现代的硬骨鱼类。鲑鱼和大马哈鱼就是从那个时代存活下来的幸存者。矛齿鱼没有存活下来，它是 17.5 厘米长，像大马哈鱼一样的鱼类，有巨大的牙齿，咬合后像一个捕捉器。

这一时期，南美大陆和南极大陆与世界其他地区被水隔开。在孤立的状态下，这些南方大陆进化出了许多奇怪的动物。首先出现的动物中有犰狳类和它们的近亲。它们后来进化到河马那么大。

（9）史前古龟

这种体型巨大的史前海龟，可以活到 100 岁以上。

（10）晚白垩纪的剑射鱼

剑射鱼生活在 8 700 万年至 6 500 万年前，长 6 米的鲨鱼。剑射鱼有暗蓝色的背部和银亮的腹部，作为它对上方和下方的伪装色。一头有利刃般的牙齿，一头有强劲的尾巴，这样的组合使它成为一种强大的追击型的猎人。

剑射鱼巡航在大洋的水面下。它捕食其他的大型鱼类，包括整吞 2 米长的大鱼，并准备扑向在水面的海鸟，如一只漂浮的黄昏鸟。然而最重要的是，剑射鱼是一位伟大的游泳家，速度可以达到或超过当时海洋里的任何东西。它也许能够跃出水面，同时帮助自己驱除皮肤上的寄生虫。然而它并不是无敌的。一旦受伤，它那巨大的尺寸就意味着它很容易被发现，并成为鲨鱼的牺牲品。

（11）远古水母

5 000 万年前，水母化石的发现说明复杂的无脊椎动物出现进化比先前设想的要早。犹他州西北页岩上发现的四种类型的水母，是此类动物中发现最早的权威样本。此前，最早的水母化石来源于宾夕法尼亚州页岩采石场，大约产生于

3 200万年前。劳伦斯堪萨斯州大学的学者说，中寒武纪新化石的发现更加说明，与如今飘动的海洋生命亲源的物种在寒武纪时代就已经存在了。

22. 海洋争霸——恐龙时代之谜

大约2.5亿年前，地球上的生命刚刚经历过一场大规模的灭绝，许多物种消失了，而爬行类动物则在这个时候踏上这块劫后余生的土地。又过了几百万年，当最早的恐龙开始统治陆地的时候，它们中的一些种类则滑进了波涛汹涌的大海。后来这些动物成了海洋的主宰，它们的角色很像今天仍然活跃在大海中的鲸、海豚和海豹。

1991年，在加拿大西部不列颠哥伦比亚省的一条河中，古生物学家伊丽莎白·尼科丝和她的同事们发现了一具这种海洋动物的化石，他们将化石整理拼接后发现，这头巨兽有23米长，仅头骨就接近6米，鳍为5.3米，科学家由此推测，这种动物也许是我们这颗星球上曾经生活过的最大的食肉动物，他们称它为鱼龙。

鱼龙在史前的大海里游弋了1.5亿年，而与此同时，它们的近亲恐龙家族则在陆地上称王称霸。在这段时间里，一些鱼龙一直保留着它们祖先类似蜥蜴的特性，而另一些则发生了明显的变化，它们的身体进化得像海豚一样呈流线的形状，而生活习性也同这些哺乳动物差不多了。

通过对鱼龙鳍的研究，科学家知道了这种动物是如何从陆地走向海洋的，它们原来的腿变得短而偏平，而脚趾则连在了一起，变成柔软光滑的鳍；它们的皮肤相当光滑，还长出了一个新月形状的尾巴。当这些变化完成以后，它们便可以在水中游动自如，而在陆地上，它们的鳍则根本无法支撑沉重的身体了。

飞跃的蛟龙

科学家认为，至少有一部分鱼龙的生活同今天的爬行动物是不相同的，例如今天的海鬣蜥依然离不开陆地，它们必须爬上岸晒太阳以保持体温，维持身体中正常的生物化学活动。但许多鱼龙已经不需要如此了。它们的体内可以产生一部分热量，它们巨大的身躯也有利于维持体温，因此，这部分鱼龙便永远告别了陆地，像鱼一样离不开水了。加拿大皇家安大略湖博物馆的古生物学家罗斯克·摩他尼认为，有些鱼龙具有非常符合空气动力学原理的流线体形，它们新月形的尾十分有力，可以灵活地左右摆动。摩他尼的鱼龙研究结果表明，这种鱼龙的游弋速度可以达到每秒1米，和今天海洋上的蓝鳍金枪鱼和黄鳍金枪鱼不相上下。

但另外一些鱼龙，特别是早期的种类却依然部分保留着蜥蜴的形体，有长长的尾，柔软的脊，它们游动的速度没有前一种快。生物学家理查德·考尔文甚至认为，这种鱼龙的波浪似游动还会影响到它们的呼吸，因为用那种方式高速游动并同时呼吸是很困难的。所以科学家推测，这些鱼龙也许会采取跳跃的方式，它们游动时会不时跃出水面，就像今天的海豚一样，鱼龙通过这种方式在捕食的追逐中吸取足够的氧，并得以游弋很长的距离。

巨眼的秘密

鱼龙的食物是科学家最感兴趣的问题。在研究中，人们在鱼龙的腹中发现了大量箭石，它们是一种古生物化石，由已经灭绝的、与乌贼有血亲关系的头足纲动物内壳形成。在另一具鱼龙化石中，人们又找到了一些尚未消化的鱼和海龟的遗迹，那些海龟有 6 厘米大小，它们被整个地吞进鱼龙的肚里，有些被鱼龙的牙碾碎了。在一只尚未成年的鱼龙嘴里，人们发现了 200 颗牙，它们是圆锥形的，每颗牙有 4 厘米长，1~2 厘米突出在牙龈的外面，鱼龙用这些牙碾压食物，然后再将它们咽进肚里。

最令科学家感觉惊讶的是鱼龙的眼睛。一般说来，鱼龙游得快，它们才有可能潜得深，因为只有游得快，它们才能在屏息的有限时间内游到更深的地方，这是它们获取丰厚食物的重要本领。一些生物学家认为，鱼龙是可以潜得很深的，这其中的一个重要证据就是它们有一对极大的眼睛。

人们发现，一种身长只有 9 米的鱼龙拥有一对直径超过 26 厘米的大眼睛，它们看上去像一对盛食物的大盘子。这是人们发现的世界上最大的眼睛。另一种鱼龙很小，只有 4 米，但它们的眼睛却超过了 22 厘米，相对于它们的身体而言，这也是一对大得出奇的眼睛，科学家迄今尚未发现眼睛和身体的比例如此超常的动物。不过在今天的海洋里，也有一些眼睛大得出奇的家伙，例如一种巨大的乌贼，它们眼睛的直径可以达到 25 厘米，蓝鲸的眼睛也可达到 15 厘米。大眼睛有什么作用呢？两位苏格兰学者，格拉斯哥大学的斯蒂尔特·汉菲尔斯和格姆·D.布莱克斯顿发表文章说，在阴暗的海洋里，大眼睛可以收集更多的光线，有利于发现隐藏在深水中的小动物，而灵敏的视力还使鱼龙可以在阴暗的深水中合作追逐猎物。

对于这种观点，有人提出了质疑，在现代的哺乳动物中，例如海豹，并没有那样大的眼睛，但它们同样可以在深水中灵活地捕食。但布莱克斯顿反驳说，海豹虽然没有大眼睛，但它们拥有其他灵敏的感觉器，例如触须等，触须可以侦测到由动物们的活动搅起的水流变化，而一些鲸类则依靠声呐追逐食物。

那么，鱼龙是否也有类似的侦测系统呢？澳大利亚古生物学家本杰明·P.凯尔和另外一位放射线摄影师乔治·考利斯希望通过 CD 扫描技术揭开这个秘密，他们扫描的对象是一具未成年鱼龙的化石。

凯尔他们发现，鱼龙的头骨顶部和上腭之间的确有一道内鼻似的结构，很像一种负责嗅觉的器官。在头骨内还有一些奇特的印迹，在现代动物的大脑中，那里是专门控制视觉和嗅觉的区域。在头骨中，他们还找到一些很深的凹槽。他们认为，那些凹槽是神经和血管的通道，那些神经网络可传输来自鱼龙前方的信息，而那些凹槽里甚至还可能隐藏一些复杂的感觉系统，例如电场感受器等。在现代海洋动物中，如一些鱼和鲨鱼就拥有这样的器官，它们的传感神经元可以侦测到来自猎物的电场。科学家说，很可能有部分种类的鱼龙也拥有类似的侦测系统，因为尽管它们有很大的眼睛，但它们的正前方则是一块不小的盲区，鱼龙也许不得不依靠某种感觉器来探测它们眼睛看不到的地方。

科学家发现鱼龙种类的多少和地球上的气候变化是密切相关的。从化石发现的情况看，当气候温暖适宜时，它们便相当繁盛，种类很多，而在气候寒冷恶劣的地质年代，它们的种类就减少了。研究表明，尽管鱼龙和恐龙几乎在同一个时候出现在地球上，但它们灭绝的时间却是不一样的，鱼龙逐渐消失于 9 000 万年前，而恐龙则是在鱼龙灭绝了 2 500 万年以后，才突然地从地球上消失的。

23. 化石见证——恐龙也会游泳

恐龙会游泳吗？这是科学家多年来一直争论不休的问题。法国研究人员前不久发表的一篇报告指出，有些种类的恐龙的确会游泳，而且，他们有化石为证。

能够证明恐龙游泳的古生物足迹形成于约 1 250 万年前，是研究人员在西班牙拉里奥哈省一段河床上发现。在约 15 米长的河床砂岩上，研究人员发现了 12 组又细又长的痕迹。在对这些痕迹研究后，科学家认为：它们是一只两足兽脚类食肉恐龙留下的。当时，它正在约 3.2 米深的水域里逆向水流前进，并试图保持笔直的前进方向。研究人员说："这种恐龙游泳的方式很像现在的水鸟，利用腹部的骨头划水。"

恐龙统治地球时期，蛇颈龙、鱼龙等很多水生爬行动物已经存在，但是科学家对于当时恐龙是否也会游泳存有争议。曾经有科学家称，发现了可以证实蜥脚类或鸭嘴类恐龙能够游泳的证据，但这些证据都很模糊，研究者的结果也因此不能让人信服。

此次，法国研究人员首次发现了确凿的化石证据，证明恐龙可以游泳。一直以来，科学家都想搞清楚，是否有些恐龙种群也像大象等大型哺乳动物一样有游泳这一生存本领，因为搞清楚这一问题将有助于推动其他研究领域的发展。

研究人员介绍，当客观环境改变后，恐龙可能需要掌握游泳这一本领，才能在潮湿的生态系统中觅食；当它们需要越过河流或者逃避洪水时，游泳这一本领显得更为重要。一旦确定某些种类的恐龙的确会游泳，科学家就可以对它们的生存环境、适应能力展开进一步的研究。

在西班牙河床上发现的化石为研究人员提供了建立生物力学模型的难得机会。通过建模，他们可以了解恐龙游泳的本领究竟如何，以及恐龙的生理状态等。

24. 地理奇观——世界上的半岛尖角方向朝南之谜

人们对着地图，粗略地计算一下各大洲大半岛的数目，然后把各大陆南北方向凸出的不同半岛对比一下，就会发现，半岛方向大多朝南，朝南凸出的半岛数量约为朝北者的两倍，尤其是北美洲的半岛，竟无一例外地都是向南插入浩瀚的大海之中。

在观察了大的半岛以后，我们再看小一点的半岛。拿日本列岛来说吧，那些朝南凸出的小半岛的数量亦为朝北者的两倍，而且日本几个最大的半岛，也全部是向南凸出的。

这种半岛方向多朝南的现象，目前还没有人提出一种完整的解释理论。不过，大多数专家认为，这可能与地球表面形成的方式有关。要解决这个问题，首先要搞清楚这些半岛的形成时间，弄清半岛形成时的地球运转情况，半岛原始位置和现在位置的地球物理化学环境及现在半岛的形成方式，同时还要考虑地球科氏力在半岛形成过程中及形成以后的作用。这些谜底的彻底揭开，很难在短时间内完成，还需要科学界进行漫长的探索。

25. 海底之山——关于海山的新发现

世界上有一种山，是长在海底的。这样的水下山脉世界上有几万座，它们一般高出周围海底约1 000米，被叫做海山。实际上它们是海底的火山。尽管对海山的探测从近几年才开始，但每一座海山，都会给科学家带来惊喜，他们在水下的每一处山峰都会有新的发现。

近年来，科学家们在多座海山中发现了近1 000个物种，其中约有三分之一是新物种，而且大部分是深海环境中特有的物种。如身长达50厘米的长足海蜘蛛，在海底巨大压力的环境中，经过漫长的进化，它的某些形态结构已发生变化，腹部变得很小，其中性腺和大部分肠子分布在足内。同时，也发现了一些活化石，如与海星有远亲关系的海百合，海百合喜欢在珊瑚边生活，它们一边爬行一边伸出羽状臂捕捉食物。

戴维森海山藏身于距离海面 1 200 米的地方，位于美国加利福尼亚州海岸线附近，是美国最大的海山之一，科学家最近在这里发现一些罕见的动物。

由于戴维森海山远离海岸又深藏海底，所以海水的污染和渔业的过度捕捞都很难对其造成影响，而且 2℃的冰冷水温也使科研人员很少会潜入这里。因此，这里成为许多深海生物的"伊甸园"。进行海洋生物普查的研究员潜入 1 854 米深的海底，使用无人潜水艇拍摄到鲜为人知的景象。古代的火山熔岩的表面坚固多岩石，在海山附近还生活着几米高的深海珊瑚，这样的环境非常适合深海动物的生活。研究人员发现了一个捕蝇海葵，他们认为这个海葵是迄今发现的最漂亮、最迷人的海葵，它长得有些像捕蝇草；还发现了一条蟾蜍鱼，这种鱼身上布满了蟾蜍一样的疙瘩，同时又长满了尖刺，看起来有点毛骨悚然；科学家还在一片珊瑚礁下发现了一条怪异的鳗鱼，有人觉得它像传说中的巫师，所以管它叫巫师鳗鱼；他们还发现了一个正在蜕壳的海蜘蛛。

地理学家正在收集海山的岩石标本，希望尽早找出戴维森海山形成的原因和过程。虽然地质学家已经估计出戴维森海山大约形成于 1 200 万年前，但他们希望能更确切地追溯海山形成的年代和海底火山喷发的时间。而海底岩石标本将帮助地质学家们解开这些疑团。

26. "人形幽灵"——里海"怪兽"之谜

关于里海"怪兽"的报道频频见诸报端，据国外一些媒体报道，所有目击者描述的里海"怪兽"模样都惊人的一致：长得像人一样。但事实果真如此吗？

采访船长导致传闻升温

最近两年，里海南部和西南部的沿海很多居民都声称，他们在该地区发现了神秘的两栖类动物。这类动物的外型很像人，可这究竟是一种什么动物？谁也说不清楚。这件事引起了当地媒体的关注。伊朗一家报纸根据阿塞拜疆拖捞船巴库号上的船员描述，对此事进行了详细报道，里海"怪兽"之谜再度成为人们谈论的焦点话题。

这家报纸采访的重点人物之一是巴库号船长戈发·盖斯诺夫，因为他也是目击者之一。而且凭着他的身份，信口胡说的可能性很少。但盖斯诺夫说出的话仍然令人惊讶不已："那个动物与船并行游动了很长一段时间。起初，我们认为它是一条大鱼，可是到后来，我们发现这个怪物的头上长有毛发，而且它的鳍看起来极为怪异，前身竟然长有两个手臂！"

很多读者对于盖斯诺夫的描述只是笑笑而已，没人把他的话当真。他们甚至会反问：里海里有这样的怪物，怎么不捞上来一个看看！"尼斯湖怪兽"都研究多少年了，到现在不照样没有结论。

但里海发现"怪兽"的事并没有就此平息。就在媒体公开了对盖斯诺夫的采访实录不久，这家伊朗报社就不断收到读者来信和打来的电话。其中不少读者不仅认为盖斯诺夫所说的并不荒谬，反而声称他们也是目击者，可以证明盖斯诺夫所言不虚。这些读者称，巴库号船长所描述的目击过程是所谓的"海人"的又一佐证。这些读者指出，在巴博尔赛拉地区的海底火山苏醒后，随着里海近海石油作业的不断加剧，很多渔民时常看到这种怪物在海上和海岸出没。

"怪兽"传闻如同神话故事

如果说只有少数几个人声称目击过这种动物，人们不会对它给予太多的关注。可是声称自己是目击者的人数很多，这足以引起生物学家或喜欢探索自然之谜的人的兴趣。所有的目击者在对这个"海洋人形怪兽"的描述都大同小异：它的身高在 165～168 厘米之间，体格健壮，腹部突出并呈桶状，有一对鳍足；它的手掌呈蹼状，每个手掌上有四个手指；它的皮肤呈月光色，头上的毛发为黑色和绿色，手臂和双腿与中等身材的人相比短而粗；它的上颌突出，下唇平滑地和颈部连为一体，没有下巴。

当地的伊朗人将他们目击的"怪兽"称为"Runan－shah"（意为"海、河主人"）。在伊朗流传很多有关成群鱼类陪伴在这个"怪兽"身旁在海中遨游的故事，这个名字就是部分基于这些故事而起的。有关这个"怪兽"的一些故事一听就会让人生疑，比如"怪兽"在一个海域游动过后，那里的海水会变得像水晶一样透明，海水的这种状态会持续两三天。

一些渔民甚至声称，在渔网中还能继续存活一段时间的鱼，能感觉到"怪兽"正从大海深处游上来。据说当这个"怪兽"靠近时，这些网中的鱼会发出平时极少被人听到的"咕噜"声。据说"怪兽"会发出相似的喉音，回应这些被捕获的鱼。这些说法听起来神乎其神，但当地一些研究人员竟然认为，这些说法绝不是空穴来风。在伊朗民间流传的这些说法很有可能是真实的。此外，居住在位于阿斯特拉汉和连科兰之间村落的阿塞拜疆渔民也亲眼看到过这个"怪兽"的身影。

有一种理论认为，这个"怪兽"并不是孤身一"人"，里海海底其实存在一个水下"海洋人"家族。过去他们身处海底，极少被人发现，可是现在里海污染严重，它们被逼出了"老巢"。

历史上的"怪兽"并不鲜见

里海出现严重的环境污染问题确实不假。受里海近海石油作业频繁增加以及海洋里火山活动复苏的影响，里海里的生物生存条件不断恶化，阿斯特拉汗的渔民很长时间以来就抱怨里海鲟鱼的数量不断减少，西鲱和其他一些鱼类已完全绝迹。数字表明，今年里海南部海域的渔业状况更为糟糕，里海的污染问题到了必须解决的时候了。

其实，这个里海"怪兽"并不是有资料记载的唯一一个水下"怪兽"。连希腊历史学家希罗多德和希腊古历史学家柏拉图都相信，原始人是一种两栖动物，他们甚至可能建立了一个水下王国。对于两栖"怪兽"的传闻，一些现代医生并不觉得奇怪，人类出现返祖现象是正常的。在他们看来，打嗝就是一种人类返祖现象，这个现象可以追溯到人类既有肺又有鳃的远古时代。

一些古代文献也记载了"两栖人"。1905年，在圣彼得堡出版的一本题为《宇宙与人类》的科学文集中，记述了在加勒比海曾捕获到一个"海女"的故事。这本书还记载了1876年在阿速尔群岛海岸，人们发现了被海水冲到岸上的"两栖人"的尸体。在这些记述中，对"两栖人"的描述与现在被报道的里海"怪兽"的描述基本一致。

1928年，在苏联自治共和国卡累利阿也曾出现过关于两栖人形动物的报道。这个动物还曾多次被当地居民所看到。位于苏联西北部的彼得罗扎沃茨克大学的一个研究小组曾赴当地调查此事，不幸的是，调查所获得的资料被当局保密封存，而该研究小组的成员最后在古拉格集中营暴卒而终，所以至今人们对当时的情况知之甚少。

里海"怪兽"的三种可能

里海"怪兽"是真是假？一些研究人员认为有以下几种可能性。

第一种可能：里海水域确有"怪兽"出没，但它不是科学家从未见过的怪物，只是因为环境污染或其他原因变异而成的某个畸形动物。因为从生物进化的角度说，如果里海中的"怪兽"数量有限，它们早就绝迹了；如果数量庞大，它们肯定会留下足以证明它们存在的直接或间接证据，而不被科学家发现的可能性很小。

第二种可能：目击者看到的就是普通的鱼类或其他动物，但以讹传讹，"怪兽"之说越传越离谱。世界各地的许多"怪兽"传闻，基本上属于这一类。

第三种可能：里海里根本就没有什么"怪兽"，"怪兽"只是某些人出于个人目的编造出来的。因为迄今为止，关于"怪兽"的报道仅限于对目击者的采访，甚至没有拍到过"怪兽"的照片，更不用说其他证据了。这类传闻也占一定比例。一些人看到"尼斯湖怪兽"产生巨大的旅游效益，也希望如法炮制，拉动当地落后的经济。当地媒体又起了推波助澜的作用。

据报道，伊朗已对里海两栖"怪兽"出没的传闻展开调查。如果政府不为调查设置障碍，国际科学界将对此提供帮助，以便能揭开这个所谓"怪兽"的真实面目。可是，一些观察人士并不看好调查结果，因为要调查这类"怪兽"传闻，调查人员不得不面对地方保护主义。一旦触动了地方利益，调查往往无疾而终。从这个角度说，里海"怪兽"在短时间内不太可能露出"庐山真面目"。

27. 寻根问底——象的"祖先"来自水里

象是目前世界上最大的陆地动物，它们隶属于哺乳纲、长鼻目、象科，现存种有亚洲象和非洲象，前者仅雄性长象牙，后者雌雄性均长象牙。在我国，象被列为一级野生保护动物。

由于象的鼻子看起来像吸水管，因此科学家们推测，它们曾经生活在水里。墨尔本大学动物学家安妮·格特的一项研究成果，支持了这一推测。

在对象的胚胎进行研究时，格特惊讶地发现，象的肾脏上有几百条称为肾孔的微管，肾孔调节着象体中氧和水的流动。大多数陆上哺乳动物的胚胎在成熟后会失去肾孔，但象的晚期胚胎却存在着大量肾孔。她据此推论，4 000万年前象的祖先可能就在海滩附近活动，由于某些未知的进化压力迫使象进入水里，进入水后它们就用长鼻子呼吸，后来又由于未知的原因，象再次返回陆地。

28. "定时炸弹"——全球"潜伏的灾难"

对于全球大多数人来说，它们的威胁要比恐怖主义大得多。文章揭示了将会发生的十大灾难。

超级火山

每5万年左右就会有一次巨大的火山爆发，喷射出的火山灰和气体足以笼罩整个大洲，使其连续数年不见阳光，随之而来的将是严酷的火山性冬季。过去的210万年内，美国怀俄明州的黄石有过两次这样的超级火山爆发，直到今天那里的火山仍不平静。

卡斯卡底古陆地震

美国西海岸沿岸将发生一场大地震的危险日益增加，其规模相当于 2004 年苏门答腊地震。1700 年，最近一次卡斯卡底俯冲带断层断裂时，20 米高的海啸巨浪扫荡了沿岸的俄勒冈、华盛顿和加利福尼亚各州，甚至波及到了日本。

纽约飓风

1938 年，飓风"长岛快车"比通常活动范围大幅向北移动，夺去纽约市及相邻各州 600 多人的生命。随着气候变化推动飓风不断偏移原来的轨迹，下一场飓风席卷纽约只是时间问题。如果飓风正面来袭，可能需要疏散 300 万人口。

墨西哥湾流停止

联合国政府间气候变化问题研究小组（IPCC）最近的一份报告警告，2100 年前，墨西哥湾流最高可能减速 50%。英国气象局的一项研究预测，如果墨西哥湾流完全停止，冬季的气温将会经常骤降到零下 20℃左右。

巨型海啸

加那利群岛中的拉帕尔马岛的别哈火山西侧正在缓慢向海洋移动。未来如果发生火山爆发，崩塌的巨大山体将坠入海中，激起 1 000 米高的海浪，引发巨型海啸，摧毁北大西洋沿岸所有地区。

沙漠化

到 2030 年，生活在地中海沿岸的大约 5 亿人将会越来越恐惧地看着沙漠的日益侵蚀。到 20 世纪末之前，比英国国土更大的一片土地，1 600 万人的家园将受到威胁，从郁郁葱葱的宜居之地变为满是沙石的灼热荒野。

海平面上升

美国航天局的气候专家担心，两极冰原融化可能导致本世纪内海平面上升 1~2 米，21 世纪还将继续上升数米。地球上的沿海城市前途黯淡。海平面上升 1 米将威胁到地球上 1/3 的农田，如果上升 4 米的话，迈阿密海岸线以内 60 公里的区域都会变成汪洋大海。

天然堤坝倒塌

1911 年，一场地震引起的山崩在中亚塔吉克斯坦穆尔加布河两岸堆积起一座天然的堤坝。将近一个世纪后，60 公里长的萨雷兹湖湖水在堤坝中蓄积。如果一场地震使堤坝倒塌，洪水将会淹没几个国家 500 万人的家园。

东京地震

1923 年，东京的关东大地震后发生了经济衰退。今天，日本首都有 30% 左右的可能性会在 30 年内经历一场足以造成超过 5 000 亿英镑经济损失的大地震。人们担心日本经济将崩溃，并对全球造成冲击。

小行星撞击

人们总共确认了 713 颗直径为 1 000 米或以上的小行星，它们有可能在未来某一天撞击地球。一颗直径 2 000 米的小行星将使大气中充满灰尘，在全球引发持续性的寒冷。庄稼没有收成，数十亿人将死去。所幸的是，这样的碰撞数百万年才会发生一次。

29. 各执己见——破解地球上的水形成之谜

长期以来，科学家们对地球上水的来源一直争论不休。大多数专家认为，地球上的水出现在大约 36~40 亿年前，当时地球仍处于形成阶段，并且在遭受着数千颗大大小小彗星与陨石的不断撞击。科学家们认为，在这些撞向地球的小行星中，有很多都储存着丰富的水资源——它们存在的形态包括蒸气、液态水和冰。

现在，又有科学家提出了一项全新的理论。日本专家认为，地球上几乎所有的水均为"土生土长"，而非来自宇宙。东京理工学院的地质学家们表示，在地球开始形成的最初阶段，其内部曾包含有非常丰富的氢元素，它们后来与地幔中的氧发生了反应并最终形成了水。

有科学家表示："对于地球上生命的出现与演化来说，水是绝对不可或缺的，但丰富的水到底是在地球的什么地方形成的呢？它们为什么到现在依然稳定地存在？"

地质学家认为，在地球形成之初，其温度一度曾非常高而且也极其干旱。按照此前的理论，在大约 38 亿年前，曾有数百万颗富含水的小行星和彗星撞击过地球，这可以用来解释，为什么大洋会在地球形成之后才得以出现。

不过，研究同样证实，在存在于自然界的水之中，尤其是在海洋之中，还包含着丰富的"重氢"，即氢最重的一种同位素——氚。氚是在较轻的氢原子经过一系列反应并获得额外的电子后才得以形成的。科学家们认为，了解这一过程可以查清水的来源。

日本科学家认为，早期的地球大气中曾包含有丰富的氢气，它们与地壳中的氧发生反应后，最终形成了遍布地球的水资源。

科学家们是在对地球轨道的变化情况进行分析后得出地球大气曾富含氢气的结论的。今天，地球的轨道与火星和金星一样，均呈比较标准的圆形，但在地球形成之初，其轨道由于太阳引力的作用，曾一度非常的扁：当时，太阳的引力并不像现在这么强，而太阳系中年轻的行星们也均富含氢元素。

除此之外，专家们还认为，地球上部分的氚是大气上层氢元素与空间物质发生反应的产物。

与此同时，日本科学家还提出，他们的想法还处于理论阶段，需要进行更为细致的研究与分析。瑞士伯尔尼大学的天文学家科特林·阿尔特维格认为："或许我们将不得不对有关地球上的水来自宇宙的理论进行修正，不过，各种天体也有可能参与了地球上水的形成过程。"

30. 偏安一隅——深邃的海沟

海沟是海洋中最深的地方。它却不在海洋的中心，而偏安于大洋的边缘。世界大洋约有 30 条海沟，其中主要的有 17 条。属于太平洋的就有 14 条，且多集中在西侧，东边只有中美海沟、秘鲁海沟和智利海沟 3 条。大西洋有 2 条（波多黎各海沟和南桑威奇海沟）。印度洋有 1 条，叫爪哇海沟。海沟的深度一般大于 6 000 米。世界上最深的海沟在太平洋西侧，叫马里亚纳海沟。它的最深点查林杰深渊最大深度为 11 034 米，位于北纬 11°21′，东经 142°12′。如果把世界屋脊珠穆朗玛峰移到这里，将被淹没在 2 000 米的水下。海沟的长度不一，从 500 公里到 4 500 公里不等。世界最长的海沟是印度洋的爪哇海沟，长达 4 500 公里。有些人把秘鲁海沟、智利海沟合称为秘鲁—智利海沟，其长度达 5 900 多公里。据调查，这两条海沟虽然靠近，几乎首尾相接，但中间有断开，目前尚未衔接起来。

经过科学家们多年的调查得知，海沟是海洋里最深的地方，它的剖面形状，像是一个英文字母"V"字，但两边不对称，靠大洋的一侧比较平缓，靠大陆的一侧比较陡峭。靠大洋的一边是玄武岩质的大洋壳，这里的地磁场成正负相间分布，清楚地记录着地磁场在地质史上的变化；在靠大陆的一边，则是大陆地壳，玄武岩被厚厚的花岗岩覆盖，没有地磁场条带异常表现。这说明沟底是大陆与大洋两种地壳的结合部，但它们在这里并不和睦相处，而是相互碰撞；如两个"大力士顶牛"。因大洋地壳的密度大、位置低，又背负着既厚又重的海水，实在抬不起头来，只好顺势俯冲下去，潜入大陆地壳的下方，同时也狠命地将陆地拱起，使陆壳抬升弯曲成岛。这就是海沟为什么多半与岛弧伴生的原因。岛弧一边得到大洋底壳的推力，就会不断升高，靠陆一侧的沟坡也必然变得陡峭，自然成了现在的面貌了。

大洋海沟剖面示意图

打开世界地图，一个奇怪的现象立刻映入眼帘，在太平洋西侧，有一系列的群岛自北而南呈弧状排列着。它们是阿留申群岛、千岛群岛、日本群岛、台湾岛、菲律宾群岛、小笠原群岛、马里亚纳群岛等，人们送它们个雅号，叫做"岛弧"。岛弧像一串串珍珠，整齐地点缀在太平洋与它的边缘海之间；像一队队的哨兵，日夜守卫、警戒在亚洲大陆的周边。

无独有偶，与岛弧的这种有趣的排列相呼应的是，在岛弧的大洋一侧，几乎都有海沟伴生。诸如阿留申海沟、千岛海沟、日本海沟、琉球海沟、菲律宾海沟、马里亚纳海沟等等，几乎一一对应，也形成一列弧形海沟。岛弧与海沟像是孪生姊妹，形影相随，不即不离；一岛一沟，显得奇特可贵。其他的大洋也有群岛与海沟伴生的现象，如大西洋的波多黎各群岛与波多黎各海沟等，在地质构造上也大同小异，不过没有太平洋西部这样集中，也不这么突出与典型罢了。

如此有趣的安排，不是上帝的旨意，而是大自然的内在力量的体现，是大洋底与相邻陆地相互作用的结果。

海底扩张所形成的海沟

海沟的宽度在40公里至120公里之间，全球最宽的海沟是太平洋西北部的千岛海沟，其平均宽度约120公里，最宽处大大超过这个数，距离相当于北京至天津那么远，听起来也够宽了，但在大洋底的构造里，算是最窄的地形了。

31. 人类"分支"——神秘的"海底人"

地球上是否只存在我们人类这一种智慧动物呢？在过去一段很长的时间内，人们的回答都是肯定的。但进入20世纪以后，一些科学家和探险家根据考察，认为地球上还存在着另一种神秘的智慧动物"海底人"。

1938年，在爱沙尼亚的朱明达海滩上，人们发现了一个"鸡胸、扁嘴、圆脑袋"的"蛤蟆人"。当它发现有人跟踪时，便迅速地跳进波罗的海，其速度之快，使人几乎看不见其双腿。这大概是第一例有关"海底人"的目击案例。

1958 年，美国国家海洋学会的罗坦博士使用水下照相机，在大西洋 4 000 多米的海底，拍摄到了一些类似人但却不是人的足迹。

1963 年，美国潜艇在波多黎各东海岸演习时发现了一个"怪物"，它既不是鱼，也不是兽，而是一条带螺旋桨的"水底船"，时速可达 280 公里，这是人类现代科技所无法比拟的。据说当时美国海军有 13 个单位都看见了它，并分头派出了驱逐舰和潜艇进行追踪，但不到 4 个小时，这头"怪物"即消失得无影无踪。

1973 年，在大西洋斯特里海湾，丹德尔·莫尼船长发现水下有一条类似雪茄烟的"船"，其长约 40 ~ 50 米，正以每小时 110 ~ 130 公里的速度航行，并直奔丹德尔的船而来，可正在接近时，它却悄然绕船而过。在这件事发生之后半年，北约组织和挪威的数十艘军舰在威恩克斯纳海湾发现了一个被称为"幽灵潜水艇"的水下怪物，虽然使用了各种武器对它进行攻击，但它却全无反应。而当它浮出水面时，所有军舰上的无线电通信、雷达和声纳仪等系统全都失灵，直到它消失后才恢复正常。

1992 年夏，一群西班牙的采海带工人在海底见到一个庞大的透明圆顶建筑物。

1993 年 7 月，美英科学家在大西洋大约 1 000 米深的海底发现了两座大型"金字塔"，很像水晶玻璃建造的，边长约为 100 米，高约 200 米。美军上校亨利曾在百慕大三角区水下 360 米处发现了金字塔，美国探险家特罗纳在巴哈马群岛海域发现了"比密里水下建筑物"。当时人们认为这些建筑是"海底人"用来采集海底石油和天然气的化工厂，也有人认为是"海底人"用于净化和淡化海水的设备，甚至有人猜想这是"海底人"发电用的电磁网络。

上述种种事件不能不使人们浮想联翩：难道在蔚蓝色的大海深处有另一种人存在吗？

有一种观点认为，"海底人"确实存在，它们既能在"空气的海洋"里生存，又能在"海洋的空气"里生存，是史前人类的另一分支。理由是：人类起源于海洋，现代人类的许多习惯及器官明显地保留着这方面的痕迹，例如喜食盐，身无毛，会游泳，海生胎记，爱吃鱼腥等等，而这些特征则是陆上其他哺乳动物所不具备的。在人类进化过程中，很可能成了水中和陆上两个分支，上岸的被称为"人类"，下水的则被称为"海怪"。有人说，也许"海怪"还把人类称为"陆怪"呢！

第二种观点则认为，"海底人"不是人类的水下分支，很可能是栖身于水下的特异外星人，理由是这些生物的智慧和科技水平远远超过了人类。大多数科学家都不同意这两种观点，他们认为，神秘的"海底人"的许多特征均符合地球的生存条件，他们只能是地球的产物，而不可能是来自外星球的生物。于是，海底不可能有另一支人类分支的说法逐渐占了上风。是否真的有"海底人"呢？这需要科学家们去进一步证实。但如果真的有"海底人"，对人类倒是一件好事，起码我们不是孤独地生活在地球这个宇宙的孤岛上。

32. 科学难题——赤道潜流的奥秘

1951 年，美国年轻的海洋学者克伦威尔和他的同事，在太平洋的赤道海域进行鲔鱼生活习性及环境条件的考察研究。考察的方式并不复杂，就是把玻璃浮子串在一起，布放在 16～20 千米长的海面上，每个玻璃浮子下面，挂上铅锤和若干鱼钩。白天放下去，晚上收回来。按照一般的常识，既然海流是向西流动的，布下的钓鱼工具自然应当向西漂才对。然而令人不解的事情发生了，克伦威尔布放的沉到海面下的钓具一反常规，竟一个个向海流的反方向漂着。细心的克伦威尔以为自己没有放好钓具，收起来后，又重新布放，结果还是一样的。漂浮在海面的小船受海流影响，向西漂着，而沉入海中的钓具却向东漂去。这是怎么回事呢？经过大量的资料对比，他断定，在赤道海域的表层海流之下，存在着一支像湾流那样巨大而稳定的逆向海流。这就是赤道潜流。经过各国海洋学家的艰苦努力，最终查明，赤道潜流在三大洋中都存在。它的表现形式是，沿赤道方向由西向东流动，横越三大洋。其范围是北纬 2°到南纬 2°之间的海域内，形成一支与赤道对称的狭窄海流。它的垂直厚度在 200～300 米，全年流速稳定。

虽然人们对赤道潜流已经有了初步认识，但是，仍然有不少问题有待人们去探索。例如，人们在赤道以南约南纬 6°～8°之间，曾多次发现另外一支与赤道潜流平行的潜流，也为逆向海流。这支海流和赤道潜流又是何种关系？另外，赤道潜流与表层风海流的能量转换关系是如何进行的。这些都有待于人们去重新认识。赤道潜流对热能量的储存及对全球气候的影响机制，以及它与西部边界流的能量转换关系，这些也都是摆在海洋科学家面前的难题。

33. 深海"探险者"——万米海下机器人

在宇宙中看到的地球是一个蓝色的星球，这是因为地球近 71% 的面积都覆盖着蔚蓝色的海洋。同太空探索类似，神秘的海底世界一直是人类探索的目标。

中国工程院院士、中科院沈阳自动化所水下机器人研究室负责人封锡盛向记者透露，由我国自行研制的 6 000 米水下机器人将于近期出海，对我国海底矿物资源进行考察。

海洋中蕴藏着极其丰富的生物资源及矿产资源。海底储存着1 350亿吨石油，近140万亿立方米的天然气，海底还沉积着极为丰富的多金属结核，其中铀的储藏量高达40亿吨，是陆地上的2 000倍。另外，在6 000米以下的大洋底部仍有生命存在，在这种极端条件下能够生存下来的生命也格外受到生物学家们的重视。

但海洋探索也面临着巨大的困难：每下潜100米就会增加10个大气压，且海底能见度极低，环境非常恶劣，人体和普通设备都很难在这种条件下完成沉船打捞、光缆铺设、资源勘探等工作。于是，科学家把海洋探索的重任托付在水下机器人身上。

目前，日本研制的"海沟"号机器人已经成功地探测了马里亚纳海沟，在世界水下机器人发展史上书写了重要一笔。马里亚纳海沟是世界上最深的海沟，最深处叫查林杰海渊。1951年，英国"查林杰8号"船发现了这一海沟，当时探测出的深度为10 836米。此后，这一数据不断被新的记录修正。1992年，日本海洋科技中心耗资5 000万美元研制出"海沟"号水下机器人。"海沟"号长3米，重5.4吨，它是缆控式水下机器人，装备有复杂的摄像机、声呐和一对采集海底样品的机械手。它的研制目标很明确：就是要考察查林杰海渊。经过数次失败，1995年3月24日，"海沟"号机器人被12 000米长的缆绳缓缓地放向海底，母船操作室内的17个监视器显示出潜水器发回的图像资料。

在美国众多的水下机器人中，"阿尔文"号的地位比较特殊，它每年有200多天在水下"工作"。目前，"阿尔文"号已经进行了3 500次各种海洋科学探索，还曾经在地中海850米深的海底找到了一颗遗失的氢弹。"阿尔文"号还成功地探索了沉睡多年的"泰坦尼克"号。

34. 形态相似——南北极地形之谜

非常有趣的是，北冰洋的平面及立体形态与南极大陆极为相似。

例如，北冰洋的面积是1 478.8万平方公里，南极大陆的面积是1 400万平方公里。更具体他说，北冰洋的各个地理单元甚至可以与南极的地理单元一一对应。

例如，中央北冰洋各深海盆地，正好对应于东南极大陆的冰下隆起高地，格陵兰海正好对应西南极的南极半岛，格陵兰岛北部正好对应于威德尔海，北地群岛、怯兰士约瑟夫地群岛正好对应于罗斯海和玛丽伯德地冰下海槽，甚至北冰洋的最深处——欧亚海盆（斯瓦巴德群岛以北，深度为5 449米），也正好对应于南极埃尔斯沃思山脉的文森峰，文森峰的海拔高度为5 140米。

这就是说，如果有某种超自然力量的存在，能把南极大陆和盘托起，再转转地方放到北冰洋中，不大也不小，刚好合适。或者说，在地球的北极方向给地球某种超自然的外力，而在地球的南极方向正好鼓起一个形态几乎完全相似的大陆——南极大陆。

南北极地区的这种奇特的对称相似是偶然的吗？许多人想从中找出某种必然的联系，或用新的科学理论去解释它出现的必然性。然而，到目前为止，科学家只能承认这种地理对称事实的存在，而无法解释清楚它的所以然来。

35. 罪魁祸首——卫星揭开巨轮沉没之谜

据美国宇航局太空网报道，全球平均每周有两艘大型船只沉没，但船只失事从来没有像飞机失事那样被详细地研究过，科学家只是简单地归因于恶劣的天气。事实果真如此吗？

神秘的巨型海浪是由于海洋的流动引起的，在冲向船舷前，像巨大的墙一样从地平线上升起，让船长们大惊失色。豪华客轮的窗户玻璃被击得粉碎，超大型油轮也会被海浪撞击得失去了航行能力，许多船只就这样被击沉，消失在茫茫的大海中。

德国 GKSS 研究中心的沃尔夫冈·罗森塔尔最新的研究证明，在过去的 20 年里，约有 200 艘船只沉没，其中有一部分是超大型油轮和大型集装箱船，可是大部分的灾难的起因仍然是个谜，不过，在大部分的事故中，被称为恶浪的 10 层楼高的海浪被认为是罪魁祸首。直到最近几年，科学家仍对这种奇怪的巨浪为什么会这么频繁地发生感到困惑不解。

1995 年 2 月，"伊丽莎白女王二世"号客轮被一个 29 米高的恶浪击中，船长罗纳德·活里克说："一堵巨大的水墙迎面而来，看起来我们正在撞向白色的多佛悬崖。"

1995 年 1 月 1 日，北海一个石油钻探平台被一个 26 米高的巨浪击中，紧跟在这个海浪后面的是数个有一半高的海浪。2001 年初的某个星期，两艘游船"布雷曼"号和"苏格兰之星"号在南大西洋航行，两船相距 1 000 公里，它们分别被 30 米高的巨浪击中，每艘船的驾驶台上的窗户都被击碎，"布雷曼"号失去了航行能力，在海上漂浮了两个多小时。

罗森塔尔是恶浪研究专家，在那两艘游船遭遇灾祸时，他和他的同事们获得了卫星拍摄到的资料，这些数据当时被欧洲航天局的双子宇宙飞船"地球资源卫星"1 号和 2 号收集到，这两艘宇宙飞船使用了合成孔径雷达对浪高进行测量。

在三周的卫星数据中，研究人员在世界不同的地方发现了 10 个超过 25 米高的巨浪，加上不同的石油平台搜集到的信息，其中包括北海高马油田的一个雷达装置在 12 年里记录的 499 起恶浪，能够对全球海洋进行详细研究。

新的分析发现，这些巨型大浪经常发生在正常海浪遭遇强大的洋流或者旋涡的地方。洋流可以集中海浪的能量，让一个海浪增高，同样，一组快速的海浪能够捕捉到一些速度小的海浪，然后合并成一个巨大的海浪。低气压也能够形成恶浪，当风从一个方向刮了足够长的时间（12 个小时以上）后，就会产生罕见的大浪。科学家早就知道，在飓风到来的前几天就会看到大浪。新的研究发现，一些海浪与风同时前进，形成一种壮观的景象：快速的海浪在暴风雨之前来临，速度慢的海浪在后面。

对海浪需要研究的东西还很多，包括致命的海浪能否被预报等。罗森塔尔说："我们知道了一些恶浪形成的原因，但还不知道全部。"

36. "中央地中海"——失踪的特提斯海

令人难以想象的是，今天浩瀚的地中海，过去曾是一个比现在大上百倍的喇叭形巨洋。更令人难以想象的是，当年的巨洋，今日的地中海，也曾有过一片干涸陆地的时候。正因为如此，近两个世纪以来，地中海课题一直为世界许多国家的地质学者们所关注。

大约在距今 2.8 亿年前，地球上的海陆分布格局与今天完全不同。那时的非洲，印度、澳大利亚和南极洲是连在一起的古陆，地质学上把它叫做冈瓦纳古陆。在冈瓦纳古陆北部和欧亚古陆的南部，存在着一个规模巨大的古海洋，也就是地质学家们所称呼的"中央地中海"。1883—1909 年，奥地利著名地质学家爱德华·修斯，出版了《地球的面貌》一书，首次提出稳定陆块的概念。同时，他根据古希腊神话故事有关特提斯的传说，给这个古老的地中海起名叫"特提斯海"。希腊神话故事说，特提斯容貌美丽，有"美发女神"和"银脚女神"之称。她心地善良，对遇难的神祇，尽力给予帮助。因此，直到今天，地学界的科学家们一直沿袭使用特提斯海这个美丽而尊贵的名字。从特提斯海到今天的地中海，经历了漫长的地质演化时期。饱经沧桑的特提斯海的每一次变化，都在地球上留下了深深的印记，同时也为我们留下了许许多多的不懈之谜。待提斯海的演化史为科学家，特别是地质学家们提供了一个长期而又富有魅力的课题。

关于特提斯海消失的原园，多年来一直是地学界探索的老问题，也是今天地学界研究的"热点"问题。20 世纪未、21 世纪初，一些地质学家根据当时所获得的资料，再加上丰富的想象力，提出过种种有关特提斯海消亡的假说。到了近代，科学技术手段比过去有了很大发展，所得的资料比过去丰富得多，于是，各种观点之间，既有排斥否定，又有渗透融合，逐渐形成了两大学派：固定论和活动论。

固定论者认为，今天的地中海是一个复合式海盆。在其陆块沉陷与裂合作用下，形成了边缘海，经常有火山活动和地震发生就是最重要的证明。固定论者还勾画出地中海复合式海盆的某些特征。我国著名地质学家黄汲清教授所创立的槽台多旋回说，对待提斯海的形成演变做了有说服力的论证。例如，在我国大陆及其他地区，发现了很多特提斯海全盛时期的生物化石、沉积岩石、岩浆石及火山喷发的物质。在我国新疆还找到了只有在冈瓦纳古陆上生长过的动物水龙兽、二齿兽化石。就连冈瓦纳古陆和欧亚大陆发生碰撞的缝合线，也在我国的西藏、新疆、青海的边界处找到了。

不仅如此，人们还认为，阿尔卑斯山—地中海—喜马拉雅山是一条中新世代以来的地槽带。

37. 海市蜃楼——淹没的城市失踪之谜

在今天，许多英国人都相信，在英国四周的海域里，曾有三个繁荣的古王国被海水淹没了。尽管人们目前很难找到它存在的事实上的证据，然而它一直在人们中流传着。

第一个被海水淹没的王国叫蒂诺·哈利哥。传说，这个王国位于英国的圭内斯的北面不远的地方，或者说，它就在今天的康韦湾海域。据说，这个王国可能是在公元6世纪之前被海水吞没了。被海水吞没的原因是由于统治者的罪行所至。当时，国王和他的臣民住在利斯·哈利哥王宫，具体地点在今天距离威尔士3.2公里的海面下。传说译本记载说：这个国王犯了大罪，全国上下为之愤怒，结果，有一天，海面掀起巨浪，很快淹没了这个离海岸很近的王国。几乎所有的人都淹死了，只有国王和他的儿子得到上帝的宽恕，逃离了王宫，免于被海水淹死。

几个世纪以来，威尔士海岸上的居民，坚持认为，在落潮时，可以看见海面下有一座古王宫废墟。但是，1939年有关部门专门组织专察组对这一海域进行调查。结果发现，方圆2万平方米的海底，不是人工建造的，是一片天然礁石群，它的淹没的确切时间是铁器时代。

在英国卡迪根湾这个地方，也有一个类似上面所说的古王国"消失"在海水中。"消失"的原因是这个国王自身有致命的性格弱点，造成王国被海水淹没。据传说，在洛兰德·享德雷德这个地方，人口兴旺，土地肥沃。长64公里，宽32公里，与现在的巴德西岛相连。岛上筑有防海水灌人的堤坝，堤上有一个大水闸。岛上的君王叫圭德诺，加伦赫，掌管着凯尔·圭德诺这座王宫。一天，全城正在举行盛大宴会，不知是由于疏忽，还是酒鬼恶作剧，水闸被打开了，倾刻间，整个国家被淹没，只有少数人幸免于难。这个传说的故事，很象是第一个故事的翻版。

第三个被海水淹没城市的故事发生在一个叫地角的地方。在地角西约 8 公里处，有一堆叫"七块石"的地方。这个地方一向被康沃尔群的渔民称之为"城镇"。这是历史上昌盛的里昂纳斯王国首都的遗址。

在很早以前，从锡利岛到康沃尔群是连成一体的。在这片陆地上建有大大小小的村落，大约一百多座教堂。这里经济文化十分繁荣。后来，大约在公元 5 世纪的某个时间，海水侵入里昂纳斯，大片的村落和教堂被淹没。当时，一个叫特里维廉的人，可能事先有预见，举家迁到康沃尔。果不然，大西洋的海水吞没了里昂纳斯，这位幸存者和他的家人在马背上走到康沃尔，成为这个地方第一批定居者。

在 16 世纪，当地的渔民用网捞起据说是当时人用过的窗架和其他建筑物，于是有更多的人相信这个王国的存在。

这三个流传很广的传说是否真有其事，然而有一点是肯定的，那就是这三个地区，确有部分海面原先是陆地。而且，在锡利群岛和古岛之间被海水淹没的浅滩上，在康沃尔和威尔士的海底，都发现过人类居住的遗迹。人们推断，在这片遗址上居住的先民们，的确由于某种现在无法知道的原因，居住区被海水淹没而不得不迁移到其他的地方。今天，传说的古王国存在的神话故事，要么，是被后人加进许多富有想象力的事给夸大了；要么，它的确真实的存在过。

38. 冰下之湖——隐藏在冰川之下的生命

探索外星生命一直是宇宙探索中的一个热门话题，水是生命之源，如果在外星球上能发现水，尤其是液态的水，无疑是寻找外星生命过程中的重大突破。而最近关于冰下河的系列发现则给外星生命的探索增加了新的线索。

按照我们通常的经验，冰川是连绵不断的固体，因为寒冷的气候足以把一切液态的水冻成冰。其实，一般的湖泊在冬天结冰时也不是坚冰一块，在厚厚的冰层下也是有液态水的。冻在上面的冰倒成了下面水的保温盖。最近，科学家在不同的星球上接连发现了隐藏在冰川之下的湖泊，这些湖泊被称为"冰下湖"。

在木星卫星欧罗巴的北极，覆盖着厚厚的冰川。根据最新的空间探测数据，在冰面之下 19 公里的地方，有一大片冰下湖。天文学家早就通过天文望远镜发现火星的极地可能存在冰盖，最近，在火星上的奥德赛飞船用中子和伽马射线探测器观测到，在火星极地的确有相当数量的冰和水存在。但是飞船又探测不到明显的冰川，科学家认为这些水隐藏在地下，是以液态水和冰的形式混合存在的，很可能存在数量巨大的冰下湖。这个发现不但可以预测到火星生命的存在，而且对将来的火星探险者是大有帮助的，有了水，探险就变得容易多了。

为什么在外星球上发现了液态水是探索外星生命的重要事件呢？科学家在地球南极的研究能很好地说明这个问题。科学家在南极的巨大冰川下发现了许多湖泊，其中最大的湖泊叫沃斯托克，它处在冰面下 3 公里的地方，水域面积约 1.9 万平方公里，有北美洲安大略湖那么大。研究人员通过钻孔的方法去提取冰下湖中的水样，当然，这些水样在提取上来时已经被冻成冰了。那么，科学家怎么确定它们曾经是液态水呢？科学家们通过探测水样中的放射性元素氦 - 4 的含量来确定水样是来自冰川中的冰还是冰下湖中的水。研究表明，这些冰下水的形成是由于湖的底部存在大量的温泉。科学家在从冰下湖沃斯托克中提取的水样里发现了细菌，这说明冰下湖中有生命存在。这些细菌是噬热细菌，我们在普通的温泉里就可以找到类似的嗜热细菌，这就验证了关于冰下湖底有温泉的说法。

如果外星上真的存在冰下湖，而南极的冰下湖中有生命存在，那么外星的冰下湖中也可能有生命存在，尽管这些生物是一种很低级的生命形式，但是它们在合适的外部条件下完全可能进化成高级生命，地球上的高级生命就是由低级生命一步一步进化来的。

39. "大洋之神"——古老神话引出的海洋之谜

在古老的希腊神话世界里，并不是神创造天地，而是天地孕育神灵。大地是万物之母，最初地母盖亚生了天王乌拉诺斯，然后相互结合，产下了许多巨人。他们威武有力，显赫一时，在天王领导下统治着天地世界。其中的特提斯和她的丈夫奥克阿诺斯，共同执掌着大洋的事业，成为大洋之神。在希腊文中"奥克阿诺斯"意思是"大洋"。

特提斯容貌美丽，有"美发女神"和"银脚女神"之称。她心地善良，对遇难的神祇都尽力给予帮助。当时宙斯已成为新一代的神王，一次和美女卡利斯特相通，生了一个儿子。神后赫拉为此十分恼怒，使法术惩罚卡利斯特。宙斯决意把这母子俩保护起来，放在天空，成为大熊星和小熊星，享受日月的光辉。

赫拉拗不过宙斯，但又不甘心情敌得到这样的荣誉，就跑去找长辈特提斯和奥克阿诺斯，要求得到公正的待遇。特提斯和奥克阿诺斯答应进行干预。从此，大洋的大门对大熊星和小熊星关闭了，他们不能和其他星星一样可以回到大洋得到休息和养分，只准他们在天空中转悠，为人们指示方位，永远不得着地。

在地质历史的变迁中，有没有已经消失的海洋或者大陆呢？现已消亡的古海洋，会不会对大陆特别是山脉的形成具有决定性意义呢？1885 年，维尔纳学派的地质学家诺伊迈尔发现沿阿尔卑斯至喜马拉雅一带，竟广泛分布着距今约 2 亿年到1.4亿年的侏罗纪海相沉积物，于是认为从中美洲直到印度，曾有一个东西延伸的海，两端分别和太平洋、印度洋相通，他把这个古海洋称为"中央地中海"。按照他绘的古地图，中央地中海的南侧有巴西、埃塞俄比亚大陆，以及由此分出的印度半岛和马达伽斯加岛；北侧是包括北美、格陵兰在内的尼亚库蒂克大陆和斯堪的纳维亚；东侧是被太平洋隔着的印度支那、澳大利亚。

可是，诺伊迈尔的岳父、奥地利著名地质学家爱德华·修斯却不赞成此说。早在1862年，修斯就注意到意大利道罗米蒂斯山的距今约2.4亿年的中三叠世自然环境和所含动物，与远隔万里的喜马拉雅北坡十分相似。1893年，修斯应邀出席英国地质学会的学术讨论会，发表了著名的演讲《海洋的深度是永恒的吗》。他把希腊神话的梦幻色彩交织到地质学中，宣称：现代地质学已经允许我们勾画出曾经横贯欧亚的浩瀚大洋的历史框架，从印度尼西亚，经过喜马拉雅和小亚细亚到西欧阿尔卑斯，曾经是一片汪洋。这个古老而消失的海洋以奥克阿诺斯的姐妹和妻子的名字来命名，叫"特提斯海"。

修斯翻开了特提斯的新篇章。随着20世纪60年代板块构造说的问世，许多地质学家承认，大约在距今2.8亿年前，地球上海陆分布的格局与今天完全不同。那时非洲、印度和澳大利亚是连在一起的古大陆，地质学上把它叫做冈瓦纳古陆，在冈瓦纳古陆的北部和欧亚古陆的南部，是一片规模巨大的以楔形插入的古海洋。地学界都沿袭了特提斯这个美丽而尊贵的名字，把它亲切地称为"特提斯海"或"特提斯洋"。现在，特提斯海差不多已完全消失，仅留下残存的地中海，所以特提斯海也叫古地中海。

当时的古陆中海面非常大，它不仅覆盖了整个中东以及今天的印度全境，就连广袤的中国大地和中亚地区，也几乎全被古地中海侵漫。在这片古海洋中，只有一些大小岛屿星棋布地矗立于茫茫碧波之中。当时存在于古海洋的岛屿，被地质学家称为古陆，在我国就有"华夏古陆"、"胶辽古陆"、"内蒙古陆"、"淮阴古陆"、"江南古陆"、"康滇古陆"等。古地中海的边缘海和浅海盆地是一片生机盎然的景象，各种珊瑚、各种鱼类、水陆两栖类，还有孔虫、藻类、腕足类、软体类处处可见。

大约距今2.5亿年前，冈瓦纳古陆开始向北漂移，到2.2亿年前，冈瓦纳古陆与欧亚大陆相撞，逐渐使古地中海封闭，但残留的浅海仍淹没着中国的西藏和南方的大部分地区，直到大约距今7 000万年前，古地中海才完全退出中国大陆。

随着时间的推移，冈瓦纳古陆分裂，印度板块迅速北上，不仅与欧亚大陆相撞，而且继续向北移动，顶住欧亚大陆，在其结合部就不断发生隆起抬升，于是逐渐形成今天的"世界屋脊"——青藏高原。到了距今800万年前，范围辽阔的古地中海由于两个大陆靠拢碰撞，面积大为缩小，逐渐失去与世界大洋的联系。

古地中海完全封闭之后，成为一潭死水，加上当时气候干燥炎热，风急沙多，蒸发量大，海水逐渐减少。大约在距今700万年前，古地中海的海水全部蒸发光，变成一个长3 218公里、宽1 738公里、深5 500米的干涸的大陷坑。赤地千里，干燥酷热，风沙滚滚，一派凄凉景象。

以上是一些地质学家脑海里的古地中海的兴衰图。可是，对于古地中海究竟是怎样演化并最终消失的，专家们却有不同的看法。

古地中海究竟是浩瀚的大洋，还是狭窄的小洋？它的闭合过程是分小块北漂，还是所谓的"手风琴"式？至今仍存在着完全对立的意见。特提斯，迷幻的海呵……

40. 致命危机——斑海豚的逃生之谜

东太平洋洋面是金枪鱼群出没最频繁的地区。由于金枪鱼的经济价值高于其他鱼类，因此世界各国的捕鱼船竞相在该地区捕捉金枪鱼。金枪鱼群习惯于跟着海豚团团转，有些在海豚周围游弋，但更多的却是躲在海豚肚底下跟着海豚游荡。这样一来，渔民在捕捉金枪鱼的过程中，每年大约有10万头海豚被渔网一起拖上来。在拖上来的海豚中，有的早已被渔船上的机器轧死，有的却被缠在渔网上作垂死挣扎，但其中大部分早已因长时间被鱼群压在水底下而窒息致死或因其他原因死亡，只有极少数能幸存下来。

海豚的大批死亡引起"联合国保护稀有动物委员会"以及全世界各种以保护动物和维持生态平衡为宗旨的组织的关注。这些组织一致要求在东太平洋地区捕捉金枪鱼的渔船在将渔网拖上船前来个"网开一面"，也就是说，将渔网的口子打开几分钟，让一些靠近网口的海豚可以逃生。在这些组织的压力下，东太平洋地区捕捉金枪鱼的各国终于达成了一项协议，规定各国渔船必须在将渔网拖上来之前将网口打开3分钟。

自从1988年实行了"网开一面"的措施以来，1988年被渔网拖上来的海豚较1987年减少了18%，1989年则减少了25%。可是，令一些海洋生物学家和科学家们感到迷惑不解的是：两年来被渔网拖上来的几乎都是旋纹海豚，而绝大部分斑海豚却在开网的一瞬间逃之夭夭了。

为了揭开这个谜，美国斯坦福大学海洋生物研究所的一位女海洋哺乳动物研究专家普利安博士做了一系列的实验，她亲自坐上玻璃箱沉到渔网下面或周围，仔细观察海豚在渔网中的活动。经过15次下水后，她拍摄了长达4万多米的录像片；从无数的镜头中可以看到，每当旋纹海豚被围在网中时，它们就乱跳乱蹦，慌作一团，到处乱窜；没等到渔网拖上船，有的已被压在鱼群下窒息而死，而其余的则被缠在网上气息奄奄了。可是斑海豚的"表现"却与旋纹海豚完全不同，每当它们被困在渔网中时，它们就一动不动地躺在水面上，还有少数则慢吞吞地在鱼群中钻来钻去，最后钻到了网口；当渔网一打开，这些海豚立即一跃而出，而那些"浮"在鱼群上面的"装死"的斑海豚也很快地尾随其后窜了出去，并且在大海中上窜下跳不停地跳跃，普利安女士在她的观察报告中写道："在渔网的网口未打开时，那些等待在网口附近的斑海豚非常"镇静"，静悄悄地一动也不动，就像是候诊室中的病人耐心地在等待着医生就诊一样。可是当它们跳出牢笼后，它们就像是刚被释放的犯人一样，使足了全身的劲头在水面上鱼跃不息，来表明它们对获得'自由'的'喜悦心情。'"

为了要进一步弄清楚所发生的一切，这位胆大心细的女海洋生物学家又整整花了一年时间来探索这两种不同种类海豚的习性。她居住在东太平洋上的一个仅有数百名渔民居住的小岛上。每当有渔船出海捕捉金枪鱼时，她总是随船而行；经过多次"跟踪调查"，她发现每当渔船渐渐驶向金枪鱼群时，混在鱼群中的旋纹海豚都无动于衷，照样我行我素，结果就与金枪鱼一起被渔民一网打尽。可是斑海豚的"表现"却完全不同，它们在渔船还没有接近时就离开鱼群四散逃亡。更奇妙的是：每当海洋上空出现乌云或降雨时，这些斑海豚就会奋不顾身地向这些地区游去，看上去它们似乎是完全懂得渔船是不敢朝着雨区方向驶去的。

经过多次实际接触后，普利安女士才恍然大悟，她回想起那些困在网中的斑海豚之所以一步步"挤到"贴近网口处，主要是为了在网口打开时可以马上逃生。她认为那些海豚一定在以前也曾被困在网中过，并且也一定看到了它们的"同伴"们的逃生之道，它们就很快地学会了这一招。她认为那些海豚至少是第二次或第三次被困在网中了。

普利安女士还解剖了好几条外部并没有任何伤痕的旋纹海豚的尸体，她发现这些海豚的心脏明显扩大，这充分说明它们被困在网中时因乱跳乱蹦、到处乱窜引起心脏病突发而猝死的。

把问题的根源找出来后，普利安女士认为还有些问题有待澄清。首先，为什么同样是海豚，当它们处在困境中时，斑海豚却"表现"得如此"镇静"，处理得如此巧妙，而旋纹海豚却会如此"一筹莫展"呢？为什么不同海豚间的"智力"竟会有如此大的差别呢？其次，斑海豚的逃生之道，是靠它们的本能，还是靠它们的"智慧"呢？如果说是本能，那么为什么旋纹海豚就不具有这些本能呢？如果说是靠"智慧"，那么处在困境中的一般人也不见得有如此不平凡的"智慧"，也就是说斑海豚的智商绝不会低于一个普通人的智商，这种推论合乎情理吗？

看来，对斑海豚的逃生之道的研究是今后的海洋生物学家所面临的一道难题了。

41. 夹缝求生——未解的海猿之谜

传统的人类进化理论认为，生活在距今 1 400~800 万年前的古猿是人类的远祖，而生活在 400~170 万年的南猿和 170~20 万年前的猿人则是人类的近祖。

于是，这里就存在一个问题：古猿是怎样进化到南猿和猿人的？也就是说，继古猿之后、南猿之前这 400 万年的漫长时间里，人类的祖先是什么样子，它们的生活环境与范围是什么样的？很遗憾，这一时期的化石资料几乎一直是空白。围绕着这一难解之谜，古人类学家和古生物学家对人类进化史中缺少的这一非常重要的环节提出了种种推测和假设。大多数学者认为，无论是古猿还是猿人都是生活在陆地上，这一时期的人类祖先也应当是生活在陆上的树林之中。

然而，在 1960 年，英国人类学家爱利斯特·哈戴教授却提出了不同的看法，他经过对地史的多年研究以后提出了新颖的"海猿"学说。哈戴教授推断，在 800~400 万年前，非洲东北部大片陆相地区受到海水入侵，浩瀚的海水迫使生活在这里的古猿不得不下海谋生，慢慢进化成海猿。海猿历经沧桑，在海相环境里进化出两足直立、控制呼吸等本领，为以后的直立行走、解放双手、发展语言交流等进化步骤创造了大大不同于其他灵长类动物的重要条件。

哈戴指出，地球上所有灵长类动物的体表都长满浓密的毛发，皮下没有脂肪结构；而人却和生活在海水中的兽类一样，不但皮肤裸露，而且有着厚厚的皮下脂肪。另外，人类胎儿的胎毛着生位置、泪腺分泌的泪液、排出盐分的生理现象等，也明显不同于其他灵长类动物，而与生活在海水中的兽类相似。

起初，人们认为哈戴的观点纯属无稽之谈。但是，随着研究工作的深入，出现了一些支持这一学说的新证据，人们这才感到有必要重视这一学说。

1983 年，英国科学家戈顿和爱尔默在非洲出土直立猿人化石的地方，研究了和直立猿人化石一起出土的贝类。他们发现，这些贝类都是生长在较深的海底。很明显，如果当时生活在这里的猿人没有出色的潜水本领，它们是得不到这些贝类的。

澳大利亚生物学家彼立克·丹通教授在对人类和其他哺乳动物控制体内盐分平衡的生理机制进行研究时发现，在这方面，人类与所有陆生哺乳动物大相径庭。陆生哺乳动物对自身食盐的需求量有着精确的感觉，因而摄入盐分也极有分寸；而人类对盐分的需求量没有感觉，摄入量也毫无分寸。人类这一生理机能竟与海兽相似，这难道是偶然的巧合吗？绝对不是。如果人类在进化过程中不曾经历过食盐丰富的海洋环境，而始终生活在缺盐的森林和草原地区，那么人类自然会具备与其他陆上哺乳动物相同的对食盐需求的机制。丹通教授的这一发现，有力地支持了海猿学说。

1974 年，一支英法联合考察队在埃塞俄比亚境内发掘出了一批十分重要的古人类化石。其中一具被命名为"露茜"的南猿化石，生活在 300 万年前的时代。其肩关节灵活，上臂可以向前向上伸直。传统进化论认为，这种现象是抓攀树枝的证据。而如果真是那样的话，用手抓攀的手臂就应该强健有力，臂骨和指骨也应是相当长。可是正相反，"露茜"的手臂细弱，臂骨和手指骨短小，下肢骨也较短小纤弱，根本不适合攀爬树木的需要。对"露茜"骨骼和这种结构的比较合理的解释只能是这样：生活在水里的海猿，由于水的浮力，它们的四肢不必像陆上其他灵长类那样强健有力；其脚趾细长而弯曲，则是为了适应在海底泥沙上行走的需要；其髋、膝、踝关节转动灵活，为的是在游泳潜水时掌握方向，控制速度。

另外，"露茜"的骨盆特征也与海洋哺乳动物的骨盆特征相似。"露茜"的骨盆粗壮结实，而且又宽又短，似乎与其细弱的下肢很不相称。然而，正是由于这一点，才进一步佐证了由于水的浮力，海猿不必完全靠下肢来支撑其全身重量，致使下肢没有得到充分的进化。

尽管科学家们目前尚未在地层中找到海猿学说的直接证据———海猿化石，但是可以相信，有朝一日，人类终会解开这一谜团。

42. 悬秘暗示——三清山海洋之谜

硅木化石暗示地球演变玄机

我国的李江海教授在五台山发现 14 亿前的深海生物化石，找到古地壳碎片取得了惊人成就"。

我国地球密码破译专家李江海在他所作的《地质考察汇报》材料中详细叙述了三清山是代表着地球演化主要阶段的典型范例，以及具有绝妙、稀有的自然景象和艺术价值的地区。这些极有价值的文字对三清山申报世界自然遗产相当重要。

三清山在 14 亿年前是一片无边的海洋。海拔 1 500 米的西海岸栈道就附在远古海岸线上。

就在三清山申遗科考工作全面展开后，李江海教授综合评价三清山的自然与文化价值，其中，罕见的花岗岩地貌及其形成演化过程为其最大的亮点。而这个成果也次揭示了"三清山是苦海里泡大的"这个秘密。

在三清山一带，专家们发现了沉积数千米厚的双桥山群海底碎屑岩，并夹杂着海底火山喷发物。这些地球密码暗示着在14亿年的中原古界，三清山还是一个处于不断下沉的地槽，此时波澜壮阔的大海覆盖了这里已有4亿年之久。

接着，一场震撼中国南方的晋宁运动开始了，炽热的岩浆从海底冲天而起后，冷却成坚硬的花岗岩，终结了地槽式下沉。地壳开始逐渐回升，将三清山从海底托起，并成为三清山今天的山基。此时，三清山地区进入相对稳定的地台阶段，虽然地壳仍有升降，但速度缓慢范围广阔。这是三清山历史上第一次海浸。

冰川遗迹古板块的深度撞击

第28届世界遗产委员会会议通过决议，从2006年开始，《保护世界文化和自然遗产公约》（下文简称《公约》）的缔约国每年可向世界遗产委员会申报两项世界遗产，其中有一项必须是自然遗产。按照《公约》，在李江海等专业研究专家或机构的帮助下，揭开具有全球无法复制的三清山所暗示来自地球内部演变的秘密，是绮丽三清山能否得到世界认可的规范动作之一。于是，专家李江海不但将目标锁定在三清山，也盯住了上饶、玉山、德兴、弋阳等地。

李江海说，包括三清山在内的赣东北地区处于扬子和华夏两大古板块的结合部位，并以宜春到浙江绍兴分布的蛇绿岩为板块界线，而弋阳县樟树墩蛇绿混杂岩中的大洋斜长花岗岩，是典型的古大洋地质遗迹。

在玉山，沉积了4 000米厚的浅海砂页岩和碳酸岩类中含有三叶虫、笔石和海绵等海底古生物化石。笔石新属"江南笔石属"更加揭示大约在6亿年前震旦末期，大海中的三清山还是块立足未稳的地台，它再次沉入海底，直到1.6亿年之后的奥陶纪末期。于是三清山遭遇第二次海浸。而这些见证沧海桑田的江南石笔生物化石，正是解开地球阶段性演变的重要证据之一。

然而，地球的演变没有就此停滞。但漫长的加里东造山运动，处于中国扬子板块和华夏板块的两个大陆相互碰撞挤压，三清山地区在隆起的过程中发生褶皱和倾斜，甚至发生断裂事件，于是，一座高山冲出海面，不再接受沉积。此时，寒武纪发生了生命大爆炸，出现多种动物门类。

在距今4.4亿年前的志留纪早期，海水第三次凶猛而来，但仅到达三清山东南角边缘部分。直到燕山期的侏罗纪晚期和白垩纪，三清山区域内发生异常强烈的造山运动，火山大规模的喷发，酸性岩浆的侵入，终于造就了三清山魅力景致的地质基础。

来自地球深度的力量，变幻莫测的改变着地表。距今二三千万年前的年代里，相继发生喜马拉雅山造山运动，地壳大幅度抬升形成山体，它们把以玉京峰为中心的"三角形断块山"持续抬升，最后形成三清山以玉京峰为1 816.9米最高峰的地貌格局。

石自然界的雕刻大师

在三清山的外围广丰天柱岩下，地下河流雕琢出数十个光怪陆离的溶洞，对于这种喀斯特地貌之谜以及三清山的内在之美，李江海的破译结果揭示了三清山奇峰怪景和万丈深壑的事件真相。

李江海说，三清山中心景区 28 平方公里的范围内，就拥有奇峰 48 座，造型石 89 处，景物、景观 300 余处，包括花岗岩峰峦、峰墙、峰丛、峰柱、石芽等 5 种景观类型，和众多像"老道拜月"这种造型石景观。

那么是谁在地球遗迹上雕刻自然景观？艺术大师们是怎么在坚实的花岗岩上运用鬼斧神工的呢？

三清山每年都有瞬间发生的每秒 17 米以上的大风，风无意间成了雕刻大师。风化让三清山花岗岩岩变出裂隙或砂和土，借助薄薄的砂土，在植物盘错根系的支持下，崩裂的石块顺着山体滑到山底堆积，耸立的却是"司春女神"、"唐僧访图"等三清山绝景。

在上汾水、下汾水、三清福地的流霞桥和清华池、坪溪出现的大漂砾表明，三清山有过冰川活动。难得的是，三清福地的函星池是一片冰蚀洼地，冰蚀给我们带来的是另类景观。所以，另一位雕刻大师就是冰川。在遥远的第四纪，缓慢流动的冰河冰床发生创蚀，它们像用刨子刨木头那样在冰床上留下深刻的线条，并把刨下来的岩块冻结在冰川里一起流动。当冰川消融后，冰川内携带的岩块就作为冰碛物堆积下来。尽管是恶作剧，但三清山第四纪冰川仍然让地质专家们惊叹不已。

使三清山得到映衬的是广丰县南部的铜钹山丹霞地貌景观。这里奇岩、怪石遍地成景。其最大海拔 1 535 米。记者从横峰进入上饶市，一路上村民们用来自白垩纪的丹霞石砌成像印象派大师高更笔下的红房子，这是一种远古记忆和现代工艺结合。而在这些红色地层中，发现的轮藻化石证明上饶地区的丹霞山也是出自晚白垩世早期的大海深处。

43. 葬身大海——"空中航母"沉没之谜

1935 年，美国海军齐柏林式飞艇梅肯号在加州海岸坠毁，这是航空史上一次独特试验的悲惨结局。梅肯号可搭载 100 人，经过专门培训的飞行员能够驾驶装载于齐柏林式飞艇上的小型侦察机飞行。梅肯号是有史以来建造的两艘"空中航母"之一，它们的命运殊途同归，都尚未参加过任何战斗，便葬身于浩瀚的大海之中。

空中航母阿克伦飞在旧金山上空

2006 年 9 月，在梅肯号坠入大西洋 71 年后，一个由海洋研究人员组成的研究小组对梅肯号最后的栖息地展开第一次全面勘查。这艘"空中航母"葬身于蒙特里海湾海底 300 多米的深处，它的故事素来在军事历史学家和狂热的航空爱好者当中广为流传，并引起他们探秘的极大兴趣。过去数十年，斯坦福大学的师生对最终揭开"空中航母"尘封已久的故事起至关重要的作用。

当美国固特异公司开始建造梅肯号及其姊妹飞艇阿克伦号时，美国海军对这一项目寄予厚望。与充气式飞艇不同，梅肯号和阿克伦号的坚固外壳全部是用铝合金材料制造，里面有 12 个充满氦气的大隔间，从而让这个庞然大物可以在空中飘浮飞行。每艘齐柏林式飞艇长 240 米，可搭载 5 架雀鹰双翼单座战斗侦察机。通过一种特殊的秋千式飞机回收装置，飞行员可以在半空中将其释放和回收。尽管满员情况下总重达到 200 吨，但由于齐柏林式飞艇的 8 台推进装置由德国迈巴赫公司 8 台动力强劲的汽油发动机驱动，每小时的飞行速度仍达到 129 公里以上。

罗斯福亲自下令调查坠毁原因

美国海军齐柏林式飞艇项目相当短命。1933 年 4 月 4 日，阿克伦号在新泽西海岸飞行时遭遇暴风，不幸坠入大海，艇上 73 名乘客丧生。大约两年后，即 1935 年 2 月 12 日，梅肯号就重蹈阿克伦号覆辙，葬身于太平洋。幸运的是，在梅肯号所搭载的 83 名乘客中，仅有两人死于坠毁事故。

两艘齐柏林式飞艇的坠毁灾难让当时的美国总统富兰克林·罗斯福"龙颜大怒"，他任命退休的斯坦福大学工程学教授威廉姆·杜兰德担任事故调查委员会主席，重新评估海军的齐柏林式飞艇项目。杜兰德教授以前曾是海军官员、海洋工程师，于 1915 年首创斯坦福大学航空学课程，后来成为美国航空政策方面的权威。尽管杜兰德事故调查委员会最终的结论是，军方不应中途放弃这种技术，但罗斯福政府还是毅然下令停止实施齐柏林式飞艇项目。

在梅肯号失事灾难发生后几天，美国海军就开始展开寻找飞艇残骸的行动。但直到半个世纪之后，深海勘查所取得的进步才使这种搜寻工作在技术上可行。

20 世纪 80 年代，在大批富有献身精神的历史学家、工程师的积极推动下，寻找梅肯号残骸的工作重新启动。这其中就包括惠普公司创始人之一的戴维·帕卡德在内的斯坦福大学校友。

梅肯号残骸组合图终完成

帕卡德先生可谓是美国硅谷的一代偶像，他还于 1987 年创建了加州蒙特里海湾水族研究所，利用装备有摄像机的无人遥控潜水器探索深海海域。寻找梅肯号残骸不久便成了帕卡德的头号任务。

1989 年，在帕卡德资助下，蒙特里海湾水族研究所开始派出探险队寻找失事飞艇。加州蒙特里海湾水族研究所副所长格里奇指挥着一艘小艇航行了一天，帕卡德和其他人当时也在艇上。第二年，格里奇领导的一个海军探险队终于锁定梅肯号残骸的水下位置。那时，梅肯号已分裂成两段，在约 420 多米的海底深处。

1991 年，格里奇和同事利用无人遥控潜水器拍摄了残骸的录像，4 架雀鹰战斗机、数台迈巴赫公发动机、受损窗户、椅子和其他碎片的照片被发送回去。

戴维·帕卡德于 1996 年病逝，在他逝世 10 年后，人们对梅肯号的兴趣丝毫没有减弱。2006 年 9 月 17 日，斯坦福大学工程师们登上蒙特里海湾水族研究所西方飞鸟号调查船，对加州附近梅肯号失事水域进行第一次详细的考古调查。为期 5 天的调查活动汇集了来自 10 个部门和机构的专家，包括蒙特里海湾国家海洋保护区、国家海洋大气局勘测办公室和美国海军。

经过艰苦的努力，克服了重重困难，蒙特里海湾水族研究所的研究小组收集了约 1.4 万张照片，粗略形成了梅肯号两段残骸的组合图，最终于 9 月完成了任务。在今后几个月，他们将会利用电脑把这些照片组合起来，并修正颜色，形成梅肯号失事残骸的详细图。

从威廉姆·杜兰德的齐柏林式飞艇时代到现代深海机器人技术和成像技术时代，斯坦福大学的航空学正好在 70 年里兜了一大圈，最后回到原地。研究人员说，这项任务无疑令人激动不已，因为它结合了各方面有趣的事情——先进的工程学、考古探索和历史。梅肯号是一个令人惊讶不已的概念，一艘令人赞叹不已的飞行器，期望它能再次在天空中飞翔。

44. 错综复杂——海平面不平的原因

在日常生活中，我们习惯于以海平面为准来测量海平面以上的陆上物体的高度。其实，海平面并不平。

为什么海平面不平呢？这要从影响海平面不平的两个主要因素谈起。一是涨潮、落潮、风暴和气压高低等因素，使海面始终不能归于平静；二是海底地形的不同，也决定了海面的不平。

我们知道，海底的地形是十分复杂的，它不仅分布有巍峨的海底山脉、平缓的海底平原，而且还有许多陡峭的海底深沟。由于受海底地形的影响，一个海区的海面会低于或高于另一个海区几米、甚至十几米。据科学家们使用雷达（无线电）高度计测量，发现在大西洋海面不同海域存在着高度差，甚至在美国南卡罗里州和波多黎各岛之间比较小的海域内，也存在着高度差。一般来说，海底是一座山脉的地区，海面就比其他海域高一些；而海底是一个盆地的地区，海面就比其他海域要低一些。比如，同是大西洋海域，波多黎各海下是一片凹地，因而这一地区的海面就比周围地区明显的低；而巴西东部由于海下有一座 3 500 米的海岭，所以这里的海面就比其他地区要高。

此外，有时海面的高低还与附近的巨大的山脉或山脉所组成的物质的积聚有关。这种物质的积聚，可以使其表面引力弯曲，从而形成一种动力，驱使水离开一个地区而流向另一个地区。

因此，我们有充足的理由说，海平面往往是不平的。

45. 引力作用——海水涨落之谜

海水为什么能遵守时间地涨落呢？

原来，这是太阳和月亮对地球的吸引造成的。在物理课上都学过万有引力定律吧？宇宙中一切物体之间都是相互吸引的，引力的大小同这两个物体质量的乘积成正比，同他们之间距离的平方成反比。

月亮和太阳对地球的引力，在陆地和海洋两部分的任何一点上都是一样的。但是，由于陆地是固体，引力带来的表面变化不容易看出来，而海水是流动的液体，在引力的作用下，它会向吸引它的方向通流，所以形成明显的涨落变化。

农历每月初一或十五的时候，地球和月亮、太阳几乎在同一条直线上，日、月引力之和使海水涨落的幅度较大，叫大潮；而当农历初八和二十三的时候，地球、月亮、太阳三者之间的相对位置差不多成了直角形，月亮的引力要被太阳的引力抵消一部分，所以海水涨落的幅度比较小，叫小潮。

46. 功不可没——白色浪花让沿海地区更凉爽的原因

人们在夏天一般觉得穿白色的衣服比深色的衣服更凉快一些，那是因为白色的可以反射更多的阳光。最近，美国研究人员发现，白色的浪花可起到白色衣服的作用，可以降低沿海地区的气温，让沿海的夏天变得更凉爽一些。

夏天，人们都喜欢到海滨去度假，不但可以泡在海水里享受那份清凉，还可以欣赏到美丽的海景。为什么海水那么清凉？为什么沿海地区比较凉爽。

最近，美国地球物理学家罗伯特·佛罗因博士发现，浪花也是让沿海地区变得凉爽的有功之臣。佛罗因博士解释说，白色浪花能把来自太阳的热辐射反射回太空，这相当于为海洋穿上了一件白色衣服，不但可以让海水的温度比岸上的气温低，而且可以降低低空大气的气温，甚至还能在一定程度上遏止温室效应引发的全球气温上升趋势。

佛罗因博士通过对卫星资料的研究证实，白色浪花的这种影响地球气温的效能甚至可以测定出来。如法国南部某海域常年天空无云层遮盖而且常刮大风，于是白色浪花的效应就要比其他海域高得多，平均每平方米的白色浪花向太空反射的能量就达 0.7 瓦，从而构成了影响当地气温的一个重要因素。

47. 多姿多彩——千姿百态的火山岛

火山岛是由海底火山喷发物堆积而成的。在世界海洋底部，有广阔的平原，巨大的高山，深邃的海沟，还有那几乎贯穿全球大洋底的洋中脊山脉和大裂谷，以及密集的火山锥与海山。海洋底部的地形，比陆地上要复杂得多。

火山岛按其属性分为两种，一种是大洋火山岛，它与大陆地质构造没有联系；另一种是大陆架或大陆坡海域的火山岛，它与大陆地质构造有联系，但又与大陆岛不尽相同，属大陆岛屿大洋岛之间的过渡类型。

我国的火山岛较少，总数不过百十个左右，主要分布在台湾岛周围；在渤海海峡、东海陆架边缘和南海陆坡阶地仅有零星分布。台湾海峡中的澎湖列岛（花屿等几个岛屿除外）是以群岛形式存在的火山岛；台湾岛东部陆坡的绿岛、兰屿、龟山岛，北部的彭佳屿、棉花屿、花瓶屿，东海的钓鱼岛等岛屿，渤海海峡的大黑山岛，细纱中的高尖石岛等则都是孤立海中的火山岛。它们都是第四纪火山喷发而成，形成这些火山岛的火山现代都已停止喷发。

火山喷发的熔岩一边堆积增高，一边四溢滚淌，是火山岛形成中呈圆锥形的地形，被称为火山锥。它的顶部为大小、深浅、形状不同的火山口。由许多火山喷发的地方都形成崎岖不平的丘陵。我国的火山岛主要是玄武岩河安山岩火山喷发形成的。玄武岩浆黏度较稀，喷出地表后，四溢流淌，由此形成的火山岛的坡度较缓，面积较大，高度较低，其表面是起伏不大的玄武岩台地，如澎湖列岛。安山岩属中性岩，岩浆黏度较稠，喷出地表后，流动较慢，并随温度降低很快凝固，碎裂的岩块从火山口向四周滚落，形成地势高峻，坡度较陡的火山岛，如绿岛和兰屿。如果火山喷发量大，次数多，时间长，自然火山岛的高度和面积也就增大了。

火山岛的形成后，经过漫长的风化剥蚀，岛上岩石破碎并逐步土壤化，因而火山岛上可生长多种动植物。但因成岛时间、面积大小、物质组成和自然条件的差别，火山岛的自然条件也不尽相同。澎湖列岛上土地瘠薄，常年狂风怒号，植被稀少，岛上景色单调。绿岛上地势高峻，气候宜人，树木花草布满山野，景象多姿多彩。

48. 难以置信——海洋深处的极限生存

有些生物能够适应极限温度，能够在其他生物难以生存的极低或极高的温度下生活。现将一系列记录列举如下：

113 摄氏度：这是一种名为 pyroZobusfumararii 的海底微生物所能存活的最高温度，这种微生物存活在因火山活动而沸腾的海底区域。113 摄氏度，这是 pyro-Zobusfumararii 能够繁殖的最高温度。

105 摄氏度：这是一种名为 alvinellapompejna 的海蚯蚓所能耐受的最高温度，但只能耐受几分钟。这种海蚯蚓长 15 厘米，生活在海洋深处。

零下 27 摄氏度：这是生活在极地的一些鱼类所能承受的最低温度，因为它们的体内有糖肽，这种分子可以阻止血液中的水分被冻成冰。

零下 76 摄氏度：这是帝企鹅在产卵和孵卵期内所能承受的最低温度，它的孵卵期长达 4 个月，它体内的脂肪起到防寒保温的作用，它在孵卵期的体温保持在 39 摄氏度。

49. "午夜地带"——隐藏在深海里的秘密生活

在大西洋深处被人们称为"午夜地带"的深海区，阳光无法到达，海水幽深恐怖。那里栖息着神秘、长相怪异的深海动物。并且，深海的水温接近于零度，动物个体之间相距甚远。

通常，科学家们只对生活在海面下 1.6 公里以内的物种比较了解，而对深海的瑰丽世界知之甚少。多年以来，科学家们都认为，在深海里，各种各样的鱼漫无目的地游来游去，以那些从浅海下沉的有机物碎屑为食。

最近，一组海洋探险者揭开了这些鱼群生存和繁衍的秘密。他们发现这些鱼是聚集在水下山脉产卵的，并且它们所构成的生态系统远比人们原本所想的要复杂得多。这一探索仍在进行之中，目前已经收集到了 270 个罕见物种，另外还发现了 30 个新物种。

在广海水域活动及栖息的深海鱼，被人们称作远洋鱼类。到目前为止，对这些生物进行研究的大型探索活动还很少，与它们有关的知识大部分都来自于海洋渔业，人们通过拖网捕捞捕获大量的海洋鱼类，其中的一些被科学家获取，用以进行研究。事实上，科学家们对这些动物了解还相当少，在那些从海下 3 000 米处捕捞上来的鱼类中，至少有 50% 都是未知种类，更无从了解它们是如何繁衍生息的。

我们可以假想一下，这些鱼类的数量很少，身处海底，之间相隔又很遥远，那它们是怎样聚在一起，又是如何繁衍、生生不息的呢？

大西洋洋中脊生态系统研究小组（MAR－ECO）的科学家们，通过使用遥控操作车、下潜器、大型拖网和声呐设备等多种海洋生物调查手段，发现远洋鱼类是聚集在像大西洋洋中脊这样的海底山脉和深海山脊处产卵繁殖的。也就是说，深海鱼类的繁殖过程并不像我们所想象的那样在海水中随机地发生，而是"有目的、有计划"的。

这一说法的证据，是一组由声呐系统在海下 2 000 米的地方获得的神秘"散射"层影像，这种影像，就像一层雾笼罩在海山某些区域的表面。而往往是海水里聚集有大量鱼鳔或鱼卵时，才有可能会产生类似的声呐信号。因此专家们推测，正是由于有大量的鱼群聚集，才导致声呐设备捕获到了这种特征性的影像。

专家称，这是人们首次提出远洋鱼类是集体产卵，然后再分开各自生活这一观点。而鱼类的这种行为，需要它们具有一定的自体定位能力。但是，目前还无法判断是什么机制帮助这些鱼不远千里聚集在同一地区开始产卵繁育活动。

通常，远洋鱼类个体体积都比较小，却有着怪异吓人的外表。有些长着巨大尖锐的牙齿；有些长有用以捕获猎物的诱捕器；还有一些鱼，身体会发出荧光。任何一种奇怪的外表，都可以说是超乎人类的想象。科学家们把它们称作"地狱来的吸血鬼鱼"或"犬牙蝰鱼"。

然而，研究小组也用拖网捕捞到一些罕见的、非常宠大的鱼类，包括最大的龙鱼和以前曾经捕获过的琵琶鱼。琵琶鱼一般来说和人的手掌差不多大小，但是有一个个体标本重量竟达到 16 千克。他们还捕获了一种在 1975 年曾发现过的"鲸鱼"（并非我们常说的鲸）。

研究人员指出，有限的标本样品，给鱼种的分类工作带来了难度。有时候，同一种鱼的雄鱼、雌鱼或者幼鱼，被错误地定义为三个不同的种类。

研究小组同时还观察到山脊上葱翠的植物的生长，它们看上去就像是一片海水中的绿洲。他们说，这片海底是极富魅力的，生物和珊瑚比人们能想象到的多得多，就好像一座热带海域的珊瑚礁一样。

50. 百年沧桑——古鱼类化石揭开鼻孔进化争论

中国和瑞典科学家从我国云南境内的一种古鱼类化石上发现了陆生脊椎动物鼻孔进化的过程，结束了学术界就这个问题近百年的争论。最近，他们就这一发现发表了报告。

化石记录表明，包括人类在内的陆生脊椎动物（即四足动物）是在 3.6 亿年前从硬骨鱼类中的肉鳍鱼类分化而来的。大部分现代鱼类都有 4 个外鼻孔，并且与口腔和喉咙无关，水从一对鼻孔进，从另一对鼻孔出。而陆生脊椎动物则有两个通向外界的外鼻孔，还有两个长在喉咙附近的后鼻孔。

很多生物学家认为，陆生脊椎动物的后鼻孔是外鼻孔经过上百万年的演化，逐渐转移到喉咙附近而形成的。但是，要说明这一点，就必须找到鼻孔穿过牙齿，进入口腔的生物化石，而此前发现的古生物化石都没有这样的特征。

不过，中国科学院古脊椎动物与古人类研究所的研究员朱敏和瑞典乌普萨拉大学的佩尔·阿尔贝里发现，在云南发掘到的原始肉鳍鱼肯氏鱼化石表明，这种动物上唇裂为两半，裂唇下方一对鼻孔，它们既不朝外，也不朝里，正好在一排牙齿中间，从而证明了鼻孔由外向里的演化过程。另外，已知的动物没有同时具有一对后鼻孔和两对外鼻孔的事实，也从另一个方面支持了上述理论。

阿尔贝里在接受英国媒体采访时说，人类胚胎在发育过程中，上腭同样位置也会出现一个缺口，通常会在发育后期闭合，否则新生儿就会出现兔唇。

第三节　水下宝藏——海洋矿藏之谜

1. "黑色卵块"——大洋锰结核矿成因之谜

海底锰结核是由英国人首先发现的。1873 年 2 月 18 日，英国"挑战者"号考察船来到加那利群岛西南约 300 公里的海面进行海底取样调查。结果从海底捞上来几块像黑煤球的硬块。船上的几位科学家谁都没有见过这种"黑色的卵石块"。后来，这些"黑卵石块"送回英国。经过化验分析，才知道它不是化石，而是含有大量锰、铁、铜、镍、钴等元素的矿石。后来，人们给这种矿石起名叫"大洋锰结核"或"大洋多金属结核"等。由于锰结核矿大量存在于世界各大洋之中，是海洋中最有价值的矿产，所以进入 20 世纪 70 年代后，世界上有条件的海洋国家，投以巨资，对大洋锰结核矿进行调查，研究其开发的可能性。

尽管人们已经花了大量的人力和物力去研究海底锰结核，然而大洋锰结核的成因之谜，仍未解开。科学家提出种种成因假说，但是，每种假说都有其不够完善的地方。

而锰结核成因问题的研究，主要是围绕着三个问题进行：什么是锰结核构成元素供给源？锰结核的沉积地点是怎样形成的？锰结核的生长机理是什么？

关于锰结核的金属供应源问题、科学家提出四种方式：一是大陆或岛屿上岩石风化后分解出金属离子，被风或是河流带入海洋。二是海底火山、海底风化和水溶液可以为锰结核提供所需的金属元素。三是海水本身是盐类溶液，它可能是最重要的金属元素供应源。四是宇宙尘埃等外空物质也能形成锰结核的元素供给源，尽管它的数量不大。

这些元素通过各种渠道和不同的搬运方式，来到具备形成锰结核的"核"上，经过漫长的岁月，形成了结核，最后形成大小不等的锰结核。在研究这些金属元素的搬运方式上，科学家们没有多大的争议，大家都赞成是通过海水溶解后附着到锰结核的"核"上的。然而，科学家对锰结核的生长机理，却存在着较大的分歧。围绕着锰结构的生长机理，人们提出了种种的理论模式，概括起来，主要有三种：第一种为自生化学沉积假说，或者叫做接触氧化和沉淀说。这种观点认为，当海底的 pH 值增高时，氢氧化铁便会围绕一个核心进行沉淀，氢氧化铁的沉淀物可吸附锰离子，并且产生催化作用，促使二氧化锰不断生成。这种解释虽给人以启发，但是它仍有不完备的地方。第二种假说是生物成因说。这种理论的根据是，用扫描电子显微镜观察锰结核的表面和内部细微构造时，发现结核的表面有很多由底栖微生物形成的空管和微窟窿，当其形成管子时，摄取了大量的微结核于壳内。第三种假说是火山活动说。这种理论认为，火山爆发喷发出大量气体，在气体从熔岩中析出过程中，伴随着大量的锰、铁、铜及其他微量金属。这些微量金属进入海水中后，沉淀出铁的含水氧化物，使锰和其他金属经过氧化富集、淀，形成锰结核矿。对于这种假说，有人提出：很多非火山活动海域内，也发现大量的锰结核，这又该做何种解释呢？

2. 令人困惑——地中海盐丘之谜

从地图上看，地中海位于干旱地区。这里终年气温高，气候干燥，降雨量少。据资料统计，地中海地区年蒸发量超过了年降水量与江河径流量之和，所以有人推断：如果没有大西洋海水流入地中海，也许不用 1 000 年的时间，地中海就会完全干涸，重新变成干透了的特大深坑。目前，大多数的海洋地质学家认为，在 1 500～2 000 万年前，那时的地中海，包括黑海和里海在内，都与大西洋、太平洋和印度洋相沟通。它们之间都有进行海水交通的广阔水道。然而，到了 700～800 万年前，因这一地区发生造山运动，喀尔巴阡山脉和欧洲、非洲与亚洲之间的结构发生变化，地中海发生崩裂。结果，崩裂的地壳，使被割裂出去的海盆变成了沙漠。虽然法国的罗纳河、埃及的尼罗河不断有淡水注入地中海，但由于蒸发快，一滴水都难以存储。

运用现代的钻探取样技术，人们发现：地中海海底分布着许多盐丘。在未固结的现代沉积物下面，有坚硬的蒸发盐层。于是，人们可以得出这样的结论：这就是当时地中海干燥脱水的证据。由于地中海的海水不断蒸发，浓度越来越大，以致在其海底沉淀了上百米的盐床。深部盐层受到挤压，涌升到上层的沉积物成为一座座盐丘。此外，千百万年来，一直流入地中海的罗纳河和尼罗河也提供了这方面的证据：根据钻探资料和地震剖面资料分析，覆盖在罗纳河谷上的现代沉积物，要比后来覆盖上的沉积物深915米。整个地中海由于蒸发量超过了降水量与江河径流量之和，其表层海水的盐度要比大西洋海水的盐度高得多，这些高盐水比重大，它们从300多米深的直布罗陀海峡流出，进入大西洋后，就下沉到约千米深的平衡水层，而且能流入大西洋数千米之外。另一方面，大西洋海水又从其表层流入地中海，作为从地中海流出的表层水的补偿。这些大西洋海水流入地中海之后，经蒸发而冷却，又沉入地中海的深层，地中海的水体就这样循环不息，保持住自身的平衡。有人测算过，整个地中海的海水更新一遍，大约需要70年的时间。由于地中海与大西洋之间的海槛太浅，两者的水交换也仅仅表现在表层水。因此，地中海是世界上营养盐类最贫乏的大型水域。

从地质构造上讲，地中海真有一天会消失吗？地中海一旦消失，其周围的地理环境和气候又会是什么样子？地中海海底的盐丘被视为是地中海曾经干涸的证据。然而，也有人不同意这种看法，认为它是地中海海底岸层中固有的。如果真是这样，那就会产生另一个问题：如此深厚的地中海深层盐层从何而来？

从气候的角度看，地中海与大西洋的海水交换平衡，在很大程度上决定着这一地区高温、干旱，造成了地中海地区蒸发量远远超过其降水量和江河径流量。但是，从现代研究海洋的成果看，陆地上的气候多受海洋热能量输送的制约，海洋常常因为其贮热量大而决定着一个地区的气候变化。例如，黑潮就改变了中国南部、朝鲜半岛，日本等地的气候。为什么在地中海，这种影响则不明显呢？在地中海，气候影响海水交换的机制、海气热交换机制、盐交换机制等是如何进行的？这些都是科学家们今后要研究的课题。

3. 溶岩地貌——深海沉积物之谜

在我国，大约有七分之一的土地是石灰岩。石灰岩被弱酸性水经过漫长岁月的溶蚀，从而形成溶岩地貌（旧称喀斯特地貌），其最壮观的有我国广西桂林的峰林，以及云南潞南的石林。

据说，石灰岩的90%是由海洋中的有孔虫、放射虫、硅藻等浮游生物的遗骸（石灰质硬壳）沉积而成的。不过，其沉积速度相当慢，1 000 年只沉积 10 毫米左右。桂林峰林的石灰岩层厚达 3 000 ~ 5 000 米，其沉积时间大约花掉 2 亿年。其后，由于地壳变动慢慢隆起成陆地，又经过大自然千百万年的"雕刻"，从而形成当今的奇峰异洞。

浮游生物的遗骸的沉积速度虽然极慢，但它对古气候的研究却非常有用。因为从深海钻探得到的岩芯中的浮游生物的化石中，能够明白从海底诞生时，直到现在的地球的气候变化。而其中的某些信息，足给古地磁的研究提供了贵重的信息。即从沉积物中发现在过去的 4 000 万年之间，地球磁极至少发生过 140 多次的逆转（地球南北磁极互换，其原因是个谜）。

近些年来，在古生物学家的研究中，发现"生物事件"（某一生物群的突然灭绝或出现）与地球磁极的逆转有着不可思议的关系。例如，已经证实有孔虫在过去的 450 万年间，灭绝 8 种，其中 7 种是在靠近地球磁场逆转期间发生的。同样现象也在放射虫中被发现。那么，地球磁极逆转和生物事件有什么关系呢？

若根据现在被认为是最有力的假说，原因是不断降落到地球上的宇宙射线量的增加。一般认为，在磁极发生逆转时，地磁强度变成接近零的状态下，包围地球的磁屏蔽层——磁圈变得极弱，来自宇宙空间的射线不断大量降落在洋面上，从而使大量的浮游生物灭绝。由于 90% 的海洋生物栖息在浅海，如果浮游生物消失，把它们当食物的其他生物也无法生存而消失，从而引起食物链的大变异。

浮游生物还与地球温暖化有微妙的关系。即浮游生物能起到固定二氧化碳的作用。因为二氧化碳与钙能形成石灰石。因此，地球上约 90% 的二氧化碳被作为石灰石固定下来。如果浮游生物全部死亡，那固定二氧化碳的系统可能崩溃，大气中的二氧化碳浓度将上升，从而引起地球的温暖化。

现在，已经发现地球磁场有年年不断变弱的倾向——2 000 年前是现在的 1.5 倍。如果照此下去，大约 1 300 年后，地球磁场有消失的可能性。可是，我们人类的诞生只是 3 ~ 4 万年的事，对磁场的消失没有经验，不知道它对人类及生物会带来什么影响？但从深海长眠的沉积物中，也许记录着这样的信息吧。

4. 井露现象——南澳海滩古井之谜

1962 年夏天，一位到海边捞虾的青年发现海滩上有一口水井，并在井口四角的石缝中捡到四枚宋代铜钱，分别镌刻有"圣宋元宝"、"政和通宝"、"淳熙元宝"、"嘉定通宝"字样。这是海滩古井解放后第一次被发现。

这口古井是用花岗岩条石砌成的，呈正方形，口径约 1 米，深约 1.2 米。在这样一片连接滔滔大海的海滩上，怎么会有这样一口古井呢？更加令人不解的是，尽管古井常常被海浪、海沙淹没，但一旦显露，井水便奔涌不息；尽管四周是又咸又苦的海水，涌出的井水却清澈纯净，喝之清甜爽口。

经有关专家考察分析，发现古井所处的海滩原是滨海坡地后因陆地不断下沉形成海滩，古井也就被海沙吞没了。被厚沙覆盖的古井，一般难以被人察觉但当特大海潮袭来，惊涛骇浪卷走大量沙层时，它便会裸露出来。这种井露现象，继1962中夏天之后1969年7月、1978中10月和l981年9月均发生过，而且都是在强台风掀起的罕见大海潮后出现的。

据有关资料和当地许多人回忆几次井露的位置和形状各异看来古井不止一个。事实上当地也曾传闻，说是当年挖筑过"龙井"、"虎井"和"马槽"三口井。据分析，1981中9月显露的是"马槽"井，现在已由南澳县人民政府列为县级重点文物加以保护。

众所用知，沿海的滩地多为盐碱地地，下水因海水内浸掺和，多半为咸水或半咸水，不能灌溉庄稼，更不能饮用。但南澳岛上的这个海滩古井却不然，不仅井泉喷捅，而且水质清甜，即使把苦咸的海水倒入古井，隔一会儿，井水依然纯净甜淡。

古井水比当地自来水还纯净，因此每当古井出现时，本县乃至潮汕、广州等地许多人不辞跋涉，前来观赏和汲水，捎回家中冲获和珍藏。据说此水贮存十几载也不腐，而且水质仍旧纯净。这个谜还有待人们进一步研究探索。

5. 极地迷宫——南极超级地下湖里隐藏的秘密

在南极4 000米厚的冰层下，静静地躺着一个巨大的湖泊，厚厚的冰盖将它与外面的世界隔绝长达数千万年。

因此，这里可能是我们所不知道的很多种生物的家。我们能否不进行任何的破坏而揭开它们隐藏的秘密呢？

南极最大的淡水湖

南极大陆坐落在一处冰冻地带，它被好几千米厚的冰层覆盖，这层冰雪已经将其他生动鲜活的生物圈与它隔绝了千百万年。在2007年国际极地年期间，科学家希望从这座神秘的不为人知的世界里发现一些亮点。他们面临的其中一个大疑团是，在南极这座被冰雪封冻的大陆下，被封冻在一处大约是约克郡面积的两倍的地面下的南极巨湖里是否有生命存在？

这个湖名叫沃斯托克湖，被封冻在4 000米的冰层下，它是俄罗斯科考站在30多年前发现的，但直到20世纪90年代初期才通过人造卫星和地震测量法证明它的存在。

直到这时，它那广阔的面积才成为众所周知的事情。沃斯托克湖比安大略湖的面积更加广阔，据估计，它大约有500米深，它是如此庞大，打个比方，它可以源源不断地为伦敦提供5 000年全部的淡水。但是沃斯托克湖最最有趣的一方面却是，它似乎已经与外界隔绝至少1 500万年（从它被埋入地下的那一天开始算起）。

沃斯托克湖是目前已知的被覆盖在南极洲庞大冰盖下的150个冰下湖中的一个，但它是目前已知的最大淡水湖，科学家对它产生了非常浓厚的兴趣，希望从它身上发现一些南极未知生命的秘密。南极东部这块世界最大的冰层产生的巨大压力使沃斯托克湖免遭冻结。据猜测，仅是巨大冰层底部的湖表面几英尺的地方被冻结，冰盖下这层冰被称为积冰。厚厚的冰盖让日光无法射进湖中，因此湖中的任何生命要想在这个漆黑的世界中生存，必须借助一系列化学能量。

科学家认为，湖底排放的地热可能为湖里的微生物提供了热能。但是没有来自湖中的直接样本，这些都只是一种猜测。说来也巧，这口湖就静静的躺在俄罗斯科考站的所在地沃斯托克。

这座科考基地是在"冷战"期间建立的，在它建立很久后苏联科学家才意识到这口湖的存在。凑巧的是沃斯托克科考站也是地球上最冷的地方，冬天的温度可降至零下80摄氏度。

有望明年钻透积冰

很多年以前，俄罗斯科学家就开始利用一种可造成污染的方法钻穿湖上的冰层，这些方法包括向钻孔中填充煤油以防止它再次冻结（煤油的凝结点比水低）。8年前，这些科学家钻到离液态水还差几米的地方，在钻头碰到冰层下的积冰时，他们终止了钻孔活动。

他们的行为可以理解，因为他们和其他南极科学家都担心钻孔过程中的煤油和任何来自未经消毒的钻孔设备的细菌都有可能污染这个大湖。对积冰样本的分析显示，它反映出微生物生命存在的迹象。但这些发现还未被证实。在8年的间歇后，去年来自俄罗斯和法国的一支科考队再次利用一种不同的方法——用消过毒的"液体缓冲器"钻孔，这种液体比煤油更重，这种方法的设计目的是使这种液体沉到钻孔底部，防止污染湖水。

科学家希望在明年钻透最后几英尺积冰，从表面取出固态样本，对微生物生命进行测验。这是一个具有挑战性的计划，但并不是所有的人都对这项工作感到满意。英国南极调查局的科学家柯南·埃利斯·埃文斯说："在南极工作要遵循的第一条原则是这项工作是否会给南极洲的任何事物带来破坏，目前这项工作就会。他们说他们的方法将不会污染这口湖，但这是任何一项工作都妄想实现的目标。"

然而，还有另一个原因可以说明有关这个钻探计划为什么不是一个好主意。对沃斯托克湖提出的基本假设是它已经与其他生物圈隔离了数百万年。假如这样的话，在以前的一段很长时期内这个湖中的任何生命都在一个比其他已知微生物所处的更孤立的环境中慢慢进化。但英国科学家在去年发现，南极洲的地下湖并不是孤立的，它们通过江河网络彼此连接，因此可能与其他生物圈有联系。人们除了对是否这口湖中的生命是在孤立环境中进化存在疑问外，他们还不得不对是否会因为一口湖的灾祸而使整个水域网络受到污染问题予以考虑。

湖与湖之间有河流连接

由伦敦大学学院的邓肯·温汉姆博士领导的一个科研组发现，在南极的像泰晤士河一般大的地下河可能有好几百英里长，它们在这些冰层下从一个湖流向另一个湖。他说："以前认为在冰下运动的水的流速非常慢，但是这个最新数据显示，这些冰层下的大湖常常会像香槟酒瓶塞喷出一样快速奔流。喷涌而出的水会流向很远的地方。"

这个英国科研组包括来自英国自然环境研究理事会极地观测和模型中心的研究员，他们在观测中发现南极洲地下河地区的冰层表面下沉，其他地方的冰层隆起。这种变化显然是由冰层下面巨大体积的水流在突然和急速的运动时造成的。温汉姆博士解释说："这些湖就像绳子上的一串珠子，这里的湖都是由一根线连着的珠子。通常，这一串湖间的流动很缓慢。然而，如果其中一口湖所承受的压力超过限度，汹涌的洪水就会突然注入这条线上的另一口湖中。一旦这根'锁链'开始流动，它上面的冰层就会很快被溶掉，这将是个无法控制的局面。是否紧接着会在这条线上发生连锁反应，或者是否不久后这些湖会从这里消失也是一个我们至今还不知道答案的至关重要的问题。"

这一新发现也引出了一些新问题，如利用无法保证无菌的设备钻穿沃斯托克湖。像温汉姆博士所说："这种做法可能会引入新的微生物。我们的数据显示，任何污染都不只局限在一口湖中，而是随着时间的流逝，逐渐延伸到整个江河网络中。我们曾经只将这些湖看做孤立的生物学实验室，现在我们必须重新考虑一下了。"

6. 资源丰富——神秘的海底世界

在我们这个星球上，人类唯一没有征服的地方就是洋底世界。今天的人类，已多次登上地球上最高的地方——珠穆朗玛峰；多次到宇宙空间旅行，人造的探测器已到太阳系的外层空间。然而，大洋的最深处是个什么样子，人们还是不清楚的。因为到大洋底去探险，花费巨大，许多问题难以解决。

　　然而，根据目前掌握的资料，探测洋底世界的回报会是极其丰厚的，因为在这个黑暗的世界里，矿产、天然气、石油的储藏量十分丰富。另外，对洋底奇妙世界的探索成果，很有可能改变我们对地球上生命起源和进化的传统观点。在这些现实的利益之外，还有一些无形的，但又确确实实的满足，这就是探索地球最后边沿的巨大快乐。

　　海洋——这个至今没有被人类征服的地方，占地球表面的3/4，海水量达到140亿立方千米，平均深度有3 700米。大洋错综复杂的食物网养育了种类繁多的海洋生物，它比陆地上的任何生态系统都要复杂得多，从生活在洋底火山口边的吃硫磺的微生物、细菌，到各种深海鱼类，它们放出的荧光能照亮很远的地方，吸引众多的供它们食用的生物。在有些地方，甚至还可能潜藏着有待发现的被称之为"海怪"的动物新种，有20米长的大乌枪鱼。

　　科学研究告诉我们，在这个海底世界里，潜在的经济价值同样是不可估量的：能量巨大的漩涡洋流，影响着世界上大部分地区的气象，若能了解它们的形成机理和规律，可预报气候灾害的发生，免于损失数万亿美元的经济损失。大洋还有巨大的有商业开发价值的镍、锰、铁、钴、铜等；深海的细菌、鱼类和植物，有可能成为保护人类健康与长寿的神奇药物之源。有人估计，在今后几十年里，从大洋获得的利益会远远超过人类目前探测太空的收益。如果人们能自由安全地出入洋底，其经济效益会"立竿见影"的。

　　但是，到达洋底和到达外层空间一样，没有特殊的装备，人是不可能到达洋底的。常识告诉我们，若没有氧气筒的帮助，人是不能长时间下潜到3米以下的水里——这只不过是大洋平均深度的三千分之一！随着不断地潜入水下，压力也在不断增加。人的内耳、肺和一些孔道就会感到压力，令人痛苦。水下温度低，会很快吸走人体的热量。使得人难以在3米以下的水里坚持2~3分钟。

　　由于以上这些原因，当代深海的探险，不得不坐等两项关键技术的发展：深海球形潜水器和深潜铁链栓系钢球深潜器。会游泳的人一直在寻思，如何在水下得到氧气？千百年来，一直如此。

　　古代希腊的潜水者是从充满气的瓶子里获得氧气，近代潜水者则多用压缩空气的办法，进行潜水。通常人可以潜到30米的深度。甚至最有经验的使用水下呼吸器的人也不敢冒险潜到45米以下，因为深潜压力的增加和上浮水面的过程的压力变化，造成减压病甚至死亡。使用密封的潜水服，也只能潜入到440米的深处。

7. 洋中"暖气管"——湾流和黑潮

　　海洋中的暖流所蕴藏的巨大热能以及对气候的影响，引起各国科学家的广泛关注。其中，最引人注目的是湾流与黑潮。

湾流不是一股普通的海流，而是世界上第一大海洋暖流，亦称墨西哥湾（暖）流。墨西哥湾流虽然有一部分来自墨西哥湾，但它的绝大部分来自加勒比海。当南、北赤道流在大西洋西部汇合之后，便进入加勒比海，通过尤卡坦海峡，其中的一小部分进入墨西哥湾，再沿墨西哥湾海岸流动，海流的绝大部分是急转向东流去，从美国佛罗里达海峡进入大西洋。这支进入大西洋的湾流起先向北，然后很快向东北方向流去，横跨大西洋，流向西北欧的外海，一直流进寒冷的北冰洋水域。它的厚度为 200 ~ 500 米，流速 2.05 米/秒，输送的水量比黑潮大 1.5 倍。

湾流蕴含着巨大的热量，它所散发的热量，恐怕比全世界一年所用燃煤产生的热量还要多。由于它的到来，英吉利海峡两岸的土地每年享受着湾流带来的巨大热能。如果拿同纬度的加拿大东岸加以对照，差别更为明显：大西洋彼岸的加拿大东部地区，年平均气温可低到零下 10℃，而同纬度的西北欧地区可高到 10℃。

为此，苏联工程师舒米林和波里索夫曾精心设计过一个调动两洋海水的庞大工程，设想利用暖流来改造地球上的气候。他们建议造一条长 74 000 米、高 50 ~ 60 米的巨型堤坝，将白令海峡截断，然后在坝体内安装几千台抽水机，把太平洋的海水抽入北冰洋，从而造就一股强大的暖流，通过北极地区流入大西洋。这样，暖流便使沿途的西伯利亚和北美洲的寒冷气候变暖。相反，也可以把北冰洋的海水抽入太平洋，从而使大西洋的湾流进入北冰洋，经北冰洋流入太平洋。这股暖流就会融化北冰洋的浮冰，使高纬度广大寒冷地区变暖。他们为这一工程的前景描绘了一幅美丽的图画：北冰洋的冰雪消融了，成为长年通航无阻的国际航线，苏联近万公里的北冰洋海岸线全部解冻，热带向北延伸。温暖的北冰洋将为人类提供极其丰富的鱼虾和矿产……

但是，美国科学家盖尔哈撒韦则另有灼见，他设想从格陵兰到挪威建筑一条长约 1 700 公里的海上大坝，把北冰洋和大西洋拦腰截断，阻止大西洋暖流进入北冰洋。他认为，如果大西洋温暖的海水把北冰洋巨大浮冰融化，便会造成悲剧的冰河时代。

黑潮是世界海洋中第二大暖流。只因海水看似蓝若靛青，所以被称为黑潮。其实，它的本色清白如常。由于海的深沉，水分子对折光的散射以及藻类等水生物的作用等，外观上好似披上黛色的衣裳。

黑潮由北赤道发源，经菲律宾，紧贴台湾东部进入东海，然后经琉球群岛，沿日本列岛的南部流去，于东经 142°、北纬 35°附近海域结束行程。其中在琉球群岛附近，黑潮分出一支来到中国的黄海和渤海。位于渤海的秦皇岛港冬季不封冻，就是受这股暖流的影响。它的主支向东，一直可追踪到东经 160°；还有一支先向东北，与亲潮（亦称千岛寒流）汇合后转而向东。黑潮的总行程有 6 000 公里。

黑潮是一支强大的海流。夏季,它的表层水温达30℃,到了冬季,水温也不低于20℃。在台湾的东面,黑潮的流宽达280公里,厚500米,流速1~1.5节(一节=1.852公里/小时);入东海后,虽然流宽减少至150公里,速度却加快到2.5节,厚度也增加到600米。黑潮流得最快的地方是在日本潮岬外海,一般流速可达到4节,不亚于人的步行速度,最大流速可达6~7节,比普通机帆船还快。整个黑潮的径流量等于1000条长江。

黑潮与气候关系密切。日本气候温暖湿润,就是受惠于黑潮环绕。我国青岛与日本的东京、上海与日本九州,纬度相近,而气候却差异不少。当青岛人棉衣上身时,东京人还穿着秋装;当上海已是"昨夜西风凋碧树"时,九州的亚热带植物依然绿叶扶疏。这是因为,海洋暖流对大气有直接影响。据科学家计算,1立方厘米的海水降低1℃释放出的热量,可使3 000多立方厘米的空气温度升高1℃。而海又是透明的,太阳辐射能传至较深的地方,使相当厚的水层贮存着热量。假若全球100米厚的海水降低1℃,其放出的热能可使全球大气增加60℃。

所以说,海洋长期积蓄着的大量热能,是一个巨大的"热站",通过长期积蓄着的大量热能和能量的传递,不断影响着天气与气候的变化。然而,改造海洋暖流使气候变暖至今仍是"纸上谈兵",能否可行并付诸实施,充分开发和利用海洋中积蓄着的热能,造福人类,还有待科学技术的发展和人类驾驭自然能力的提高,并将成为各国科学家亟待攻克的世纪难题。

8. 遥相呼应——南北极对称经线上的大铁矿之谜

在北极地区的俄罗斯的西北部,有个叫做科拉半岛的地方,其具体纬度是北纬66°~73°。苏联的地质学家在这里发现了世界级的特大铁矿,其品位储量都是上乘的。这个发现是令人鼓舞的,因为在资源危机的今天,在北极地区发现特大的铁矿床对俄罗斯来说是有现实意义的。但地质学家们并没有就此止步,他们又把目光转移到与此对应的南极方向,从科拉半岛,沿经线南下至南纬66°~73°相对称的地方——南极大陆的查尔斯王子山。科学家们在这里果然发现了70米厚、绵延200多千米的带状磁铁矿。

南北极对称地点发现世界级的超级大铁矿是非常有趣的。人们有理由提出疑问,这种铁矿分布与南北磁极的位置是何种关系?它与现在人们通常解释的大陆漂移是何关系?如果把南北极已发现的铁矿与美国、澳大利亚以及中国海南岛的铁矿联系在一起去考虑,它可能反映了大陆板块漂移的某种规律。这种运动规律至今仍然是一个未解的大自然之谜。

9. 特有基因——英国科学家破解海洋气息之谜

据报道，英国研究人员宣布，他们发现某些海洋微生物特有的基因。正是这种基因的独特机制产生了形成海腥味的气体。科学家此前知道，在海洋生物死亡的地方往往可以找到一些细菌。这些微生物以海洋生物腐烂后的残渣作为食物，将这些残渣分解，产生二甲基硫醚气体，又名甲硫醚或二甲硫，由此形成带有独特腥味的海洋气息。

英国东英吉利大学研究人员安德鲁·约翰斯顿说，虽然科学家早就知道许多微生物（细菌）能够制造二甲基硫醚，但对其具体过程并不清楚。他领导的研究小组就要揭开这一谜团。

约翰斯顿研究小组从英国一些海滨湿地提取了淤泥样本，从中分离出一种能够制造二甲基硫醚的新微生物。通过对这种微生物进行基因测序，并与其他已知能够制造二甲基硫醚的微生物基因序列加以比较，确定了与二甲基硫醚产生相关的基因。

研究人员原本以为只是一种酶控制着二甲基硫醚的产生，但研究结果表明，这些微生物中控制二甲基硫醚制造过程的机制居然有"开关"。只有在它们身边出现海洋生物的腐烂残渣时，制造海洋气息的"开关"才会打开。

约翰斯顿说，这项研究的意义在于，大海上每年都会产生大量的二甲基硫醚，这种气体能够影响海面上空云的形成，进而对地球气候产生影响。

一些海鸟也依赖二甲基硫醚作为寻找食物的线索。约翰斯顿在野外工作中就曾因为打开装有能够制造二甲基硫醚细菌的瓶子，结果引来一群饥饿的海鸟。

10. 诡秘怪异——海洋之"声"与无人船之谜

迄今为止，人们在茫茫大海上已发现了数十艘无人船。这些船，孤独、奇异而神秘，像诉说一桩桩故事，却又无从说起。

1855年2月28日，英国三桅帆船马拉顿号在北大西洋遇到一艘美国船徒瑞姆斯·切斯捷尔号。该船风帆垂落，空无一人，而船只完好，货物依然如故，食物、淡水充足，也无任何搏斗和暴力的迹象，只是不见一人，也找不到航海日记和罗盘。

1880年，人们在美国罗德艾兰州纽波特市伊斯顿斯·比奇镇附近的海面上发现一艘名叫西拜尔德的无人船，船长室的早餐尚在，而全体船员却不知去向了。

更为神秘的是 1881 年底美国快速机帆炮舰爱伦·奥斯汀号所经历的一件事。这年 12 月 12 日，快速机帆炮舰巡游时，在北大西洋中发现一艘无人帆船。该船内除无人外，一切正常，水果、瓶装酒、淡水、食物完好无缺。舰长格里福芬命几个水兵留在帆船上，由他的军舰拖着这条船航行。离海岸还有 3 天路程时，海上狂风大作，拖船用的缆绳断裂，黑夜茫茫，两船失去了联系，呼叫无音。第二天，当爱伦·奥斯汀号发现该帆船时，舰长派出的水兵都不见了！此时离纽约只有 300 公里，眼看就要到家了。格里福芬舰长又用重金买动了几个人到那艘帆船上去。这一天能见度很好，微风习习。黎明前，爱伦·奥斯汀号舵手发现船偏离了航线。当他回头再看拖着的帆船时，不禁大吃一惊：帆船不见了！就这样，这艘帆船的失踪成了航海史上又一个神秘的谜。

对于无人船案件，科学家给人们提供了一个谜底：海洋之声。确切地说，此类事件的出现，大都可能是受到海洋次声波的作用而造成的。

海洋次声波一般在风暴和强风下出现，其频率低于 20 赫兹。以波浪表面波峰部波流断裂的程度，决定次声波的能量。如果是大风暴，次声波的功率可达数十千瓦。而次声波属弱衰减型能量，因而可以传得很远。当海船遇到这种强能量的次声波时，次声波会对生物体造成辐射。某些频率的次声波，可引起人的疲劳、痛苦，甚至导致失明。同时，过强的次声波常使人们惊恐导致人员失踪。

鉴于上述情况，目前有的国家已建立了预报次声波的机构。当它接受到危及生命的次声波时，就立刻向有关方面发出预报，以减少"海洋之声"给航海人员带来的危害。

11. 热带风暴——台风为何产生在热带海洋上

台风是发生在北太平洋西部和南海的具有暖中心结构和台风眼区的强烈气旋性涡旋。1989 年以前，中国将近中心最大风速 17.2 米/秒~32.6 米/秒（8 级~11 级）的热带气旋称为"台风"，最大风速大于 32.7 米/秒（12 级以上）的热带气旋称为"强台风"。从 1989 年 1 月 1 日起，中国采用的台风等级标准与国际标准一致，即近中心最大风力为 12 级或以上的热带气旋，才称为"台风"。在大西洋把这类热带气旋称为"飓风"，在印度洋称为"热带风暴"。

热带海洋是台风的老家，台风形成的条件主要有两个：一是比较高的海洋温度；二是充沛的水汽。

在温度高的海域内，正好碰上了大气里发生一些扰动，大量空气开始往上升，使海面气压降低，这时海域外围的空气就源源不绝地流入上升区，又因地球自转的关系，使流入的空气像车轮那样旋转起来。当上升空气膨胀变冷，其中的水汽冷却凝成水滴时，要放出热量，这又助长了低层空气不断上升，使地面气压下降得更低，空气旋转得更加猛烈，这就形成了台风。

只有热带海洋才是台风生成的地方。那里海面气温非常高，使低层空气可以充分接受来自海面的热源。那里又是地球上水汽最丰富的地方，而这些水汽是台风形成发展的主要原动力。没有这个原动力，台风即使已经形成，也会消散。其次，那里离开赤道有一定距离，地球自转所产生的偏转力有一定的作用，有利于台风发展气旋式环流和气流辐合的加强。第三，热带海面情况比中纬度处单纯，因此，同一海域上方的空气，往往能保持较长时间的稳定条件，使台风有充分的时间积蓄能量，酝酿出台风。

在这些条件配合下，只要有合适的触发机制，例如，高空出现辐散气流或南北两半球的信风在赤道稍北地方相遇等，台风就会在某些热带海域形成并增强。根据统计，在热带海洋，台风常常产生在洋面温度超过 26℃ ~27℃ 以上的区域。

产生台风的海洋，主要是菲律宾以东的海洋和南海。这些海区海水温度比较高，也是南北两半球信风相遇之处。

12. "海啸前锋"——致命的波浪

2003 年 11 月 16 日上午 8 时 43 分，一次里氏 7.5 级的海底地震在阿拉斯加附近海域发生了，在不到 25 分钟的时间里，美国国家海洋与大气管理局便向美国太平洋沿岸地区发出了海啸警报，40 分钟后，在距阿拉斯加南面好几百公里的海底里，一只压力传感器捕获到了这次海啸的前锋波浪。数据显示，这些波浪仅仅只有 2 厘米高，在以前的计算机模拟中，科学家已经知道，这样的波浪是不大可能对夏威夷和其他遥远的太平洋海岸构成威胁的，于是在警报发出 90 分钟后又将它撤销。

几个小时后，海啸抵达夏威夷的希罗湾，它的浪高只有 21 厘米，比事先预计的仅高出 2 厘米，海啸没有造成任何破坏。美国国家海洋与大气管理局太平洋海域与环境实验室的科学家埃迪·N. 伯纳德说，成功地撤销一次警报意味着节省一笔资金，例如在这次海啸中，假若科学家没有充分的依据敢于撤销这次警报，那么仅夏威夷一地，人们的撤离费用就可高达 6 800 万美元，而科学家在太平洋地区布设 6 个海底传感器的费用也只用了 1 760 万美元。这些传感器布设于 1997 年，它们在太平洋里构成了一个监测网络。

在过去，一张海啸地图只能显示海啸可能淹没的区域，而今天，人们已经在用功能强大的计算机模拟海啸的力量了。菲利普·瓦特是美国运用流体力学的工程师，他和他的同事们在计算机上制作出了详细的数字模型，模型显示海岸的地形和可能被海啸淹没的区域，在需要的时候，这个模型可以立即演示某种海啸会给哪些地区造成何种程度的破坏，例如海浪是会击倒一个人，冲走一部汽车，还是掀翻一艘船。所有这些数据都将成为科学家预报海啸的根据。

海啸的发生是否有规律可循呢？要回答这个问题需要长期而翔实的资料。在日本东北沿岸的一个叫宫古的地方，人们保留了一些有关海啸的记录，根据那些记录，科学家推测，至少在宫古这个地方，一次浪高4米的海啸大约平均每63年发生一次，浪高7米的海啸平均大约100年发生一次。在过去的141年里，这里的人们记录了3次海啸，其中两次浪高4米，一次浪高7米。而浪高20米的海啸会每229年出现一次。在1707年，一次这样狂暴的海啸袭击过日本西南的太平洋沿岸城市土佐清水。

13. 千差万别——不同环境下的海洋生物

由于海洋环境要比陆地上复杂得多，因此，一般的海洋生物要比陆地生物的繁殖力强，它们的求偶方式、繁殖、生殖方式，都非常巧妙。即使是这样，在众多的海洋生物群落中，也只有少数强壮的在适应了其生存环境之后才存活下来。这是因为，在海洋里，由于光线、压力、盐度、海流、潮汐、波浪、营养盐以及地质等条件的不同，形成千差万别的生存环境。在各种环境中，不管是什么样的生物，只要它活下来，即它对周围环境产生惊人的适应能力。当然，这种适应能力不是无限的，当环境由于外来因素发生突然变化时，超过其生物的生理允许限度，这些生物不逃亡，便会死亡。从另一个方面看，在众多的海洋生物群体之间，也有一个相互间适应的生存需要。这种互为依存的生存需要，是在食物链关系下生存的。这种关系经历了漫长的演变和进化过程，形成了相对稳定的结构，保护着生态平衡状态。在不同的海洋环境中，有着完全不同类型的生态系。例如，在潮间带有各种生物组成的潮间带生态系统。这一个个生态系在它们适应了自身的生活环境之后组织起来，这就是整个海洋的生态系。

海水的性质决定了海洋生物的丰盛和特点，而它在海洋中的每个角落是不一样的。海水的水平变化要比垂直变化速度快得多。这一特点决定了浮游生物和底栖生物的生活环境。海水很快吸附了太阳辐射的光和热，由于海水中含有各种悬浮物质和浮游植物，阳光在开阔的海洋中辐射入海水的深度大于数百米，而在混浊的沿岸水域中，辐射深度只有数十米。在光层下面一直到数千米的海底则漆黑的一片。海水也是随着深度的增加而温度变低的。

生物的形态、习性和颜色随深度而变化是很明显的。所以，每一水层中的生物有共同的特性。在表层十几厘米的水层里，有食肉的蓝色甲壳纲动物、软体动物和管水母。往下是弱光层，颜色发红和发黑的动物取代了透明的无脊椎动物。再往下，是漆黑的深海区，它的光线来自底栖鱼类如鱿鱼、灯笼鱼的发光器官。生活在海底上的生物也是随深度变化而变化，从大陆架到大陆坡直到深海底。在泥质海底上议掘穴动物为主，而在深海软泥海底则以鱼、甲壳纲动物和海参为主。对于那些从海水中吸呛悬浮物质为生的鱼类来说，其数量与深度成反比；而对于那些从海底沉积物中觅食为生的鱼来说，则能生活在很深的海底。

14. 走向明天——未来的海洋探测

1948年的一天，一艘海洋科学考察船孤单单地停在了挪威海风高浪急的海面上，它的使命是收集这片海域的海洋和气象资料。船上的科学家除了要收集海面上的信息外，还要探测海洋深处的水温状况。从那一天起，这样的工作就一直进行着，从未间断过。40年以后，人们分析这些监测资料后发现，在海面2 000米以下，海水的温度正在戏剧性地、持续不断地上升。

这是否说明海水温度升高是海洋变化的普遍趋势呢，是否表明全球气候正在变暖呢？德国基尔大学海洋学家尤维·桑德的回答是否定的，他说，"现在的问题是，我们得到的信息仅仅来自有限的区域。"尽管人类早已启用人造卫星监测海洋表面，施放海洋探测器探测海洋深处和海底，然而迄今为止，得到探测的的深水区域只占全球海洋面积的5%。

2002年10月，桑德提出了一个解决问题的方案：施放资料浮标，建立浮标监测网络，浮标上搭载的仪器可与人造卫星联通，形成一个立体的海洋监测系统。目前，这个计划正在进行中，已有50个浮标被施放到大海里。

其实，用浮标监测大海并不是今天才开始的，人们早已有了成功的范例。

20世纪70年代后期，科学家开始启用人造地球卫星监测海水温度的变化，人们希望卫星能帮助他们预报厄尔尼诺的到来。然而，1982年，科学家发现，卫星为他们提供了错误的信息，因为来自墨西哥爱尔奇琴火山的烟尘"欺骗"了卫星上的仪器，使它们监测到的海洋水温比实际温度要低得多。这次失误使科学家意识到卫星监测也有它的局限性。

大约10年以后，人们开始启用资料浮标作为厄尔尼诺的预警监测系统，他们在南美大陆至新几内亚附近的一块大约2 000公里宽的海面上布放了70个海洋监测浮标。通过这些浮标，人们得到了从海面至水下500米深处的有关海洋信息：风速、风向、气温和水温等。

1997年，这个浮标监测系统监测到了热带海洋上非同寻常的迹象，这就是厄尔尼诺的前兆，科学家及时发出警告，从而成功地预报了20世纪最大一次厄尔尼诺的到来。

现在，这个浮标系统依然在起着作用，从那里得到的资料显示，2002 年至 2003 年冬季，厄尔尼诺已经卷土重来，不过力量较小罢了。

15. 隔海传音——神奇的声音"旅行"

新一代海洋探测装置正在使用声音追踪大洋底部发生的"重大事件"，例如火山和地震等，因为科学家发现，海洋中温度和压力的不平衡可以形成一个走廊，沿着这条走廊，声音可以传播几千公里，为此人们研制出了可永远置放于海底的水下测音装置，这就是声学系统和测距装置。现在，这种装置已经布置在了海底，海洋学家克里斯多佛·G. 福克斯和他的同事们每星期要用电脑处理 10 亿字节这些来自太平洋底部的信息。

16. 科考发现——地中海底惊现巨大盐水湖

东京大学海洋研究所和希腊中央海洋研究所在联合对地中海进行科学考察中发现地中海海底有个巨大的盐水湖，其盐水浓度是正常海水浓度的 10 倍，比死海海水浓度还要高出很多。

日本的白凤丸科学考察船，通过使用船上装载的特殊机器人等设备开始对地中海希腊海域的海水以及海底沉积物进行详细考察。考察发现，在 2 900 米深的海底存在着一个 1 000 米宽，8 万米长，100 米深的湖泊，其中湖泊的盐分浓度极其之高。如此巨大的盐水湖其盐分浓度将近是正常海水浓度的 10 倍，盐分含量达到了 32.8%，比著名的"死海"海水的盐分比例还高出 7%。

据分析，这个盐水湖形成于距今 500 万年前到 600 万年前间，那个时期地中海的海水开始干涸，浓厚的盐层融入海水当中便形成了盐水湖。担任调查任务的东京大学海洋研究所德山英一教授说，如果对沉积物取样进行分析的话，便可以探究到湖水的组成成分，以及可以了解到高盐分环境下未知生物的情况。

17. 喷"金"吐"银"——深海"热液硫化物"之谜

我国首次环球大洋科学考察任务的大洋一号远赴深海大洋的日子里，考察首次获得大量深海热液喷口附近的硫化物与沉积物样品，不仅为研究地球科学及极端环境下生命科学提供了宝贵的第一手资料，也表明我国多学科大洋考察正与世界海洋科学接轨。

"热液硫化物"主要出现在 2000 米水深的大洋中脊和断裂活动带上，是一种含有铜、锌、铅、金、银等多种元素的重要矿产资源，对于它的生成原因，海洋科学家们经过实地考察后认为："热液硫化物"是海水侵入海底裂缝，受地壳深处热源加热，溶解地壳内的多种金属化合物，再从洋底喷出的烟雾状的喷发物冷凝而成的，被形象地称为："黑烟囱"。

这些亿万年前生长在海底的"黑烟囱"不仅能喷"金"吐"银"、形成海底矿藏，具有良好的开发远景。而且很可能和生命起源有关，并具有巨大的生物医药价值。

奇特的"黑烟囱"

"黑烟囱"是耸立在海底的硫化堆积物，呈上细下粗的圆筒状，因形似烟囱状，所以被科学家形象地称为"黑烟囱"。它们的直径从数厘米到 2 米，高度从数厘米到 50 米不等。位于海底的"黑烟囱"堆积群及其堆积物有点像教堂或庙宇建筑的复杂尖顶，规模较大的堆积物可以达到体育馆体积大小的百万吨以上。

专家们认为，海底"黑烟囱"的形成过程很复杂，它与矿液和海水成分、温度间存在的差异有关。由于新生大洋地壳或海底裂谷地壳的温度较高，海水沿裂隙向下渗透可达几公里，在地壳深部加热升温后，淋滤并溶解岩石中的多种金属元素，又沿着裂隙对流上升并喷发在海底。它们刚喷出时为澄清的溶液，与周围的海水混合后，很快变成"黑烟"并在海底及其浅部通道内堆积成硫化物。

目前科学家已经在各大洋的 150 多处地方发现了"黑烟囱"区，它们主要集中于新生大洋的地壳上，如大洋中脊和弧后盆地扩张中心的位置上。2003 年大洋一号开展了我国首次专门的海底热液硫化物调查工作，拉开了我国进军大洋海底多金属硫化物领域的序幕。经过长期不懈的"追踪"，终于发现了完整的古海底"黑烟囱"，它们的地质年龄初步判断为 14.3 亿"岁"。

此前，这不仅进一步了解了大洋深处海底热液多金属硫化物的分布情况和资源状况，也为地球科学从理论上有一个新的质的飞跃作了铺垫。

生命科学的突破口

在这些炽热的"黑烟囱"的周围活跃着一个崭新的生物群落——热水生物，比如长达 3 米而无消化器官，全靠硫细菌提供营养的蠕虫，加上特殊的瓣鳃类、螃蟹之类，说明地球上不仅有人们所习惯的，在常温和有光的环境下通过光合作用生产有机质"有光食物链"，还存在着依靠地球内源能量即地热支持，在深海黑暗和高温高压的环境下，通过化合作用生产有机质的"黑暗食物链"。从而构成了繁荣的深海生物圈。换言之，因为处在海洋深处，阳光无法照射到那里，它们不能依靠光合作用来合成生命物质，只能通过自身的化学反应类合成生命物质来生存。

在这里，海水的水温高达350摄氏度，生物生活在既无氧也无光的高温高压环境下，并依靠氧化大量有毒有害的硫化物获得生命的能量。

这种生存环境，很类似地球早期环境的极端高温环境：热泉水温高达350摄氏度，周围水温为2摄氏度、水深两三千米，缺氧，遍布还原性的有毒气体和金属离子。

一些生物基因组的研究也发现，这些生物非常原始，接近所有生命的共同祖先。科学家们为此提出，生命莫非就是起源于这些"黑烟囱"的周围？

另外，海底"黑烟囱"周围生物的多样性和生物密度也可与热带雨林相媲美，目前新发现的生物种类已经达到10个门类500多个种属。这个发现也同样令人们兴奋。

同时，科学家们已对生存在深海高温下的细菌进行开发、利用，着手提取新型的生物酶，进行新医药和洗涤剂的实验。

矿产资源宝库

这些"黑烟囱"不但为大量深海生物生存提供了生存环境，它们还能在短时间内为人类提供所需要的宝贵矿物。

"黑烟囱"喷出了炽热溶液，这些溶液富含铜、铁、硫、锌，还有少量的铅、银、金、钴等金属和其他一些微量元素。当这些热液与4摄氏度的海水混合后，原来无色透明的溶液就成了黑色的金属硫化物溶液。

这些物质往上跑不了多高，就会像天女散花般地从烟柱顶端四散落下，沉积于烟囱的周围，从而形成含量很高的矿物堆。这一过程历经的时间很短，一般来说，从一个"黑烟囱"开始喷发到最终"死亡"，只要十几年到几十年，不过在这么短的时间里，它却可以累积造矿近百吨。

与此相比，现在人类开采的石油、煤、铁等矿产，则经历了更长的历史，大多要若干万年才能成矿。而"黑烟囱"通过化学作用来造矿，就大大地缩短了成矿的时间。而且这种矿，基本没有土、石等杂质，都是些含量很高的多种金属的化合物，稍加分解处理，就可以利用。

科学家为我们描述了这样一幅非常生动形象的"海底图画"：全球大洋底长达4万公里的大洋中脊首尾相接，其上不断有浓密的黑烟（热液）喷发，形成无数的金属硫化物"黑烟囱"，然后它们又不断地生长坍塌，形成了海底矿床；在海底火山口处有钴结壳；广袤的海底盆地也大量地分布着许多金属结核。

现代海底"黑烟囱"及其硫化物矿产的发现，是全球海洋地质调查近 10 年中取得的最重要的科学成就之一。近些年来，海底热液活动及其多金属硫化物、生物资源之所以为国际社会常年关注，成为国际科学前沿的课题，主要是基于其科学意义和资源潜力。人类经过 20 多年不懈的调查研究，对大洋底多金属硫化物的了解还只是初步的。两组数据可以说明这一点，一是 60 000 公里的洋中脊，人类只对其中的 5% 有相应的了解；二是截至目前为止，人类在全球发现的海底热液硫化物分布区不超过 200 处。很显然，许多海域还有待于人类更深入的工作。

18. 蔚然壮阔——太平洋海底火山奇观

海底火山的分布和喷发

环绕太平洋的是个火山带，从阿拉斯加向西经阿留申群岛、日本列岛、台湾岛、菲律宾到新西兰，一共有 370 座活火山，占全世界活火山总量的 75%。太平洋中部有一条火山链，即从堪察加半岛经帝王群岛、夏威夷群岛，向南一直到土阿莫土群岛，长度有 1 万多千米，这一连串的海岛都是火山岛。太平洋西部海底有许多分散孤立的海底火山，就像天空中的繁星一样，布满了西部海底。据调查，太平洋的海底火山有 1 万多座。

海底火山喷发时，在水较浅、水压力不大的情况下，常有壮观的爆炸，这种爆炸性的海底火山爆发时，产生大量的气体，主要是来自地球深部的水蒸气、二氧化碳及一些挥发性物质，还有大量火山碎屑物质及炽热的熔岩喷出，在空中冷凝为火山灰、火山弹、火山碎屑。日本附近的海底火山是爆炸性的海底火山。

伊豆诸岛南面的明神礁是一座海底火山，1952 年 9 月 17 日的一次爆发，水蒸气和硫磺气构成的气柱，有几百米高，喷出的火山熔岩和碎屑，堆成高出海面 90 米的火山岛。1953 年 8 月，它再次猛烈爆发，将直径 2 000 米的火山岛全部炸掉毁灭。以后，这火山时有喷发、爆炸，火山岛也时现时没。日本小笠原岛的海底火山活动十分剧烈，从 1973 年 4 月开始，它就在水深 100 米的海底爆发，海水变黄，海面冒烟、喷火、喷水、喷碎石，每隔几分钟喷发一次，喷出的火山碎屑可高达 200 米，喷出的烟柱有 1 500 米高，而后逐渐从海底长出一个火山岛。

日本鹿儿岛海湾东面的樱岛火山，是至今仍在喷发的活火山，它原先也是海底火山，在3 000年前开始爆发，时喷时停，到1914年为止，喷发的大量海底熔岩流使火山与陆地相连。鹿儿岛海湾就是由几个火山口连通而成的。

夏威夷群岛海底火山

与日本附近的海底火山不同的是，夏威夷海底火山喷发是一种宁静式的，大量熔岩流从火山口流出，像一条火龙沿海底流动，沸腾的海水喷出一股股强劲的蒸汽柱。

夏威夷群岛是太平洋中部火山链中的一部分，它是由于海底火山喷发，火山不断扩大加高，终于露出海面而形成的火山岛，岛屿四周海底深5000米，而岛上的火山顶可达海拔4000多米，也就是说这座火山总高度达到9000米。在夏威夷岛上观察研究火山，就像直接观察海底火山喷发活动一样，给人们一个十分难得的机会。

在火山区域，地面到处冒着热气，国家火山公园的广告牌上说明，火山口区域地下温度在400℃以上。下雨降下的地面水汇入裂隙，土中温度将水烤成蒸气向外冒出。在硕大的火山口洼地中，前后左右无数支蒸气柱从地下喷向空中，人们步行其中，如腾云驾雾。

19. 错落有致——海洋自然带的分布

海洋自然带指海洋上的自然地理分带。辽阔的海洋与陆地相比，其表面非常单一，表层的温度、盐度、水层动态及海洋生物的分布等也都有一定的纬向地带性。但由于海洋水体具有巨大的流动性，故地带性表现不如大陆明显，各自然带之间的界限只能大体确定，海洋自然带数目也较少。

海洋自然带的划分，仍以热量带为基础，生物群的分布也是划分海洋自然带的主要标志之一。根据冬季海洋表层水温的不同，分为冷水（小于0℃）、温水（0℃~10℃）、暖水（10℃~20℃）和热水（大于20℃）等四种类型。结合与海水温度、理化特征和水体运动密切联系的浮游生物的数量变化，可将世界海洋分为七个自然带。

（1）北极带

地处高纬区，太阳辐射量较少。冬季干冷，最冷月1~3月平均温-30℃~-40℃；夏季凉爽，7~8月份平均温0℃~5℃。北极带包括巴伦支海的大部分水面以外的北冰洋，以及北美东部纽芬兰到冰岛一线西北的大西洋部分。这里表层水温低，又因大陆冰冻期长，江河流入海洋的营养盐类不多，故海洋生物种数有限，仅在冰融化的边缘海域，才有浮游生物，并将一些鱼类和其他动物吸引到此处。其中具有经济价值的鱼类主要有北极鳕、白海鲱等；此外，还有鲸目动物（北极鲸或格陵兰鲸）以及海豹、海象和海鸥、海雀、海鹦等。

（2）北温带

北邻北极带，大体相当于北纬30°~60°。全年盛行西风，气候温暖湿润，最热月8月平均温10℃~22℃，最冷月2月0℃~10℃。因受洋流及大气环流影响，大洋东侧的平均温比西侧低5℃。年降水量1 000~1 500毫米。北温带终年受极地气团影响，虽然冬季表层水温较低，但盐度小，含氧量多，水团垂直交换强，水中营养盐类丰富，浮游生物很多，故使大量以浮游生物为饵料的鱼类得到繁殖、生长，成为世界重要渔场的分布区域。北温带鱼类的种数远比北极带丰富，主要有太平洋鳕鱼、鲱鱼、大马哈鱼等，它在世界渔业经济中具有重要地位。哺乳动物中，在太平洋部分有海狗、海驴、海獭、日本鲸和海豚；在大西洋水域有比斯开鲸、白海海豚、海豹等。

（3）北热带

大体位于北纬10°~30°。全年气温均较高，冬、夏季温差不大（最热月平均温22℃~25℃，最冷月15℃~20℃）。多热带气旋。年降水量500~1 000毫米。带内东西部海区气温、降水差异明显。全年受副热带高压带控制，广大海域水体垂直交换微弱，深层水的营养盐类不易上涌，浮游生物和有经济价值的鱼类都较少。但是，在受赤道洋流影响的海域，含有丰富营养盐类的深层水上涌，使浮游生物和鱼类得以繁殖，形成有价值的鱼类捕捞区。哺乳类动物很少，主要有抹香鲸。本带北部繁殖有多种浮游动物，南部有大量的珊瑚、海龟和鲨等。

（4）赤道带

大体介于南北纬10°间。终年高温多雨，年均温25℃~28℃，年降水量1 500~2 000毫米，赤道附近可达2 000~3 000毫米。处在赤道低压区，全年气温高、风力微弱、蒸发旺盛，加之有赤道洋流引起海水的垂直交换，使下层营养盐类上升，生物养料比较丰富，鱼类较多，主要有鲨等，飞鱼为赤道带典型鱼类。

（5）南热带

位于南纬10°~30°。本带由于高压特别强盛，致使热带位置向北推移，其他特征和成因均与北热带基本相同，亦属少生物型。

（6）南温带

大体介于南纬30°~60°。全年盛行西风，其中南纬40°~60°洋面上，因三大洋相互连通，风力很强，素有"咆哮西风带"之称。热量、降水状况类似北温带。海洋生物的发育和生长条件与北温带相似。海生植物繁茂，巨型藻类生长极好，浮游生物丰富，是南半球海洋动物最多的地带。这里生活着几种南、北温带均可见到的动物类群，如海豹、海狗、鲸以及刀鱼、鲨鱼等。冬季有南方的海洋动物在此越冬，夏季有热带海洋动物前来肥育。在非洲大陆西南和南美洲秘鲁沿海，因有上升流存在，把深层海水中丰富的营养盐类和有机物质带到海水表层，使浮游生物大量繁殖，因而鱼类非常丰富，成为南半球重要的捕捞区。

（7）南极带

大体在南纬60°以南到南极大陆之间。全年盛行来自极地的东南风，水温很低。冬季严寒，夏季最热月2月平均温在0℃以下。年降水量100~250毫米。在短促的夏季，有温带的回游鱼类来此肥育；南极海域有丰富的磷虾作为饵料，故有较多的鲸类；此外还有海豹、海狗、海驴和企鹅等一些鸟类。它和北极带一样，生物种类较少，但个别种（如硅藻、磷虾和企鹅等）的数量很多。

20世纪70年代后期以来，苏联学者博格达诺夫（D. V. Bogdanov）等对海洋自然带作进一步详细划分，从南、北极带中划分出亚南极带与亚北极带，从南、北热带中划分出南亚热带和北亚热带，最终将世界海洋划分为11个自然带，每个带同陆地上的自然带相对应。

20. 愈演愈烈——全球气候正在威胁海洋生物

联合国近日在肯尼亚召开的一次关于全球气候变化的会议，吸引了来自100多个国家和地区的代表。一些科学家在会上指出：海洋正在迅速发生变化，海洋酸化对海洋中的生物构成了巨大的威胁。他们认为，目前全球海洋已慢慢呈现酸性，而且越来越严重，对海洋生物和地球上脆弱的食物链构成了巨大的威胁。当酸化根本地改变了海洋食物链的时候，鱼类资源和珊瑚礁也会被破坏。科学家发出警告，我们的世界正在经历一场全球性的灾难，与20世纪70年代和80年代发生的酸雨现象相似。因此迫切需要进行更多的研究，来评定海洋酸化的影响。

英国绿色和平组织研究实验室的海洋生物学家表示，由于二氧化碳排放导致的海洋酸化，让科学家们震惊不已。海洋酸化对人类带来的影响是，将来人类需要的一些海洋资源可能销声匿迹。科学家还对由全球变暖引起的海平面不断上升重新发出警告。他们说，在未来70年里，气温上升将带来更为频繁的暴风雨，2亿人将受到洪水的威胁。20世纪全球气温平均上升1℃，部分原因就在于大气中二氧化碳、甲烷和其他捕获热量的导致温室效应的气体不断积聚，而这些气体是发电厂、汽车和其他矿物燃料燃烧装置的产物。海洋吸收了全球二氧化碳三分之一的排放量。二氧化碳是一种捕获热量的气体，成为全球气候变暖的罪魁祸首，它导致的酸化会抑制一些重要的海洋生物的生长。

1997 年签订的《京都议定书》要求，到 2012 年，35 个工业化国家降低 5% 的温室效应气体的排放，不得高于 1990 年的排放量。签订了《京都议定书》的国家日前齐聚内罗毕，继续探讨到 2012 年之后，应该制订什么样的排放目标和时间表。

第四节 "海上丝路"——破译失落的海洋文明

追溯中国海上丝绸之路的准确起源，其实是一件非常困难的事。古老的历史已经变得如同被无数遍海风扫过的海面，平静深奥、了无一物。然而一些石破惊天的发现，却留给了我们一个又一个重要的线索。

1. 文明之光——太平洋荒岛的"有段石锛"

19 世纪 20 年代，整个世界的考古和航海界都震惊了——太平洋中的几个荒岛上发现了"有段石锛"。

"有段石锛"是用坚韧柔软的藤条将石斧固定在把上，可以挥动自如，极大地提高使用效率。"有段石锛"，在平常人眼中可能是极为普通的石器，但在考古学家的眼中却是旧石器时代进入新石器时代的一个重要标志，它可以说是远古人类的"现代化工具"。考古队和探险队纷纷涌向那些人迹罕至的岛屿，以获得新的发现。他们果然不虚此行，在太平洋诸岛范围内，甚至远在新西兰、复活节岛及南美的厄瓜多尔等地也都见到了"有段石锛"的踪影。是出自当地还是来自外界？考古学家和航海家苦苦思索大洋彼岸"有段石锛"的神秘来历。

2. 无独有偶——中国沿海的"有段石锛"

1929 年，浙江良渚与太平洋岛屿上极为相似的"有段石锛"破土而出。接着，广东海丰和香港南丫岛也相继有类似的发现。远隔重洋的两地被相同的发现联系到一起。许多学者冀此破解"有段石锛"之谜。

中国的先民早在远古时代就通过随洋漂流，带着具有先进功能的石器到了太平洋诸岛和拉丁美洲西岸？尽管学者对此有着各种不同的解释。但 1947 年，一位名叫海尔达尔的挪威科学家还是专门进行了长达3个月的仿古漂流，用朴素的实践验证着古老的历史。"古者观落叶以为舟"、"见窍木浮而知为舟"……水中一片轻盈的落叶、载沉载浮的空心木头，在历史的深处，先民刳木为舟的心智也许正是由此开启。

3. 航海前辈——河姆渡人

六七千年前，中华民族海洋文明的一缕曙光在钱塘江口的河姆渡闪射：一些专家根据考古发现，河姆渡人至少在距今7 000年前的古老年代就开始了漂洋过海的实践，并将石器制作、人工种稻及海洋捕捞等远古文明传播到海外。极目沧海，在浩瀚的北太平洋，有两股洋流可以帮助勇敢的先民跨越大洋。

北太平洋暖流，位置在北纬30°的西风带，向东流动。河姆渡人从钱塘江口附近乘着独木舟或木筏出发，借助北太平洋暖流漂向太平洋的深处，中途经过夏威夷群岛北端，而后直对拉丁美洲墨西哥北部的瓜达卢佩岛附近；北纬3°~10°之间的赤道逆流，向东流动至东经180°处与南赤道洋流相遇后一分为二。其中一股向南流动，辗转到达南太平洋，与那里的西风漂流汇合向东达到南美的秘鲁。

4. 薪火相传——"殷人东渡"

相传周武王伐纣灭商，殷商遗民由西向东大逃亡。其中一部分乘船渡海到了朝鲜半岛，在那里定居下来。另一部分继续随着海风和洋流漂移，到达了美洲，并在墨西哥和秘鲁等地定居。

传说并非无稽之谈，有许多有趣的事实可以印证：近现代墨西哥各地陆续发现了与我国商代风格酷似的墓碑、雕塑、石刀、壁画等。尤其是在墨西哥发现的青铜像，蒙古利亚式的眼睛，中国式的辫子和华夏式的帽子，几乎与古代中国人一模一样。如今北太平洋暖流和赤道逆流经过区域的太平洋诸岛上，从当地居民所沿用的语言和保留的一些生活习俗中可以找出与数千年前中国东南沿海民族的不少相似之处。法国有位人类学家，曾经拿墨西哥出土的一些器皿同中国商朝时候青铜器皿做比较，发现两者上面刻画的饕餮纹惊人相似，有的几乎一样。状如一钩弯月，恰似木帆船的风帆，谁也不会想到墨西哥出土的一个陶制圆筒，刻有20多个与殷商甲骨文完全相同的古"帆"字。

是殷人在纪念他们得一帆风顺之后找到了新的立足点，还是偶然的巧合？历史在这里又埋下一个伏笔。

5. 匪夷所思——美洲女神与中国文字的纠葛

1886 年，又一件称得上石破天惊的奇事发生了。

秘鲁北部禧玉的一个小山洞里，发现了一尊美洲裸体女神铜像。这尊女神头戴太阳帽，坐在有蛇缠绕的龟背上，双手各提一面铜牌，两面铜牌上都赫然铸着"武当山"三个汉字。

7 000 年前的船桨、大洋中的鲸鱼椎骨、散落世界的人工种植的远古稻谷、美洲女神与中国文字的纠葛……一连串石破天惊的发现中中华民族的远古海洋之路若隐若现。

6. 漂洋过海——波斯海湾的丝绸之路

来自远东的神秘丝绸纺织品擦亮古罗马人的眼睛，大约是在公元前两个世纪左右通过帕尔特商人转卖实现的。轻薄的丝绸使罗马人对其出产的国度产生了极其强烈的神秘感和交往愿望。但狡诈的帕尔特商人使得两个遥远的民族无缘直接见面。

班超出使西域，副将甘英曾经到达波斯湾岸边，想从那里渡海去罗马。当地的帕尔特人为了阻止中国和罗马建立直接联系，以求长期获得中转之利，故意吓唬这个中国人说，海洋辽阔无边，渡海一次顺风要三个月，逆风需要两年，船上必须带够三年的吃食。就这样还难免思乡成疾，有性命之危。面对苍茫大海，这个中国人退却了，他觉得大海太可怕了，他选择了半途而废，把创造辉煌历史的可能遗弃在波斯湾的海边。

7. 千古一帝——秦始皇热衷航海事业

事实上，秦汉时候我国的航海活动就已经达到历史上的第一个高峰。

相传秦始皇称帝后，为寻找生长在海上仙山的长生不老药，派方士徐福率船队多次往返于海上。最后一次，徐福带了 3 000 童男童女到了扶桑。

有从熊野山脉流淌下来的清澈河流的滋润，和歌山宫町附近的熊野滩水草丰茂，具备安居乐业的条件。据日本有关古籍记载，徐福最后选择的安身之地就在这里。我们无法想象当时数千族民的心态和繁杂的场景，透过历史的尘埃我们可以思考这次大规模航海的目的是否真如传说的那么狭隘和荒谬？

秦始皇在位 12 年，有 5 次出巡，其中 4 次是巡海。从这些就不难看出，他一定将自己的宏大理想和抱负融入海洋之中。他在完成统一大业以后，急于开通海路，与海外诸国进行交往。可以说他是中国热衷航海事业的千古一帝。

8. 大汉雄风——东西方文明交流的开始

公元前110年，汉武帝在平定南方沿海闽越最后一股分裂势力的时候，曾派出1 000多人乘船探寻日本的航路，这种探寻一直延续到东汉。

1784年，一颗刻有"汉倭奴国王"五字的金印被日本九州福冈志贺岛的一个农民修水沟时挖出。经鉴定，乃东汉光武帝赐予倭奴国王的金玺。由此可见当时彼此交往的密切。

东汉时期，一条经云南西部到缅甸出海和另一条从广东经南海到印度、斯里兰卡，最后经波斯湾到达罗马的两条通向欧洲的海上丝绸航线终于铺就，东西文明开始交流。

9. 盛世华章——大唐海上丝瓷盛景

唐代丝绸之路的兴旺是伴随贞观之治和开元盛世出现的。

大食帝国（古阿拉伯帝国）各民族是一个勇于航海和善于经商的民族。他们很早就在地中海、红海、阿拉伯海和波斯湾里航行自如，与印度及欧洲、非洲一些国家建立了广泛联系。

唐朝，也正是大食帝国迅速崛起创造了阿拉伯世界的高度文明的时候，恰与唐朝的繁荣兴旺相对应。东、西两个大国也因此有了发展友好关系和增进商贸往来的迫切要求。从公元651年至798年，大食国派遣到中国的使团达39个之多。海上丝绸之路的拓展，刺激了造船业的发达和航海技术的大幅提升。而造船和航海技术的进步，又推动着海上丝路的延伸。

航海技术最重要的发展，是指南针在航海中的使用。此外，还有实用海图的绘制，对海上季风、潮汐变化规律的掌握，以及对海岸地形和海洋地貌知识的积累等等。在这些方面，唐、宋时代的海上丝绸贸易为世界海上航行作出了突出贡献，同时，水密隔舱的问世和用铁锚取代石碇和木石结构的船碇，使锚泊系统有了划时代的变革，堪称世界造船史上一个突出的创造。

当时远洋船只的巨大，可从福建泉州出土的古船一睹风采。"特别巨大！"一位到过印度和中国的阿拉伯商人苏莱曼，在描述他所见过的唐船时这样形容。他还着重提到，"唐船由于体积过大，吃水太深，无法直接进入幼发拉底河口。"海上交往空前繁荣，唐朝时候为了适应广泛的航海贸易，设置了市舶司，专门从事海上贸易的管理。同时还派出非贸易船只，与远近国家进行友好往来。

10. 昌盛繁荣——宋朝海上贸易的全新时期

最早的"招商引资"应该在宋朝开始。赵匡胤立国以后，十分重视海外贸易。他曾经派出内侍官员携带诏书和金帛，分四路去东南亚各地招引番商来中国做生意，并在几大通商口岸专门设立了驿站，以迎"远人"。

这时的海外贸易分官营和私营，两者齐头并进，促进了海外贸易的大步发展，也促进了财政收入的大幅增长。据史料记载，宋朝时候的市舶收入曾经占到财政总收入的 15%～20%，成为支撑宋室江山的重要经济支柱。

随着丝绸之路的发展和宋代瓷器的繁荣，大宗物资的出口由丝绸为主逐渐转化到以瓷器为主，丝绸之路也被人称为丝瓷之路。海上贸易进入一个全新时期。

11. 推波助澜——《马可·波罗游记》掀起欧洲航海运动

忽必烈这位马背上的天之骄子不光是一位横扫亚欧大陆的千古英雄，而且是位胸襟广阔雄视汪洋大海的傲世大帝。他在使航海事业继续保持突飞猛进势头的同时，还注重扩充水军，发展海上防卫力量。他与海外来客马可·波罗的不解之缘，成了东西文化交流的美谈，为西方世界了解中国创造了一个历史机遇。

1271 年，出生于意大利威尼斯的马可·波罗踏上通往中国的万里征途。在元上都（今内蒙多伦县西），他与忽必烈一见如故，被委任为钦差巡视各地，并带领船队出使东南亚诸国及印度、斯里兰卡。1292 年，忽必烈派出船队，让马可·波罗护送阔阔真公主去波斯汗阿鲁浑完婚，顺道回意大利。一行 600 人，分乘 13 艘船从福建泉州出发，趁东北季风扬帆前进，辗转两年多的时间，到达波斯湾口的忽鲁谟斯，完成了元世祖委托的重任。马可·波罗取道两河流域、小亚细亚西归。1295 年回到意大利，此后他陆续讲述在东方世界的所见所闻，比萨作家鲁斯梯诺将其整理成书，这便是举世闻名的《马可·波罗游记》。

这本书轰动了整个西方世界掀起了到东方寻找神秘国度的热潮，并成为后来欧洲航海运动一个重要动因。

12. 丰功伟绩——唐朝、元朝的著名航海人物

公元 742 年，两位日本僧人慕名来到中国扬州大明寺拜会鉴真大师，盛情邀

请他去日本传扬佛法。最初的四次皆因天灾人祸，无功而果。公元748年6月27日鉴真第五次起航，航行中突然"风急浪峻，水黑如墨"，随风飘荡了14天，结果又漂回到海南岛。接连的打击和辛劳使得66岁高龄的鉴真双目失明。公元753年，在日本遣唐使的恳求下，"盲圣"鉴真带着一群弟子六次东渡，在这年的12月终于到达日本九州南部。公元763年，鉴真在奈良唐招堤寺坐东朝西，面向生养他的祖国而逝。

元代著名航海家汪大渊一生中曾两次远航，一次驶向西洋，一次驶向东洋。他的《岛夷志略》，为海上丝绸之路留下了历史见证。

从泉州出发，进入印度洋，接着横渡阿拉伯海入红海，抵达埃及的库塞、入波斯湾抵伊拉克，最终南下至东非的肯尼亚。其目所及，皆书以记之。《岛夷志略》，采录了所到之处山川、风土、物产之诡异，居室、饮食、衣服之好尚，以及贸易往来之习俗和相互交换的主要物产。而且坚持"非其亲见不书"，既翔实又可靠。是研究中国元代远洋航海活动的珍贵史料。

元代另一位著名航海家周达观。公元1295年到真腊（今柬埔寨），回国后写成了《真腊风土记》。周达观仔细观察了吴哥窟恢宏而又精致的独特建筑群体，体会了包藏其中博大精深的文化底蕴。仅隔百余年，真腊与暹罗（今泰国）发生战争，吴哥文化随即被湮没。周达观的《真腊风土记》成了世界上绝无仅有的关于吴哥文化的直观纪录。

公元19世纪法国人占领柬埔寨时期，博物学家执亨利·莫霍就是凭借《真腊风土记》的法文译本寻访到已经湮没了的吴哥窟，使沉睡多年的吴哥古迹，得以重现人间。

13. 历史丰碑——大明船队与郑和下西洋的后世之争

公元1371年，在云南昆阳（今昆明晋宁）一个回民家庭里名垂千秋的郑和出生了。他的祖父和父亲曾经历尽艰险不远万里去天方朝觐，这些从小就在郑和的心中种下了飘洋过海的梦想。

1381年，在朱元璋平定云南蒙元残部的战争中，郑和被掳并惨遭阉割。少年时期蒙受的这一人生大不幸，磨练了他此后坚忍不拔的毅力。

长达三年的靖难之役，郑和以勇敢、机智赢得朱棣的青睐。当这位雄图大略的永乐皇帝登基以后，决心"超三代而轶汉唐"，凭借明初国力强盛，科技发达，最大限度地发展与海外诸国的交往。郑和肩负起了下西洋的重大使命。

三宝太监郑和率领大明船队在长达28年的时间里，七次往返西洋，从北太平洋穿过马六甲海峡，进入印度洋，直抵非洲东岸，遍访沿途各个国家和地区，成为世界航海运动的先驱和世界公认的伟大航海家。

郑和船队第一次下西洋，是 1405 年至 1407 年。整个船队拥有 28 000 人，200 多艘包括宝船、坐船、战船、马船、水船在内的各类船只。《明史》记载，其中最大的宝船长 44 丈，宽 18 丈，巨无与敌。这支船队从江苏太仓的浏河港起锚，在福建长乐开洋，首先到达越南南部，接着到马六甲，最远到达印度卡利卡特。

郑和船队渐行渐远，第五次终于到达非洲东岸的索马里和坦桑尼亚等地。

距朱棣去世 10 年以后的 1431 年，明宣宗朱瞻基再次发起七下西洋。

这时的郑和已经年逾六旬，他带病坚持航行到东非的坦桑尼亚蒙巴萨等地，最后病逝于印度附近的大海中。随着郑和的去世，大明船队也烟消云散，帝国的远洋航行嘎然而止，国人引为自豪的宝船一任腐朽。

对海上探寻一直纷争不休——有人攻击郑和远洋航行违反禁海祖制，是不惜耗费巨资换取无益之奢侈品的"弊政"。郑和死后，这类攻击更是甚嚣尘上。七下西洋辛勤积累的航海资料也被付之一炬。郑和当年建立的马六甲海峡货栈也被葡萄牙人强行占领。中国的商船再到那里，不但要被课以重税，还经常遭到野蛮抢劫。从此，中国的商船再也无法进入印度洋，只得一步步后退，最后蜷缩到长城脚下。

大明船队，空前绝后。面对浩瀚无垠的大洋，一位东非人说：大明船队像一片云一样飘过来，又像一片云一样消失了。

一个国家或一个民族开放则兴盛，封闭则衰落。这是海上丝绸之路，给我们的一个重要启迪。千年丝绸之路，实际是一部中华民族探索世界的史书。

丝绸之路如同一条大动脉，曾经为我们民族输送着丰富的营养，激活着整个国家肌体。随着丝绸之路的扩展延伸，民族日益强盛，曾经像一道耀眼的光芒照亮大半个世界。当丝绸之路被掐断，我们国家和民族的生机与活力也悠忽消失。

历史发展的重大机遇稍纵即逝，机不可失，时不再来。

15 世纪是中国海上丝绸之路的鼎盛时机，也是整个世界从中世纪走向近代工业文明的分水岭。当时的中国只要沿着郑和的道路稍稍前行，就有极大可能取得继续引领世界的先机。但是，我们的国家把这个千载难逢的历史机会拱手让给了后来居上的欧美国家。

郑和之后，"片板不许入海"。从"禁滨海人民私通海外诸国"到"禁民入海捕鱼"。明、清两代的海禁绵延了 400 年之久。从禁止出海活动到禁止在海边居住，清朝统治者还变本加厉，曾经将禁海令由局部向全国推行，并发布"迁海令"，强迫沿海居民搬出靠海50里以内的地方。直至西方列强用坚船利炮轰开中国的国门，中国历史走向自此扭曲。没落的东方帝国在封闭保守的封建驿道上徘徊了数百年，以致积贫积弱，远远落在世界的后面。偌大一个东方古国沦为半封建半殖民地国家。

一个机遇的丧失，延误的是数百年的发展。可以说我们这个满目创痍的国家还远没有从在鸦片战争带来的屈辱和黑暗中挣扎出来。

今天，千载难逢的历史的机遇再此出现，实现东方大国的和平崛起是我们唯一选择！

敬　启

本书的编选，参阅了一些报刊和著作。由于联系上的困难，我们与部分入选文章的作者未能取得联系，谨致深深的歉意。敬请原作者见到本书后，及时与我们联系，以便我们按国家有关规定支付稿酬并赠送样书。